나만의 여행을 찾다보면 빛나는 순간을 발견한다.

잠깐 시간을 좀 멈춰봐.
잠깐 일상을 떠나 인생의 추억을 남겨보자.
후회없는 여행이 되도록
순간이 영원하도록
Dreams come true.

Right here.
세상 저 끝까지 가보게

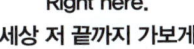

Contents

프랑스 자동차 여행 | *80*

몽펠리에 | *520*

툴루즈 | *536*

Intro

파리를 비롯해 프랑스에는 수십여 개의 테마 박물관과 미술관, 전시관, 한 명의 예술가를 위한 박물관이나 명사들이 살던 집까지 다양한 주제로 된 체험관을 관람할 수 있다. 그만큼 역사와 함께 스토리를 가진 프랑스는 여행에서 빠질 수 없는 나라이다. 프랑스의 구석구석을 둘러보려면 여행이 아니라 거주를 해야 되는 게 아닌가 싶을 정도로 프랑스에서는 알면 알수록 더 매력적인 프랑스를 느낄 수 있게 된다.

독일에는 바흐, 베토벤이 유명하고 스페인은 피카소와 고야 등이 유명하다. 이탈리아에도 르네상스 3대 거장인 미켈란젤로, 레오나르도 다빈치, 라파엘로 등 수많은 예술가들이 있다. 하지만 우리는 프랑스를 예술의 나라라고 부르는 것일까? 프랑스의 문화가 더 뛰어날까?

18세기 루이14세는 절대왕정의 최고 절정기를 누리면서 베르사유궁전을 만들고 많은 예술작품을 만들도록 명령했다. 18세기 중반에 루이15세는 퐁파두르 후작 부인을 후원하면서 미술품을 구입해 예술가를 우대하는 많은 정책을 펼치면서 프랑스를 예술의 국가로 홍보하게 되었다.

프랑스에서 갈 곳도 많고 먹을 곳도 많다. 미슐랭 스타에 빛나는 스타 셰프들이 있는 레스토랑도 많은 데, 요즈음은 이곳을 찾는 사람들도 많다. 최근에는 디저트와 빵을 좋아하는 사람들은 디저트 카페를 가보는 것도 좋아한다.

프랑스에서 아침 일찍 일어나 재래시장을 둘러보면 치즈, 와인 등 다양한 식품들과 신선한 야채, 과일들을 사지 않고는 못 견디게 될 것이다. 잠시 산책을 하다보면 어느 새 정심 시간이 되고 우연히 만나는 빵집 앞에서 맛있는 빵 냄새에 발길을 멈추고 크루아상이나 샌드위치를 사서 공원에 낮아 먹다 잠시 주위를 둘러보면 나와 같은 모습의 프랑스 사람들을 만날 수 있다. 프랑스를 알기 위해서는 프랑스의 전역을 둘러볼 필요가 있다. 여행을 하다보면 질문이 생각난다.

ABOUT
프랑스

France

■ 전 세계 관광객이 찾는 1위 도시 파리

예술의 도시, 낭만의 도시, 연인의 도시 등 다양한 단어로 불리고 있는 파리는 누구나 한번은 꼭 가보고 싶어 하는 매력적인 도시이다.

낭만적인 시구를 떠올리는 파리에서 즐겨 찾는 세느 강과 미라보 다리, 가을이면 낭만적인 음악이 흘러나오는 카페, 가로수가 줄지어 선 뤽상부르 공원, 가난하지만 자유로운 예술혼을 가진 예술가들을 만나 볼 수 있는 몽마르트 언덕, 세계적인 작품들과 마주하는 감동을 느낄 수 있는 루브르와 오르세 미술관, 오랑주리 미술관 등 볼거리가 넘쳐난다. 아직도 파리에 들르면 낭만적인 샹젤리제 거리와 노천카페에 앉아 피리지엥처럼 햇살을 즐기며 한 잔의 커피를 마시는 여유도 느껴 보고 싶어진다.

■ 전 세계의 모든 자연

프랑스는 자신들의 특징으로 다양성을 꼽는다. 지형적으로 서유럽에서 가장 넓은 나라인 프랑스는 지구상의 모든 자연이 다 있다고 한다. 북쪽의 넓은 평야지대부터 깎아지른 듯한 절벽과 해안, 맑고 푸른 호수, 빙하에 뒤덮인 알프스 산맥, 사막에서나 볼 수 있는 모래 언덕, 하얀 모래가 끝없이 펼쳐진 해변과 푸른 숲, 포도밭 등이다.

■ 문화적 다양성의 대명사

문화적인 면에서도 오랜 세월 동안 다른 유럽 국가에 비해 많은 이민자들을 받아들였기 때문에 다양한 문화, 음식, 예술이 프랑스 고유의 면과 섞여 독창적이고 다양한 프랑스 문화로 재창조되었다.

■ 끝없이 변화하는 국가

지리적으로도 영국과 이탈리아, 벨기에와 스페인, 북아프리카와 스칸디나비아의 교차로에 있는 중심국으로 예부터 유럽에서 중심국으로 교류해왔던 국가였지만 프랑스는 한 때 유럽 서쪽 변두리에 속한 미미한 존재였다. 중세시대부터 로마를 이어왔던 프랑크왕국으로 활동하면서 점차 유럽에서 역할을 확대하면서 존재감이 부각이 되기 시작했다.

유럽이 하나의 통합체를 형성하려는 현재에 이르러서는 핵심적 역할을 하는 강대국이다. 유럽이 하나의 통합체인 EU를 형성하려는 시기부터 핵심적 역할을 했던 덕분에 유럽연합에서 중추적인 나라로 활동하고 있다.

다양한 여행지

프랑스는 서유럽에서 가장 큰 국가이고 정말 다양한 여행지가 있다. 3,000㎞가 넘는 해안선, 4개의 주요 산맥과 어디든 볼 수 있는 숲 등 다양한 자연 풍경을 선택해 여행할 수 있다. 프랑스의 길고 풍부한 역사가 남긴 많은 성과 요새 도시가 있어서 중세 시대로 여행을 떠날 수도 있다.

유명한 프랑스 요리

프랑스는 특히 요리로 유명하다. 지역마다 특징적인 음식이 도시를 풍부하게 만든다. 마르세유 해산물 '부야베스'나 푸짐한 부르고뉴의 스튜 요리인 '코코뱅'처럼 맛있는 특선 요리가 있다.

프랑스 치즈와 와인은 유명하다. 도시마다 자연과 함께 즐기는 요리는 대도시의 고급스런 럭셔리함과 세련미부터 전원의 소박한 매력까지 같이 즐기기 때문에 더욱 인상 깊게 느껴진다. 파리의 로맨틱한 카페, 리옹의 맛집 탐방, 프렌치 리비에라의 해변 휴양지, 발디제르의 스키 여행 등은 요리와 함께 여행자의 기억에 깊게 뿌리 내린다.

한눈에 보는 프랑스

서유럽에서 국토의 면적이 가장 넓은 나라로 다양한 기후와 자연을 볼 수 있다. 북쪽의 평야지대부터 남쪽의 지중해와 하얀 모래가 펼쳐지는 해변, 중부에는 빙하에 뒤덮인 알프스 산맥도 있다.

- ▶**수도** | 파리
- ▶**면적** | 5,490만 8,700ha (48위)
- ▶**인구** | 6,558만 4,514명 (22위)
- ▶**언어** | 프랑스어
- ▶**화폐** | 유로(€)
- ▶**GDP** | 38,625달러
- ▶**종교** | 가톨릭, 신교, 유대교, 이슬람교
- ▶**시차** | 7시간 느리다.(서머 타임 때는 8시간)

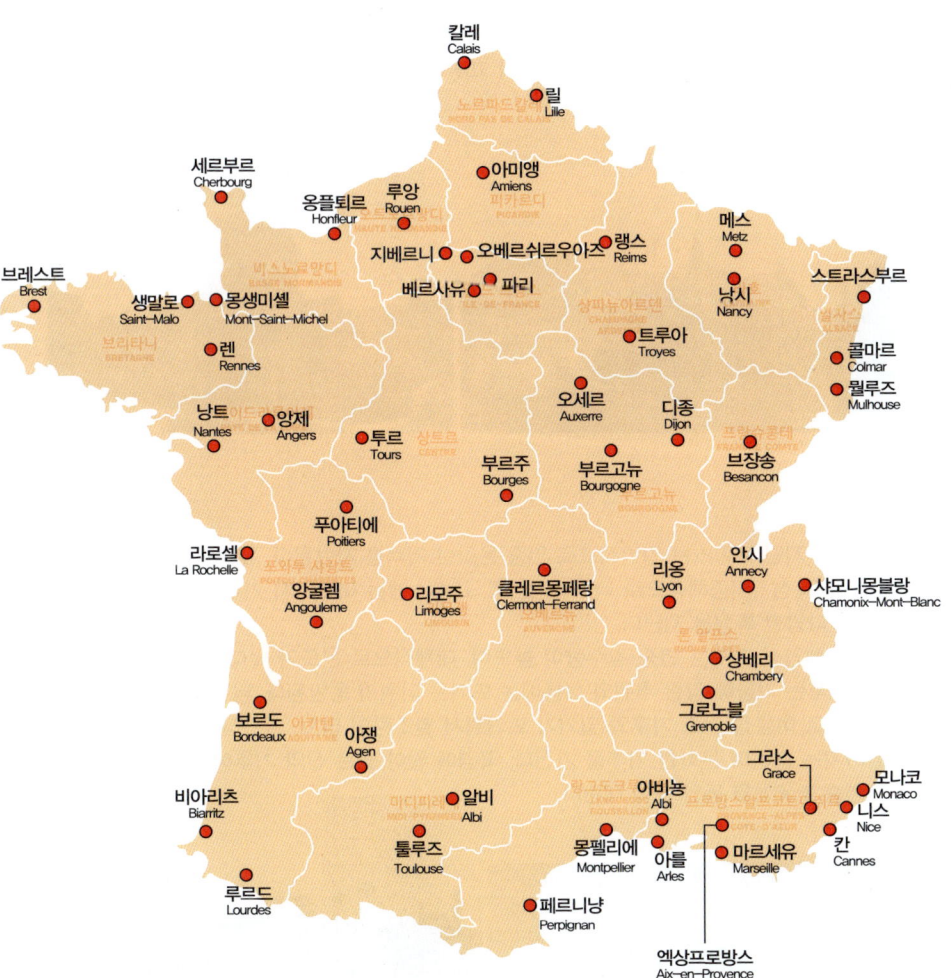

칼레
Calais

릴
Lille

노르망디
TERRE PAS DE CALAIS

세르부르
Cherbourg

아미앵
Amiens

피카르디
PICARDIE

메스
Metz

옹플뢰르
Honfleur

루앙
Rouen

랭스
Reims

스트라스부르
Strasbourg

브레스트
Brest

지베르니

오베르쉬르우아즈

낭시
Nancy

생말로
Saint-Malo

몽생미셸
Mont-Saint-Michel

베르사뉴

파리

상파뉴아르덴

콜마르
Colmar

렌
Rennes

브로타뉴
BRETAGNE

트루아
Troyes

뮐루즈
Mulhouse

낭트
Nantes

앙제
Angers

투르
Tours

오세르
Auxerre

디종
Dijon

부르고뉴
BOURGOGNE

푸아티에
Poitiers

부르주
Bourges

부르고뉴
Bourgogne

브장송
Besancon

라로셸
La Rochelle

앙굴렘
Angouleme

리모주
Limoges

클레르몽페랑
Clermont-Ferrand

리옹
Lyon

안시
Annecy

샤모니몽블랑
Chamonix-Mont-Blanc

AUVERGNE

롱 앙프스
RHONE ALPES

샹베리
Chambery

보르도
Bordeaux

아쟁
Agen

그르노블
Grenoble

비아리츠
Biarritz

알비
Albi

아비뇽
Albi

그라스
Grace

모나코
Monaco

툴루즈
Toulouse

몽펠리에
Montpellier

아를
Arles

마르세유
Marseille

니스
Nice

칸
Cannes

루르드
Lourdes

페르니냥
Perpignan

엑상프로방스
Aix-en-Provence

25

지리

국토의 면적이 약 55만㎡에 걸쳐 있는 프랑스는 북쪽에서 남쪽, 동쪽에서 서쪽으로 1,000㎞의 길이를 지닌다. 유럽에서 러시아와 우크라이나 다음으로 3번째로 큰 규모를 자랑한다. 또한 프랑스는 4곳의 해안선이 맞닿아 있다. 북해, 영불 해협, 대서양, 지중해로 해안선 총 길이는 3,427㎞에 달한다. 북—동부 지역을 제외하고 영토는 바다로 둘러 싸여 있으며, 랭 Rhin, 쥐라Jura, 알프스Alpes, 피레네Pyrénées의 고루 형성된 산맥은 자연적인 국경지대를 이루고 있다.

기후

사계절을 지닌 프랑스는 일반적으로 연중 온화한 기후를 자랑한다. 유럽의 기후는 보통 해양성·대륙성·지중해성으로 나누어지는데, 프랑스에는 이 3가지 기후가 모두 나타나 지역마다 다양한 특징을 지닌다.

서부의 해양성 기후는 연중 강수량이 높으며, 대체적으로 온도가 낮다. 중부와 동부의 대륙성 기후는 겨울에 강한 추위와 여름에는 뜨거운 더위가 동반된다. 남 프랑스에는 지중해성 기후로 여름철 건조 기후와 열기가 뜨거워서 일조량이 많고, 일반적으로 10월~이듬해 4월까지는 습하며 온화한 기후를 가진다. 국경에 닿아 있는 산악 기후에는 강수량이 높으며, 연중 3~6개월 동안 눈이 내린다.

프랑스 사계절

프랑스는 서유럽에서 가장 국토가 넓은 나라가 프랑스이다. 국토가 넓은 만큼 프랑스에는 지구 상의 모든 자연이 다 있다고 할 정도로 프랑스는 다양함을 가진 나라이다. 북쪽의 넓은 평야지 대에서부터 깎아지른 듯한 절벽과 해안, 맑고 푸른 호수, 빙하에 뒤덮인 알프스 산맥, 사막에서 나 볼 수 있는 모래 언덕, 하얀 모래가 끝없이 펼쳐진 해변과 푸르른 숲, 포도밭 등 프랑스에는 다양한 자연이 펼쳐져 있다.

프랑스는 전 국토에서 4계절이 뚜렷하며 남쪽의 해안지역은 지중해성 기후를, 내륙 지역은 대륙 성 기후를 보인다. 하지만 프랑스 사람들은 프랑스의 날씨를 질문하면 남프랑스의 기후인 여름 에는 덥고 건조하며, 겨울에는 따뜻하고 비가 내리는 지중해성 기후로 설명하곤 한다.

국토가 서유럽에서 가장 넓다보니 지역에 따라 다양한 기후가 나타난다. 지중해 연안인 프랑스 의 남부는 1년 내내 따뜻하지만 프랑스 중남부의 리옹은 더운 여름과 추운 겨울의 기온 차이가 크다. 봄과 가을의 평균기온은 8°~21°, 여름은 25°~45°, 겨울은 0°~12°를 나타낸다. 강수량은 지 역적으로 남부는 300㎜ 이하로 건조하지만 프랑스 북부는 멕시코 난류의 영향으로 800㎜ 이상 지역으로 편차를 보인다.

프랑스 여행을 떠나야 하는 이유

■ 설레임을 만드는 유혹의 나라

유럽의 지도를 보면 프랑스는 남부의 지중해부터 북부의 대서양까지 국토도 넓지만 다양한 기후를 가진 서유럽 중앙에 자리를 잡은 나라이다. 국토가 넓은 만큼 독특한 것들이 다 모여 있는 나라가 프랑스이다. 또한 이탈리아와 국경선을 접하고 있어서 잠시 교황이 들어서기도 하고, 문화로 대변되는 수천 년의 역사, 맛있는 요리 등은 전 세계의 사람들이 여행을 하고 싶은 유혹의 나라로 만들었다.

맛있는 음식의 대명사 & 와인의 천국

대부분의 프랑스 여행은 수도인 파리를 중심으로 동부의 스트라스부르, 남부의 니스, 모나코뿐만 아니라 중부의 리옹과 북부의 노르망디 같은 사람들이 찾지 않는 소도시를 적절히 섞어 여행한다면 더할 나위 없이 맛의 대명사인 프랑스 음식을 대부분 맛볼 수 있을 것이다. 맛있는 음식과 와인의 천국에서 와인을 음미하며 패션을 선도하는 프랑스를 구경하는 기본적인 욕구 충족도 빼놓을 수 없는 기쁨 중 하나일 것이다.

다양한 여행 경험

파리의 유적들과 중부의 중세 마을, 남프랑스 등 프랑스에는 볼거리가 가득한 도시들이 곳곳에 숨어 있다. 다양한 경험을 위해 프랑스에서만 한 달 이상을 여행하는 장기여행자도 수두룩하다. 가을 수확이 끝나는 9월부터 프랑스 와인의 본고장인 보르도와 부르고뉴에서 함께하는 축제를 경험하는 것도 프랑스 여행의 재미이다.

■ 아름다운 소도시

중세 성벽에 둘러싸인 아름답고 온화한 아비뇽은 강 옆에 건설되어 적갈색의 장엄한 고딕 건물들이 즐비하고, 남프랑스의 앙티브와 니스를 비롯한 해안도시들은 아름다운 중세 마을들이 많다. 중세시대까지 작은 마을에 불과했던 작은 도시들은 1년 365일 햇빛을 보면서 쉴 수 있는 '코트다쥐르'로 지금은 너무나 유명해져 전 세계 사람의 사랑을 받고 있다.

SOUTHERN FRANCE

33

■ 가족과 함께하는 일상

프랑스는 서유럽에 비해 가족 공동체를 중요하게 생각한다. 그래서 가족과 함께 일상을 즐기고 가족에 대한 애정이 남다르다. 처음에 그들과 함께 일상을 즐기기는 쉽지 않지만 일단 서로 친절하게 다가가면 가족처럼 따뜻하게 대한다. 의외로 친절한 태도는 여행자를 감동시키고 다시 찾아오고 싶은 느낌을 받게 만들어준다.

프랑스를 확실하게 이해하는 방법

남 프랑스 한눈에 파악하기

남 프랑스는 마르세유를 중심으로 남부의 휴양지 도시들과 마르세유의 혼합된 문화에 대해 알면 이해가 쉬워진다. 프랑스에서 3번째로 큰 도시인 마르세유는 파리처럼 2개 구역으로 나뉜다. 멀리 웅장한 생장 요새Fort Saint-Jean가 어렴풋이 보이고 예스러운 마르세유 구항 있다. 마조La Major 대성당과 노트르담 듀몽의 외관을 보면 정교함에 감탄이 나온다. 칼랑키 국립공원Calanques National Park에서 석회암 절벽과 유입구를 볼 수 있다.

지중해의 해안 도시에서 북쪽으로 조금만 가면 매혹적인 요새 도시인 아비뇽이 있다. 아비뇽 성벽Avignon City Walls 안을 거닐고 아비뇽 성당을 둘러보자. 교황청을 보고 유명한 중세 아비뇽의 남아 있는 4개 아치를 보면 좋다. 근처의 엑상프로방스Aix-en-Provence의 예스러운 자갈길을 따라 거닐고, 아틀리에 드 세잔Atelier de Cézanne에서 프랑스에서 가장 위대한 예술가를 만날 수 있다.

동쪽으로 가면 항구 도시인 툴롱과 부유층, 유명인들이 일광욕을 하러 자주 오는 생트로페Saint-Tropez가 있다. 조금 더 가면 칸, 앙티브, 언덕 위에 있는 도자기 마을인 비오Bio에 도착

한다. 니스^{Nice}는 예술가, 박물관, 프롬나드 데 장글레^{Promenade des Anglais}라는 이름의 해안 도로, 콰이 드 에타 우니^{Quai des États Unis}로 유명하다.

화창한 지역에서 치즈, 와인, 올리브를 맛보면서 식사를 즐기고, 코트 다쥐르^{Côte d'Azur}의 여름은 햇살이 좋고 뜨거우며 겨울은 온화하다. 하지만 봄에는 프랑스 남부의 매혹적인 춥고 거센 바람을 만날 수 있다. 알프스 – 드 – 오트 – 프로방스^{Alpes-de-Haute-Provence}는 고도가 높아 여름에는 폭풍우가 오고 겨울은 춥다.

프로방스 – 알프스 – 코트 다쥐르는 해변, 스키 리조트, 유서 깊은 장소가 있는 예스러운 마을이 완벽하게 조화를 이루고 있다. 그림 같은 남 프랑스는 론강^{Rhône River} 서쪽과 지중해에서 프렌치 알프스까지 이탈리아 국경과 마주하고 있다. 니스 코트 다쥐르 국제공항^{Nice Côte d'Azur International Airport}, 마르세유 프로방스 공항^{Marseille Provence Airport}까지 비행기를 타고 렌터카나 기차를 타면 남 프랑스에 닿을 수 있다.

■ 남프랑스를 일컫는 2가지 단어

남프랑스를 이야기하면서 떠오르거나 들었던 단어들은 무엇이 있을까? 프로방스^{Provence}와 코트 다쥐르^{Côte d'Azur}라는 단어일 것이다. 여름은 햇살이 좋고 뜨거우며 겨울은 온화한 남 프랑스는 론강^{Rhône River} 서쪽과 지중해에서 프랑스 알프스까지 이탈리아 국경과 마주하고 있다. 장렬하는 남프랑스는 휴양지로 유명하여 많은 유명인들이 겨울을 보내는 프로방스 지방이기도 하다.

프로방스(Provence)

프로방스는 론^{Rhone} 강 양쪽을 따라 발달된 지역으로 이전에 리구리안, 켈트족, 그리스인들이 정착한 지역이다. 하지만 이 지역이 본격적으로 발전되기 시작한 것은 1세기 중반에 카이사르가 점령한 후부터로 로마 시대의 유명한 건축양식들은 아를^{Srles}, 님^{Nimes} 지역에서 볼 수 있다. 14세기에는 프랑스 출신 교황으로 인해 가톨릭교회가 로마에서 남프랑스의 아비뇽^{Avignon}으로 옮겨온 적이 있었는데, 그 때가 아비뇽의 전성기였다.

코트 다쥐르Côte d'Azur

남프랑스로 기차를 타고 이동하면 지중해 해안을 끼고 달리며 마르세유를 거쳐 니스, 모나
코, 칸느 등의 해변 휴양도시를 지난다. 여름이면 '코트 다쥐르Côte d'Azur'라고 불리는 지중해
에 접한 휴양지에는 프로방스 – 알프스 – 코트 다쥐르Provence-Alpes-Côte d'Azur이다.

코트 다쥐르Côte d'Azur는 유명인들과 일광욕을 즐기는 사람들이 모이는 고급 관광지로, 유명
한 칸 영화제Cannes Film Festival, 고급 리조트 타운, 전통적인 역사 센터가 유명하다.

낭만적인 시구가 어울리는 도시,

PARIS

콩코르드 광장부터 일직선으로 쭉 뻗은 도로가 유명한 샹젤리제 거리의 끝에 웅장한 개선문이 서 있고 그 중심으로 12개의 도로가 방사형으로 뻗어 있다. 이 12개의 도로가 나름대로 의미를 갖고 있는데, 나폴레옹이 정복한 유럽의 12개 수도를 상징하며, 개선문 앞에 있는 광장은 그 뻗은 모습이 별 모양과 같다고 해서 '에트알Etoile'이라고 이름이 붙었다.

방사상 도로 중에는 '레미제라블'을 지은 프랑스의 대문호 이름을 딴 '빅토르 위고 대로'가 있으며 개선문에서 샹젤리제 반대편으로 직선상 이어지는 방사상 도로를 따라 올라가면 프랑스가 야심차게 조성한 신도시 '라데팡스La Defense'와 만나게 된다. 라데팡스는 고전과 전통을 중요시하는 파리이지만 불어나는 파리의 인구와 함께 신도시의 필요성이 대두되면서 조성되었다.

낭만에 도취된다.

예술의 도시, 낭만의 도시, 연인의 도시 등 다양한 단어로 불리고 있는 파리는 누구나 한번은 꼭 가보고 싶어 하는 매력적인 도시이다. 낭만적인 시구를 떠올리는 파리에서 즐겨 찾는 센 강과 미라보 다리, 가을이면 낭만적인 음악이 흘러나오는 카페, 가로수가 술이 선 뤽상부르 공원, 가난하지만 자유로운 예술혼을 가진 예술가들을 만나 볼 수 있는 몽마르트 언덕, 세계적인 작품들과 마주하는 감동을 느낄 수 있는 루브르와 오르세 미술관, 오랑주리 미술관 등 볼거리가 넘쳐난다.

게다가 파리에 들르면 낭만적인 샹젤리제 거리와 노천카페에 앉아 피리지엥처럼 햇살을 즐기며 한 잔의 커피를 마시는 여유도 느껴 보고 싶어진다.

파리하면 자연스럽게 떠오르는 수많은 볼거리와 예술과 낭만적인 분위기에 도취되고 기대감도 크다. 하지만 세상에는 부자가 있으면 가난한 사람이 있고 낮이 있으면 밤이 있듯이, 아름답고 낭만적인 파리도 다른 도시와 크게 다르지는 않다.

골목가의 카페나 레스토랑 어디든 여기저기 버려져 있는 담배꽁초와 시도 때도 없이 밟히는 개똥, 지저분하고 냄새나는 뒷골목과 빈민가가 있는가 하면 거리나 지하철역에는 집 없는 부랑자와 거지들이 술에 찌들어 비틀거리는 모습도 보인다. 하지만 파리가 여전히 세계에서 가장 매력적인 도시로 남아 있는 이유는 예술을 사랑하고 삶을 여유롭게 즐길 줄 아는 파리지엥들이 있고 자유와 개성을 존중해주기 때문이 아닐까 생각한다.

3~4일 정도의 기간 동안 파리를 전부 볼 수는 없기 때문에 파리의 모습을 짧은 시간동안 판단하는 것은 무리다. 조급함이나 섣부른 환상은 버리고 느긋한 마음으로 천천히 파리를 걸어 다니며 즐기다 보면 파리의 숨겨진 진짜 모습들이 하나씩 새롭게 보일 것이다.

낭만의 에펠탑

당시의 많은 사람들이 우려했던 것과는 반대로 지금 에펠탑은 파리의 경관을 훼손하기는커녕 파리를 대표하는 상징물이 되었으며 파리 시민들뿐만 아니라 전 세계 관광객들로부터 사랑을 받는 건축물이 되었다.
다른 곳은 몰라도 파리에 와서 에펠탑을 배경으로 사진 한 장 안 찍는 관광객은 아마 없을 것이다. 당시의 수많은 사람들의 비난과 반대에 굴복해 에펠탑 건설을 중지했다면 지금의 에펠탑은 존재하지 않았을 것이다.

서서히 어두워지기 시작하면 프랑스 국기를 상징하는 빨강, 파랑, 흰색의 조명을 받은 에펠탑은 센 강의 야경과 더불어 파리의 밤을 더욱 환상적이고 낭만적이게 만든다. 관광객들은 파리의 야경을 보기 위해 300m 높이의 에펠탑 전망대에 올라 파리 시내를 바라보거나 센 강 유람선을 타고 센 강변의 낭만적인 야경을 즐길 수 있다.

박물관의 도시

프랑스 왕들이 기거했던 고색창연한 옛 루브르 궁과 초현대적인 유리 피라미드의 절묘한 조화가 인상적인 루브르 박물관^{Musée du Louvre}은 세계 최대의 소장 규모를 자랑하는 박물관이다. 프랑수아 1세, 태양 왕 루이 14세 등 역대 프랑스 국왕들이 수집해 놓은 방대한 양의 미술품에 나폴레옹이 이탈리아. 이집트, 북아프리카 등 세계 각국의 원정에서 전리품으로 가져온 미술품들이 더해져 그 양과 질에 있어서 세계 최고의 박물관으로 인정받고 있다.

40여만 점이 넘는 방대한 양의 예술품들을 하루에 다 본다는 것은 불가능하다. 입구에서 어디로 먼저 들어갈지 계획을 해야 한다. 그 중에서 놓치지 말아야 할 삭품으로는 세계에서 가장 유명한 레오나르도 다빈치의 '모나리자'일 것이다. 다비드의 나폴레옹 1세의 대관식, 들라크루아의 민중을 이끄는 자유의 여신, 라파엘로의 성모상, 기원전 2~3세기의 작품인 사모트라케의 니케, 완벽한 조각의 대명사인 밀로의 비너스, 함무라비 법전비 등이 가장 유명하다.

친숙한 미술관

센 강변에 있는 오르세 미술관^{Musée du} Orsay은 철거에 직면한 옛 오르세 역을 개조하여 만든, 19세기 전 유럽을 휩쓸었던 인상파 화가들의 작품을 주로 전시한 미술관이다.

파리에는 세계의 미술사를 한눈에 볼 수 있는 작품들이 루브르, 오르세, 풍피두 예술 센터 등 3개의 미술관에 나뉘어 전시되고 있다.

밀레의 '만종', '이삭 줍는 사람들', 마네의 '풀밭 위의 식사', '올랭피아' 등을 만나 볼 수 있으며, 고흐의 '시에스타', '자화상', '아를의 별이 빛나는 밤', '오베르의 교회', 마티스의 '화려함, 고요함 그리고 즐거움', 점묘파 작가 쇠라의 작품과 고갱, 모네 등 미술시간에 교과서로 배워 우리들의 눈에 친숙한 인상파 화가들의 세계적인 작품들을 접할 수 있다.

파리의 바캉스

여름밤이면 센 강 다리 난간이나 다리 밑에서 바캉스를 즐기고 해가 지면 자그마한 공연을 벌이는 거리의 음악가들을 만날 수 있다. 파리에서 스스로 학비를 벌며 미술 공부를 하는 젊은 화가 지망생들은 캔버스를 들고 나와 센 강을 스케치하거나 관광객들을 상대로 초상화를 그려주기도 한다.

강변을 따라 걸으며 사색에 잠기기에도 좋고 가을이면 사랑하는 연인과 함께 찾아오기에도 낭만적인 곳이다. 센 강은 파리의 청춘들에게는 사랑하고 이별을 하고 또 다른 사랑을 만나게도 하는 추억과 사랑을 만들어 가는 공간이다. 나이든 세대에게 세월이 흘러도 언제나 변하지 않는 좋은 산책과 사색의 공간이 되기도 한다. 모든 게 멋있고 화려하기만 한 파리에서 흙탕물이 흐르는 개천 같은 센 강은 파리에 머물면 머물수록 오히려 마음이 더욱 편안해지는 곳이기도 하다.

프 랑 스
여 행 에
꼭필요한
INFO

프랑스의 역사

**선사
시대**

프랑스 지역에 거주의 흔적이 나타난 것은 9~4만 년 전, 구석기 시대 중반이며, 기원전 25,000년 경 석기 시대 크로마뇽인들은 동굴벽화와 조각품들로 그들의 존재를 알렸다. 또한 신석기 시대가 존재했었다는 것을 입증해 주는 것으로는 기원전 4,000~2,500년 경의 거석과 고인돌이다. 청동기 시대가 시작하면서 고리와 주석의 수요로 기원전 2,000경에는 프랑스와 그 외 유럽 국가들이 발전하기 시작했다.

**고대
시대**

프랑스 원주민은 원래 리구리아 인으로, 켈트족 고울 인들이 기원전 1,500~500년에 이주해 와 그들을 정복하고 동화시켰다. 기원전 600년 경에는 마르세유를 중심으로 한 지중해 연안에 식민지를 경영하던 그리스와 무역을 하기도 했지만 여전히 그 당시 서양 문명의 중심인 그리스 입장에서 볼 때는 변두리의 매기 지역이었을 뿐이다.

로마시대에는 북쪽으로 진출하려는 로마인들을 맞아 고울 족이 몇 백 년 동안에 걸쳐 싸웠다. 그러나 결국 카이사르가 고울 족을 지배하게 되었고 그에 항거해 기원전 52년에 고울 족 대장 베르생 제토리가 폭동을 일으켰으나 실패했다. 그 후, 로마의 지배를 받으며 로마 문화를 흡수하고 2세기에 기독교가 도입된다. 게르만 인들이 로마 영역 밖에

서 침략을 일삼고 있을 때인 5세기까지도 프랑스는 로마 통치하에 있었다.

현대의 프랑스를 이야기하려면 먼저 유럽의 전체적인 역사를 알아야 한다. 서양 문명의 시작은 지중해를 중심으로 발전한 그리스, 로마 문화이다. 그런데 이 문명권 밖에서 살고 있던 종족이 바로 게르만 인이었다. 로마의 지배를 받지 않고 유럽 북동쪽에 살고 있던 게르만 인들은 문화 수준은 낮았지만 착실하고 개척 정신이 강했다. 게르만 인들은 크게 북, 동, 서부의 3개 지역으로 나누어 살았는데 북게르만 인은 덴마크, 스웨덴, 노르웨이의 조상이 되고 동게르만 인은 후일 프랑스, 이탈리아 지역으로 진출하고 로마 제국을 멸망시키면서 라틴 족과 섞이게 된다. 서게르만 인은 지금의 앵글로 색슨, 독일, 네덜란드인의 조상이 된다. 게르만의 대이동은 동양에서 온 훈족의 침입 때문이었고 이로 인해 전 유럽은 격동기에 들어선다. 이런 이동과 통합 과정에서 유럽 지역은 로마인과 게르만 인이 융합되고 기독교를 바탕으로 한 독특한 사회, 문화가 형성된다.

이런 대통합의 왕국이 바로 프랑크 왕국이었다. 라인 강 북쪽에 살던 프랑크족은 5세기 경 전 유럽을 통합하여 프랑크 왕국을 세웠고 약 400년 동안 로마 교황과 손을 잡고 통치했다. 프랑크 왕국의 주요 구성원은 독일 지방을 중심으로 한 게르만족, 프랑스 지역을 중심으로 한 고울 족, 로마 문화를 계승한 이탈리아 지역의 라틴족이었는데, 이들은 각각 인종, 문화, 전통이 달라서 갈등을 겪다가 결국 동 프랑크(현재의 독일), 서 프랑크(현재의 프랑스), 남 프랑크(현재의 이탈리아)로 3등분된다.

중세
시대
서 프랑스의 지배자는 게르만 인이었지만 소수였고 그전부터 이곳의
정착했던 고울 인이 대다수였다. 언어와 문화는 로마의 영향을 받아
라틴계였는데 이것이 혼합되어 특유의 프랑스인, 프랑스 문화가 형성
되었다. 지금의 프랑스적인 요소는 고울 족의 특성에서 비롯되고 있다
고 말한다.

새로운 질서 속에서 안정을 되찾은 유럽은 다시 한 번 격동에 휩싸이
게 되는 데 8∼9세기에 사라센이 동남쪽에서 침입하고 마자르 인(현재
의 헝가리)이 동쪽에서 침입하고 게르만의 일파인 노르만 인이 침입한
것이다. 노르만 인은 스칸디나비아 반도에 살고 있었는데 우리가 말하
는 바이킹 족이 이들이다. 노르만 족에게 시달리던 서프랑크 왕국은
융화정책으로 현재의 세느강 주변에 땅을 주어 살게 한 장소가 바로
노르망디 지역이다. 이들은 프랑스에 동화되었으나 후에 노르망디 공
국을 세우게 된다.

987년, 귀족들이 휴 카페Hugh Capet를 왕으로 선출하면서 카페 왕조가
들어서는데, 왕권도 약했고 왕의 영토는 파리 근교와 오를레앙 정도였
다. 후일 프랑스의 역대 왕조는 이 카페 가문에서 비롯되었으므로 현
재 프랑스의 국가적 기원이라 할 수 있다.

한편 노르망디를 지배하고 있던 윌리암은 1066년 영국을 점령하고 영
국에 프랑스의 제도를 이식한다. 12세기 중엽 노르만 왕가가 끊어진 뒤
프랑스의 대영주인 앙주Anjou가 왕위를 계승하여 헨리 2세라고 부르며

영국과 노르망디를 모두 지배했다. 이때부터 영국 국왕은 노르망디 공국도 지배하면서 영국의 귀족들은 양국의 국적을 모두 가지게 되는데 문화적으로 프랑스의 영향권 안에 있던 노르망디 공국에서 온 지배층들은 제도, 문화, 언어에서 프랑스의 영향을 받게 되고, 피지배, 계층이 쓴 영어는 지배 계층의 프랑스어와 혼합되어 중세 영어가 된다.

현대 프랑스의 모체라고 할 수 있는 카페 왕조는 영국과 노르망디 공국을 지배하는 이 왕조에 대해 강력한 라이벌 의식을 느끼게 된다. 1154년, 아키텐느의 엘리노어가 영국의 헨리 2세와 결혼하면서 현재 프랑스 영토의 1/3이 영국의 지배하에 놓인다. 그 후 이 프랑스 영토에 대한 지배권을 두고 프랑스와 영국은 300년 동안 계속 갈등을 겪는다.

영국 왕 에드워드 3세는 즉위하자 자신의 어머니가 프랑스 카페 왕조의 왕 필립 4세의 딸이라는 점을 강조하며 그 당시 프랑스 왕인 필립 6세가 아닌 자신이 프랑스 왕위를 계승해야 한다고 주장한다. 즉 에드워드 3세는 영국과 프랑스의 왕을 자신이 겸해야 한다고 주장한 것이다. 이와 같이 프랑스와 영국의 관계는 매우 복잡했다. 그러나 프랑스로서는 그런 주장을 받아들일 수 없었고 급기야 백년 전쟁(1337~1453년)으로 이어지는데 이 전쟁은 1348년 흑사병이 온 나라를 휩쓸었을 때만 잠시 중단되었다.

이 지루한 전쟁이 드디어 플랜타주넷Plantagenet 왕가 쪽으로 기울고 있을 때, 그 유명한 17세 소녀, '잔다르크'가 등장한다. 그녀는 오를레앙에서 군대에 합류해 영국군을 무찌르며 전세를 역전시키나 영국군에 체포되었다. 그녀는 이교도로 판결을 받고 2년 뒤 화형을 당하게 되지만 이미 그녀에 의해 역전된 전세는 돌이킬 수 없었고, 전쟁은 프랑스의 승리로 끝나 1443년 칼레를 제외한 프랑스의 모든 영토에서 영국인들은 추방당하게 되었다.

1530년대 유럽을 휩쓸던 종교 개혁의 바람은 프랑스에서도 강하게 일었다. 프랑스에 종교개혁을 일으킨 사람은 제노바로 망명한 존 캘빈 John Calvin이었다. 1562~1598년 사이의 종교 전쟁은 3개 집단이 관련되면서 더욱 복잡해진다. 프랑스 신교도인 '위그노', 기즈당이 이끄는 구교도, 군주 중심의 구교도로 갈라진 전쟁은 왕권을 약화시키고 프랑스를 분열시켰다. 가장 끔찍한 학살이 1572년 8월 24일에 벌어졌다. 결혼 축하를 위해 파리에 갔던 3,000명의 위그노들을 구교도가 학살한 것이다. 이것을 '성 바톨로뮤 학살'이라고 한다.

이 학살은 지방에까지 확산되었는데, 이 사건 이후로 프랑스에서 신교도 세력은 급격히 약화되고, 지금도 프랑스에서는 구교도가 대부분이다. 그 후, 실권을 잡은 구교도들의 내분에 의해 앙리 3세는 암살당했고, 위그노였던 나바르의 왕 앙리는 구교도 개종을 한 후 앙리 4세가 된다. 그는 1598년 위그노의 종교적 자유와 시민권 보장의 내용을 담은 '낭트 칙령'을 선포하지만 1685년 루이 14세에 의해 폐지된다.

태양왕 루이 14세는 1643년 5살의 나이에 왕위에 올라 1715년까지 통치했다. 긴 통치 기간에 프랑스 군주의 권력을 옹호하는 왕권신수설을 내세우며 강력한 왕권을 확립했다. 그는 국제적으로 프랑스의 권위를 높이고, 프랑스의 문화 예술이 국제적으로 인정을 받게 하여 다른 나라들도 모방을 할 정도로 만든다. 그러나 영토를 조금 확장시키긴 했지만 전쟁을 많이 일으켰고, 지금은 관광 수익이 되고 있지만, 베르사유 궁전과 같은 사치스러운 건물을 짓느라 엄청난 국고를 낭비해 그의 후계자들에게 고통을 안겨 줬다. 그의 후계자 루이 15세와 16세는 무능했다.

18세기에 나타난 새로운 경제적, 사회적 분위기는 구제도를 흔들고 있었다. 계몽주의는 교황과 군주의 권위에 대해 도전하며 반체제 사상으로 구제도를 흔들고 있었다. 볼테르, 루소, 몽테스키외 등이 계몽주의를 이끌고 있었는데, 사람들 마음에 깊숙이 자리잡은 사리사욕 풍조와 복잡한 권력 구조, 왕조의 부패가 개혁을 지연시키기도 했다.

루이 15세는 미국의 독립을 지원하기도 했고 오스트리아와 연합하여 영국, 프러시아에 패해 프랑스는 서인도 제도의 식민지와 인도를 영국에게 빼앗긴다. 영국으로서는 미국 독립 전쟁에서 개척민을 지지한 프랑스에 대한 일종의 복수였다. 영국과 프랑스의 7년 전쟁의 결과는 군주에게는 끔찍했지만, 어떤 면에서는 행운이었다. 세계를 주목시킨 미국 혁명이 몰고 온 급진적 민주 사상이 프랑스에 유포된 계기가 되었던 것이다.

프랑스
대혁명

1780년대까지도 무능하고 결단력 없는 루이 16세와 사치스러운 그의 아내 마리 앙투와네트는 개화파에서 보수파에 이르는 사회 모든 계층을 멀리한 채 지냈다. 1789년 루이 16세가 삼부회에서 개혁파들의 세력을 약화시켜 보려했지만 거리에는 파리의 시민들이 쏟아져 나와 시위를 하였고 드디어 그 해 7월 14일 구제도 붕괴의 상징인 바스티유 감옥이 붕괴되고 말았다.

처음 혁명은 온건 개혁파에 의해 추진되었다. 입헌 군주제 선언, 인권 선언 채택 등의 다양한 개혁을 시행했다. 혁명을 위협하는 외부 세력에 대해 스스로 무장했던 군중들은 프러시아, 오스트리아와 망명한 프랑스 귀족들에 대한 분노가 일었고, 애국주의와 민족주의로 결합하여 혁명 열기는 더욱 뜨거워졌다. 이런 열기에 의해 혁명은 대중적이고 급진적으로 변화하였다.

온건 개혁파인 지롱드 당은 로비스피에르 당과 마레가 이끄는 급진 개혁파 자코뱅당에게 권력을 뺏기고 자코방 당은 국민 공회를 세운다. 1793년 1월 루이 16세는 지금의 파리 콩코드 광장 단두대 위에서 급진파와 시민들에 의해 처형되는데, 1794년 중반까지 참수형으로 무려 17,000명이나 처형되었다. 말기에는 아이러니하게도 로비스피에르를 포함한 초기 혁명 지도자들이 단두대에서 처형되기도 했다.

나폴레옹

나라는 더욱 혼란해졌고 이를 틈타 프랑스 군인 지도자들은 사회에 염증을 내기 시작했다. 군인들은 더욱 부패하고 악랄해지는 집정 내각의 지시를 무시하며 자신들의 야망을 키우기 시작했다. 이 때 나폴레옹이 역사에 등장한다. 나폴레옹 바나파르트가 '불가능은 없다'며 알프스를 넘어 오스트리아를 격파하자, 국민적 인기를 얻게 되고 그는 이 힘을 몰아 독립적 정치 세력을 키운다. 1799년 자코뱅 당이 의회에서 다시 우위를 차지하게 되자, 나폴레옹은 평판이 좋지 않은 집정 내각을 폐지하고 자신이 권력을 장악한다.

처음에는 나폴레옹이 제1제정을 맡았으나, 1802년, 국민투표로 종신 제정을 선포하고 그의 생일은 국경일이 되었다. 교황 피우스 7세로부터 노트르담 성당에서 황제 작위를 받으며, 황제로 즉위한 나폴레옹은 더 많은 지지와 세력 확보를 위해 많은 전쟁을 일으켰다. 이로 인해 프랑스는 유럽 대부분을 정복하고, 1812년 대륙의 마지막 라이벌인 러시아의 차르를 정복하러 러시아로 향한다. 나폴레옹 대군이 모스크바를 포위했지만 러시아의 혹독한 추위에 물러서고 말았고, 이를 틈타 프러시아를 비롯한 나폴레옹 적들은 봉기해 파리로 쳐들어간다. 결국 나폴레옹은 쫓겨나고 지중해의 작은 섬 엘바로 유배된다.

비엔나 회의(1814~1815년)에서 동맹국들은 프랑스를 혁명 전으로 돌리고자 부르봉 왕조를 부활시키고 루이 18세를 왕으로 추대한다. 1815년 3월 나폴레옹은 엘바 섬을 탈출하고 남프랑스에서 군대를 모아 파리를 다시 탈환했으나 워털루 전투에서 패배함으로써 '백일 천하'로 끝나게 된다. 결국 나폴레옹은 남태평양의 외딴 섬 세인트 헬레나 섬에서 1821년으로 생을 마감한다.

식민 시대의 유산인 노예제도를 부활시킨 점에서 나폴레옹은 보수주의자이지만 법 체계를 정비하고 나폴레옹 법전을 선포하는 등 중요한 개혁을 실시했다. 나폴레옹 법전은 지금까지 프랑스는 물론 다른 유럽 국가 법체계의 근가이 되고 있다. 그의 더 중요한 역할은 나폴레옹 혁명이 변화의 요소를 내포하고 있었다는 것이다. 그래서 나폴레옹은 프랑스인들이 기억하는 가장 위대한 영웅인 것은 당연할 수도 있다.

19세기

19세기는 프랑스 혼돈의 시기이다. 루이 18세이 통치 기간(1815~1824년) 동안은 구 제도의 복귀를 원하는 군주제 옹호자들과 혁명의 변화를 바라는 군중들의 투쟁으로 가득 차 있다. 샤를 10세(1824~1848년)는 보수주의자들과 자유주의자들의 싸움에서 고민하다가 1830년 7월 혁명으로 쫓겨나게 된다. 그 뒤를 이은 루이 필립(1830~1848년)은 상류층이 옹호하는 입헌군주제 옹호자였다. 루이 필립은 그 당시 의회 대표로 선출되었으나, 1848년 2월 혁명으로 물러나고 제2공화정이 들어선다. (제 1공화정은 루이 16세가 부적절한 입헌 군주라고 판명된 후인 1792년에 세워졌다) 그 해 대통령 선거가 행해졌고 나폴레옹의 알려지지 않았던 조카 루이 나폴레옹 보나파르트가 선출된다. 대통령이 된

그는 1851년 쿠데타를 일으켜 프랑스 황제인 나폴레옹 3세가 된다.

제 2제정은 1852~1879년까지 지속되었다. 이 기간에 프랑스는 약간의 경제 성장을 했지만 그의 삼촌처럼 루이 나폴레옹은 크림 전쟁 (1853~1856년)을 포함한 많은 전쟁에 개입해 재정적으로 피해를 입었다. 제 2제정은 프러시아에 의해 끝이 났다. 1870년 프러시아의 제상 비스마르크는 나폴레옹 3세를 유인해 프랑스가 프러시아에 대해 전쟁을 선포하게 만든다. 이를 기다리던 비스마르크는 준비도 없던 프랑스 군을 무찌르고 항복을 받았다.

패주의 소식이 파리에 퍼지자 시민들은 거리로 나와 공화정의 부활을 요구했고, 다시 시작된 제 3공화정은 국가 방위 준비 정부로 출발했다. 당시 프러시아는 프랑스로 쳐들어오는 중이었고 진군을 계속해 4달 동안 파리를 포위했다. 프랑스에서는 평화 협상을 원하는 입헌 군주자들과 저항을 하자는 공화주의자들의 의견 대립이 있었으나 결국 1871년 입헌 군주자들이 주도하는 국민 의회는 프랑크푸르트 조약을 체결한다. 거래 조건은 5,000억 프랑 배상금과 알사스, 로렌 지역의 양도였다. 또한 프러시아의 빌헬름 1세는 베르사유 궁전에서 독일 황제임을 선포한다. 이 순간부터 독일 제국이 탄생하는 시점이다.

이는 파리 시민들을 분노하게 하였고 결국 폭동을 일으킨다. 혁명 정부 지지자들은 파리를 점령했지만 수많은 군중들이 폭동에 희생되고, 대부분 노동자 출신인 혁명 정부 지지자들은 2만 명 이상 처형당했다. 결국 프랑스는 전쟁에 패하면서 다시 공화정으로 돌아간다. 이 시기를 제 3공화정이라고 한다.

1894년에 발생한 드레퓌스 사건은 제 3공화정에 도덕적, 정치적으로 타격을 입힌다. 유태인 육군 대위인 알프레드 드레퓌스가 독일 첩보원으로 군법회의에 회부되어 종신형을 선고받으면서 이 사건은 시작된다.

군부, 우익 정치가들, 구교도들의 극심한 반대에도 불구하고 이 사건은 다시 심의되어 결국 드레퓌스의 결백이 증명되었다. 이 사건은 군대와 교회의 불신감을 더욱 심화시켰다. 결과적으로 군대의 시민 통제가 더 심해졌고 1905년에 교회와 정부가 법적으로 분리되었다.

**제1차
세계대전**

제1차 세계대전의 패배로 독일은 프랑스 알사스, 로렌 지역을 반환한다. 이 전쟁을 통해 800만 프랑스인들이 군대에 소집되어 130만 명이 죽었고, 100만 명 정도가 부상을 당했다. 전쟁은 공식적으로 베르사유 조약을 체결하면서 끝났다. 독일은 전쟁 보상으로 프랑스에게 330억 달러를 지불했다.

**제2차
세계대전**

1930년대 프랑스는 영국과 마찬가지로 히틀러를 진정시키려고 애썼다. 그러나 1939년 독일의 폴란드 침공이 있고 2달 후 두 나라는 독일을 향해 전쟁을 선포한다. 그러나 난공불락으로 여겨졌던 마지노선이 무너지자 다음해 6월 프랑스는 항복한다.

독일은 북부 지방과 서해안을 직접 통치하고 나머지 지역은 허수아비 괴뢰 정권을 수립했다. 괴뢰 정권의 수뇌는 제 1차 세계대전 프랑스 노장인 필립 페탕이었다. 페탕 정권은 나치가 유럽의 새 주인임을 인정했다. 한편 독일군 점령 지역의 프랑스 경찰은 프랑스의 유태인들을 아우슈비츠나 다른 죽음의 수용소로 보내도록 차출하는 일을 도왔다.

한편 프랑스가 항복하자 전쟁 당시 프랑스의 부 차관이었던 샤를 드골은 런던으로 건너가 프랑스 망명 정부를 세웠다. 레지스탕스로 알려진 지하 운동도 있었으나 적극적으로 가담한 것은 인구의 약 5%정도였으며 나머지 95%는 소극적으로 도와주거나 아니면 방관했다. 레지스탕스들은 철도 파업, 연합군을 위한 정보 수집, 연합군 공군 돕기, 반독일 전단 인쇄 등 많은 일을 했다.
프랑스의 해방은 미국, 영국, 캐나다가 함께 노르망디 상륙 작전(1944년 6월6일)을 개시하면서 시작되었다. 결국 파리는 르끌레르 장군이 이끄는 프랑스 자유 연합군의 선봉대와 연합군에 의해 8월 25일 해방되었다.

**전후의
프랑스**

드골은 전쟁이 끝나자 곧 파리로 돌아와 임시 정부를 세웠다. 1946년 1월 대통령직을 사임하지만 그의 복귀를 원하는 대중들의 요구가 거세졌다. 몇 달 후 국민 투표로 새 헌법이 승인되었으나 제 4공화국은 불안정한 연립 내각이었다. 강력한 미국의 원조로 프랑스 경제는 서서히 회복되었다. 인도차이나 식민 통치의 재시도는 실패했고 100만 프랑스인이 거주하고 있는 알제리에서 아랍 민족주의자들의 폭동이 있었다.

제4공화국은 1958년에 끝났다. 알제리의 폭동을 다루는 패배주의에 분

노한 극우파들은 정부를 전복시키려는 음모를 꾸몄다. 이런 국가적인 위기를 맞아 군사 쿠데타, 시민 폭동을 저지하기 위해 드골이 다시 복귀했다. 그는 국민 의회의 반대에도 불구하고 대통령에게 상당한 권한을 부여하는 헌법을 만들었다. 오늘까지 이어져 오는 제 5공화국은 1961년 알제리에서 일어난 우익 군인들의 쿠데타로 잠시 흔들렸으나 당시에 알제리에 거주하던 프랑스인들과 테러리즘 반대주의자들은 드골을 도왔다. 전쟁은 1962년 알제리 협상으로 끝났는데 75만의 피에 느와르 Pieds Noirs(검은 발이라는 뜻으로 알제리 태생의 프랑스 인들을 일컫는 말이다)가 이 때 프랑스로 들어왔다. 다른 프랑스 식민지와 아프리카 국가들도 독립을 찾기 시작했다. 왜소해지는 프랑스의 국제적 비중을 만회하기 위해 프랑스는 이전 식민지 국가들을 돕기 위한 군사, 경제적 지원 계획을 만들기 시작한다.

정부와 온 나라에 전면적인 변혁을 가져온 것은 1968년 5월 혁명이었다. 데모하는 대학생들과 경찰이 부딪친 사소한 이 사건은 파리 시민들을 격분하게 했다. 학생들은 소르본느를 점령했고, 대학가에는 바리케이트를 쳤다. 다른 학교로 분위기가 퍼지게 되고 노동자들도 항거에 참여하였다. 900만 파리 시민들은 파업에 동참했고, 전국이 거의 마비 상태가 되었다. 드골은 무정부 상태의 위험성을 국민들에게 호소함으로써 위기를 넘기게 된다. 안정이 되어 갈 즈음 정부는 고등교육제도 개혁을 포함한 중요한 개혁을 단행한다.

1969년 드골은 드골파인 조르쥬 퐁피두에게 대통령 자리를 넘긴다. 1974년 발레리 쥐스카르 데스텡이, 1981년에는 사회당인 프랑소와 미테랑이 대통령에 오른다. 미테랑은 1988년 재선에 당선되지만 1986년 의회 선거에서 자크 시락이 이끄는 우파가 다수당이 된다. 마지막 2년 동안 미테랑 대통령은 반대당 내각과 일을 해서 전례가 없는 개혁이 시행된다.

프랑스 요리

프랑스 식사의 순서는 불에 조리하지 않은 '오브되브르Ovdevre에서 시작해 전채인 앙트레Entree로 시작한다. 생선 요리인 푸아송Poissons과 고기 요리인 비앙드Viandes 샐러드, 치즈(프로마주)를 메인요리로 먹는다. 디저트도 후식, 과일, 커피를 마시고 마지막으로 코냑까지 마신다. 그래서 프랑스 코스 요리는 식사 시간이 길다. 간혹 정식의 식사에서 20가지 이상의 음식이 나오기도 한다.

전채

앙트레(Entree)

코스요리를 먹기 위해 레스토랑에 간다면 전식, 메인요리, 후식으로 나눌 수 있다. 이때 전식을 '앙트레Entree'라고 부른다. 전채이지만 메인요리와 다르지 않게 나오는 레스토랑도 많다. 우리가 프랑스 요리의 특이하다고 알고 있는 달팽이 요리인 에스카르고Escargots도 전채에 해당한다. 생굴요리인 위트르Huitres와 거위 간 요리인 푸아그라Foie Gras, 훈제 연어 요리인 사몽 퓨미Saumon Fume 등이 주로 주문하는 전식요리이다.

메인

푸아송(Poissons)

생선요리는 보통 푸아송Poissons이라고 말하는데, 프랑스요리에서는 해산물까지 포함한다. 생선은 주로 대구, 송어, 연어, 광어 등이고, 해산물은 굴, 새우, 홍합이 주로 포함된다. 셰프는 이 재료들로 소스를 곁들여 요리를 하는데, 그릴에 굽고 레몬, 야채 등을 넣어 접시에 먹음직스럽게 만들어낸다.

비앙드(Viandes)

고기요리를 말하는 프랑스어로 쇠고기, 돼지고기, 닭고기 등의 기본적으로 많이 사용하는 고기 외에는 양고기인 무통Mouton, 토끼고기인 라팽Lapin 등이 추가적으로 사용된다. 가끔은 사냥에서 잡은 사슴고기도 사용한다고 알려져 있다. 프랑스인들은 토끼고기와 오기고기를 좋아한다. 동양인들이 완전 구운 고기를 좋아한다면 육즙이 배어나오고 레몬이 첨가된 소스를 넣어 고기를 굽거나 와인을 첨가해 고기를 굽기도 한다. 버섯이나 이티초크 등의 야

채를 추가로 구워 요리를 완성한다. 고기의 메인 요리를 플라 프린시펄^{Plat Principal}이라고 부른다.

후식

마카롱(Macaron)

1533년 프랑스에 온 이탈리아 셰프가 만들어
냈다고도 하고 1791년 수도원에서 만들어졌다
고도 전해진다. 1830년대에 지금의 마카롱 모
양이 산업혁명 이후 부를 축적한 중산층을 통
해 확산되었다.

작고 동그란 전 정도의 크기인 마카롱은 다양
한 색으로 마지막 식욕을 만들어낸다. 계란,
설탕 아몬드 가루를 주재료로 버터크림이나

62

잼을 안에 넣고 2개의 쿠키를 붙여 탄생한다. 특히 대한민국에서 마카롱은 특히 인기가 높다. 하지만 마카롱을 어디에나 팔지는 않으므로 프랑스의 마카롱을 자주 맛볼 수 있는 것은 아니다.

크레페(Crepe)

이제는 프랑스보다 다른 유럽국가에서 더 많이 맛볼 수 있는 디저트 이상의 음식으로 자리잡았지만 크레페Crepe는 엄연히 프라스 전통 디저트이다.

그레페리Creperie라고도 부르는 크레페는 브로타뉴 지방에서 만들어진 요리로 버티와 계란을 이용해 얇게 만들어 빵 위에 생크림과 잼 등을 얹고 삼각형 모양으로 접어 먹는다. 치즈, 햄, 바나나 등이 추가로 들어가고 초코시럽 등을 마지막으로 입혀 먹음직스럽게 보이게 된다.

와인의 기초 상식, 와인을 느껴보자!

바디감(Body)
와인을 입에 머금고 잠깐 멈추면 입안에서 느껴지는 와인만의 묵직한 느낌이 다가온다.

Light Body
알코올 12.5% 이하의 와인은 일반적으로 라이트-바디 와인이라고 부른다. 화이트 와인이 대부분 산뜻한 맛을 느끼게 해준다.

Mdeium Body
알코올 12.5~13.5%의 와인은 일반적으로 미디엄-바디 와인이라고 부른다. 로제, 프렌치 버건디, 피놋 그리지오, 쇼비뇽 플라 등이 중간 정도의 느낌을 준다.

Full Body
알코올 13.5% 이상의 와인은 풀-바디 와인으로 말한다. 대부분의 레드 와인이 이에 속한다. 샤도네이 와인만 풀-바디의 화이트 와인이다.

탄닌(Tanni)
와인 맛에서 가장 뼈대를 이루는 중요한 부분으로, 와인을 마실 때 쌉싸름하게 느끼는 맛의 정체가 탄닌Tannin이다. 식물의 씨앗, 나무껍질, 목재, 잎, 과일의 껍질에는 자연적으로 생겨나는 폴리페놀이 있는데, 우리는 쓴맛으로 느끼게 된다.

일반적으로 와인의 탄닌은 포도껍질과 씨앗에서 나오게 되며 오크통 안에서 숙성을 거치면서 오크통에서도 약간의 탄닌이 나오게 된다. 와인을 안정시켜주며 산화를 막아주는 가장 기본적인 성분이다.

산도(Acidty)
와인의 맛에 살아있는 느낌을 준다고 이야기하는 부분으로 와인이 장기 숙성을 할 수 있는 요소이다.

주석산(Tartaric Acid)
와인의 맛과 숙성에 가장 큰 역할을 하는 중요한 산으로 포도가 익어가는 과정에서 변하지 않고 양이 그대로 존재하게 된다.

사과산(Malic Acid)
다양한 과일에 함유된 산으로 포도가 익기 전에는 사과산 수치가 높지만 점점 익어가면서 수치가 낮아지게 된다.

구연산(Crtric Acid)
감귤류에 함유된 산으로 와인에는 주석산의 약 10% 정도만 발견되는 가장 적은 양의 산이다.

라벨 읽는 방법

• 와이너리 이름
• 생산지역
• 포도 수확 연도

프랑스 여행 계획하는 방법

프랑스는 육각형 형태의 국토를 가지고 있고 수도인 파리Paris는 위로 치우쳐 있는 특징이 있다. 프랑스의 대표적인 여행지인 수도 파리Paris과 큰 도시인 레옹Lyon, 마르세유, 프랑스의 작은 마을이 몰려 있는 남프랑스까지 여행을 하려면 '일정 배정'을 잘해야 한다.

예전에는 수도인 파리Paris를 여행하는 것을 선호했다면 지금은 동부, 서부, 남부로 나누어서 여행하는 것을 선호한다. 특히 코트다쥐르와 프로방스로 대변되는 남프랑스는 대한민국 사람들이 가장 좋아하는 여행지로 각광을 받고 있다. 특히 남프랑스의 칸, 아비뇽, 니스, 몽펠리에 등을 천천히 즐기는 한 달 살기나 자동차여행으로 트렌드가 바꾸고 있다.

1. 일정 배정

프랑스가 수도인 파리Paris를 제외하면 볼거리가 별로 없다는 생각을 가진 여행자가 의외로 많다는 사실에 놀라기도 한다. 프랑스는 일정 배정을 잘못하면 짧게 4박 5일 정도의 여행은 수도만 둘러보면 끝이 나 버린다. 그래서 프랑스 여행은 어디로 여행을 할 계획이든 여행일정을 1주일은 배정해야 한다.

예를 들어, 처음 프랑스 여행을 시작하는 여행자들은 수도인 파리Paris에서 파리인근의 2시간 정도 소요되는 몽생미셸, 오베르쉬르우아즈, 지베르니 같은 도시를 당일치기로 여행하면 1주일의 여행일정은 쉽게 만들 수 있다.

하지만 남프랑스를 여행하려면 여유롭게 즐길 수 있는 마음가짐이 중요하다. 매일 몇 개 도시를 봐야겠다고 생각한다면 여행의 피로만 쌓일 수 있다. 또한 여행 계획을 세우고 니스를 본 다음날에 앙티브Antibes로 이동하고 칸Khan으로 이동하여 도시를 본다고 여행 일정을 세우지만 일정이 생각하는 것만큼 맞아 떨어지지 않는다.

2. 도시 이동 간 여유 시간 배정

프랑스 여행에서 파리Paris을 떠나 리옹Lyon이나 마르세유Marseille로 이동하는 데 3~5시간이 소요된다. 오전에 출발해서 다른 도시를 이동한다고 해도 오후까지 이동하는 시간으로 생각하고 그 이후 일정을 비워두는 것이 현명하다. 왜냐하면 버스로 이동할 때 버스시간을 맞춰서 미리 도착해야 하고 버스를 타고 이동하여 숙소로 다시 이동하는 시간사이에 어떤 일이 일어날지 모른다.

여행에서는 변수가 발생하기 때문에 항상 변화무쌍하다고 생각해야 한다. 자동차로 여행을 떠나도 도로에서 막히는 시간과 식사시간도 고려해야 하기 때문이다. 우리는 기계가 아니기 때문에 여행에서 둘러보는 여유와 여행의 감정이 중요하다.

3. 마지막 날 공항 이동은 여유롭게 미리 이동하자.

대중교통이 대한민국처럼 발달되어 정확하고 다양한 방법으로 공항으로 이동할 수 있다고 이해하면 안 된다. 특히 마지막 날, 오후 비행기라고 촉박하게 시간을 맞춰 이동했다가 비행기를 놓치는 경우가 발생한다. 그래서 마지막 날은 일정을 비우거나, 넉넉하게 계획하고 마지막에는 쇼핑으로 즐기고 여유롭게 프랑스 파리 드골 국제공항으로 이동하는 것이 편하게 여행을 마무리할 수 있다.

4. 숙박 오류 확인

프랑스만의 문제는 아닐 수 있으나 최근의 자유여행을 가는 여행자가 많아지면서 프랑스에도 숙박의 오버부킹이나 예약이 안 된 오류가 발생할 수 있다. 분명히 호텔 예약을 했으나 오버부킹이 되어 미안하다고 다른 호텔이나 숙소를 알아보라며 거부당하기도 하고, 부킹닷컴이나 에어비엔비 자체 시스템의 오류가 생기는 경우도 발생하고 있으니 사전에 숙소에 메일을 보내 확인하는 것이 중요하다.

특히 아파트를 숙소로 예약했다면 호텔처럼 직원이 대기를 하고 있는 것이 아니므로 열쇠를 받지 못해 체크인을 할 수 없는 경우가 많다. 아파트는 사전에 체크인 시간을 따로 두기도 하고 열쇠를 받는 방법이나 만나는 시간과 장소를 정확하게 알고 있어야 한다.

여행 추천 일정

4박 5일

파리(2일) → 몽생미셸(1일) → 오베르쉬르우아즈(1일) → 파리(1일)

5박 6일

① 파리(2일) → 몽생미셸(1일) → 지베르니(1일) → 파리(2일)
② 파리(2일) → 몽생미셸(1일) → 오베르쉬르우아즈(1일) → 파리(2일)

칼레
Calais

릴
Lille

노르파드칼레
NORD PAS DE CALAIS

셰르부르
Cherbourg

아미앵
Amiens

피카르디
PICARDIE

루앙
Rouen

메스
Metz

옹플뢰르
Honfleur

지베르니

오베르쉬르우아즈

랭스
Reims

도빌
Deauville

노르망디
HAUTE NORMANDIE

베르사유

파리
FRANCE

남시
Nancy

스트라스부르

브레스트
Brest

생말로

몽생미셸

렌
Rennes

브르타뉴
BRETAGNE

샹파뉴아르덴
CHAMPAGNE ARDENNE

트루아
Troyes

콜마르
Colmar

뮐루즈
Mulhouse

낭트

앙제
Angers

페이드라루아르

투르
Tours

상트르
CENTRE

오를레앙
Orleans

오세르
Auxerre

부르고뉴
Dijon

브장송
Besancon

프랑슈콩테
FRANCHE COMTE

부르주
Bourges

푸아티에
Poitiers

라로셸
La Rochelle

부르고뉴
BOURGOGNE

포이투 샤랑트
POITOU CHARENTE

앙굴렘
Angouleme

리모주
Limoges

리무쟁
LIMOUSIN

클레르몽페랑
Clermont-Ferrand

오베르뉴
AUVERGNE

리옹

안시
Annecy

샤모니몽블랑
Chamonix-Mont-Blanc

론 알프스
RHONE

샹베리
Chambery

그로노블
Grenoble

보르도

아키텐
AQUITAINE

아쟁
Agen

알비
Albi

비아리츠
Biarritz

툴루즈

미디피레네
MIDI-PYRENEES

아비뇽

몽펠리에

아를

랑그도크루시옹
LANGUEDOC-ROUSSILLON

엑상프로방스

마르세유

그라스

칸
Cannes

니스

모나코

루르드
Lourdes

페르피냥
Perpignan

파리(2일) → 몽생미셸(1일) → 지베르니(1일) → 베르사유(1일) → 파리(2일)

파리(2일) → 몽생미셸(1일) → 오베르쉬르우아즈(1일) → 베르사유(1일) → 파리(2일)

파리(2일) → 몽생미셸(1일) → 지베르니(1일) → 생말로(1일) → 베르사유(1일) → 파리(1일)

파리(2일) → 부르고뉴(1일) → 리옹(1일) → 아비뇽(1일) → 아를(1일) → 파리(1일)

① 7박 8일

파리(2일) → 스트라스부르(1일) → 부르고뉴(1일) → 리옹(1일) → 아비뇽(1일) → 아를(1일) → 파리(1일)

② 7박 8일

파리(2일) → 부르고뉴(1일) → 리옹(1일) → 아비뇽(1일) → 아를(1일) → 마르세유(1일) → 파리(1일)

③ 7박 8일

파리(2일) → 리옹(1일) → 아비뇽(1일) → 아를(1일) → 마르세유(1일) → 니스(1일) → 파리(1일)

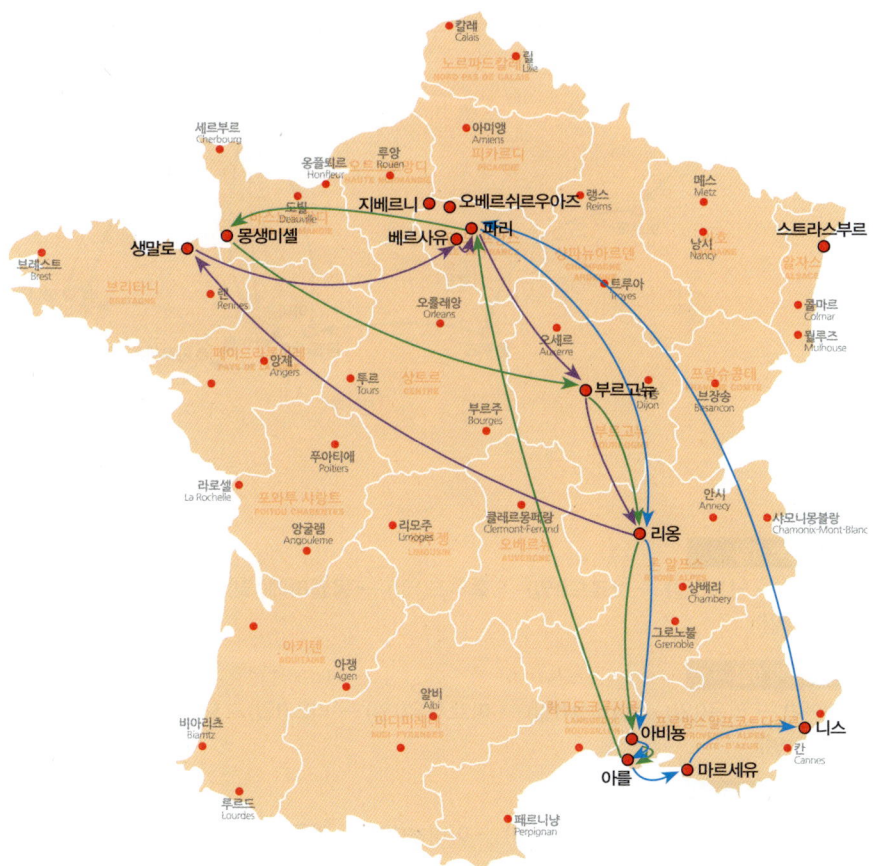

① 8박 9일

파리(2일) → 낭트(1일) → 보르도(1일) → 툴루즈(1일) → 몽펠리에(1일) → 리옹(1일) → 파리(2일)

② 8박 9일

파리(2일) → 리옹(1일) → 아비뇽(1일) → 마르세유(1일) → 니스(1일) − 모나코(1일) → 파리(1일)

③ 8박 9일

파리(2일) → 부르고뉴(1일) → 리옹(1일) → 아비뇽(1일) → 아를(1일) → 마르세유(1일) → 니스(1일) → 파리(1일)

13박 14일

파리(2일) → 낭트(1일) → 보르도(1일) → 툴루즈(1일) → 몽펠리에(1일) → 리옹(1일)
→ 아비뇽(1일) → 아를(1일) → 마르세유(1일) → 니스(1일) → 모나코(1일) → 파리(2일)

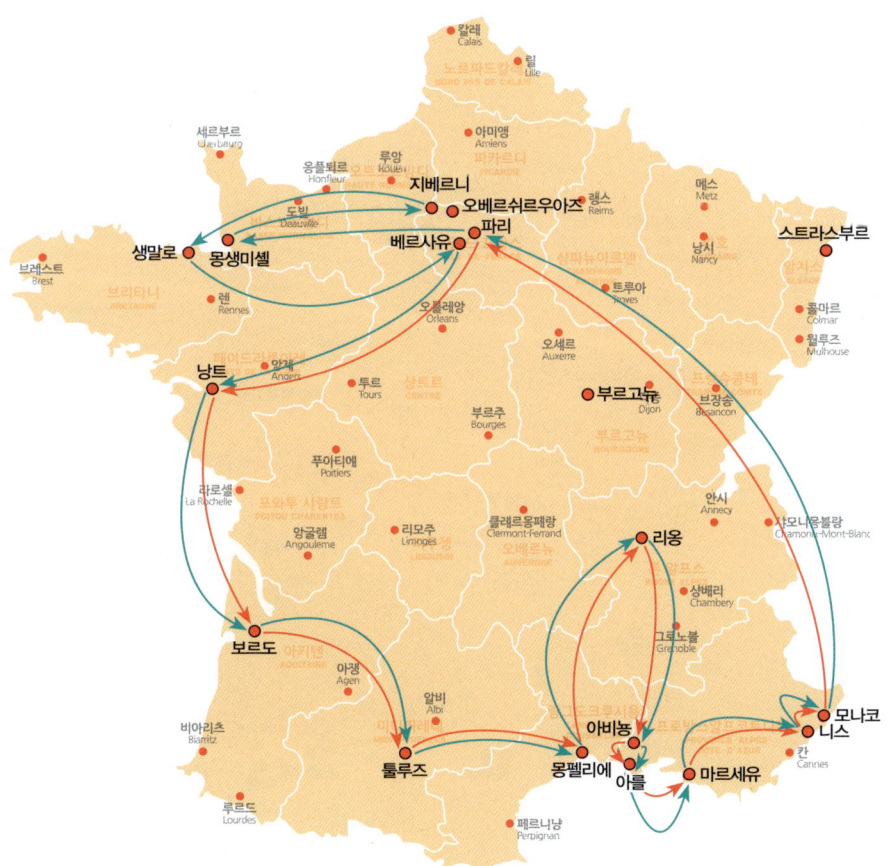

17박 18일

파리(2일) → 몽생미셸(1일) → 지베르니(1일) → 생말로(1일) → 베르사유(1일) → 낭트(1일)
→ 보르도(1일) → 툴루즈(1일) → 몽펠리에(1일) → 리옹(1일) → 아비뇽(1일) → 아를(1일)
→ 마르세유(1일) → 니스(1일) → 모나코(1일) → 파리(2일)

파리(2일) → 보르도(1일) → 툴루즈(1일) → 몽펠리에(1일) → 아를(1일) → 아비뇽(1일) → 마르세유(1일) → 액상프로방스(1일) → 그라스(1일) → 니스(1일) → 모나코(1일) → 리옹(1일) → 부르고뉴(1일) → 베르사유(1일) → 파리(2일)

20박 21일

파리(2일) → 몽생미셸(1일) → 지베르니(1일) → 생말로(1일) → 베르사유(1일) → 낭트(1일) → 보르도(1일) → 툴루즈(1일) → 몽펠리에(1일) → 아비뇽(1일) → 아를(1일) → 마르세유(1일) → 니스(1일) → 모나코(1일) → 리옹(1일) → 부르고뉴(1일) → 스트라스부르(1일) → 파리(3일)

도시 여행 중 주의사항

■ 여행 중에 백팩(Backpack)보다는 작은 크로스백을 활용하자.

작은 크로스백은 카메라, 스마트폰 등을 가지고 다니기에 유용하다. 소매치기들은 가방을 주로 노리는데 능숙한 소매치기는 단 몇 초 만에 가방을 열고 안에 있는 귀중품을 꺼내가기도 한다. 지퍼가 있는 크로스백이 쉽게 인에 손을 넣을 수 없기 때문에 좋다.

크로스백은 어깨에 사선으로 메고 다니기 때문에 자신의 시선 안에 있어서 전문 소매치기라도 털기가 쉽지 않다. 백팩은 시선이 분산되는 장소에서 가방 안으로 손을 넣어 물건을 집어갈 수 있다. 혼잡한 곳에서는 백팩을 앞으로 안고 눈을 떼지 말아야 한다.

전대를 차고 다니면 좋겠지만 매일같이 전대를 차고 다니는 것은 고역이다. 항상 가방에 주의를 기울이면 도둑을 방지할 수 있다. 가방은 항상 자신의 손에서 벗어나는 일은 주의하는 것이 가방을 잃어버리지 않는 방법이다. 크로스백을 어깨에 메고 있으면 현금이나 귀중품은 안전하게 보호할 수 있다. 백 팩은 등 뒤에 있기 때문에 크로스백보다는 안전하지 않다.

■ 하루의 경비만 현금으로 다니고 다니자.

대부분의 여행자들은 집에서 많은 현금을 들고 다니지 않지만 여행을 가서는 상황이 달라진다. 아무리 많은 현금을 가지고 다녀도 전체 경비의 10~15% 이상은 가지고 다니지 말자. 나머지는 여행용가방에 넣어서 트렁크에 넣거나 숙소에 놓아두는 것이 가장 좋다.

■ 자신의 은행계좌에 연결해 꺼내 쓸 수 있는 체크카드나 현금카드를 따로 가지고 다니자.

현금은 언제나 없어지거나 소매치기를 당할 수 있다. 그래서 현금을 쓰고 싶지 않지만 신용카드도 도난의 대상이 된다. 신용카드는 도난당하면 더 많은 문제를 발생시킬 수 있으므로 통장의 현금이 있는 것만 문제가 발생하는 신용카드 기능이 있는 체크카드나 현금카드를 2개 이상 소지하는 것이 좋다.

■ 여권은 인터넷에 따로 저장해두고 여권용 사진은 보관해두자.

여권 앞의 사진이 나온 면은 복사해두면 좋겠지만 복사물도 없어질 수 있다. 클라우드나 인터넷 사이트에 여권의 앞면을 따로 저장해 두면 여권을 잃어버렸을 때 프린트를 해서 한국으로 돌아올 때 사용할 단수용 여권을 발급할 수 있다.
여권용 사진은 사용하기 위해 3~4장을 따로 2곳 정도에 나누어 가지고 있는 것이 좋다. 예전에 여행용 가방을 잃어버리면서 여권과 여권용 사진을 잃어버린 것을 보았는데 부부가 각자의 여행용 가방에 동시에 2곳에 보관하여 쉽게 해결한 경우를 보았다.

■ 스마트폰은 고리로 연결해 손에 끼워 다니자.

스마트폰은 들고 다니면서 사진도 찍고 SNS으로 실시간 한국과 연결할 수 있는 귀중한 도구이지만 도난이나 소매치기의 표적이 될 수 있다. 걸어가면서 손에 있는 스마트폰을 가지고 도망하는 경우도 발생하기 때문에 스마트폰은 고리로 연결해 손에 끼워 다니는 것이 좋다. 가장 좋은 방법은 크로스백 깊은 작은 가방에 넣어두는 것이지만 워낙에 스마트폰의 사용빈도가 높아 가방에만 둘 수는 없다.

■ 여행용 가방 도난

여행용 가방처럼 커다란 가방이 도난당하는 것은 호텔이나 아파트가 아니다. 저렴한 YHA에서 가방을 두고 나오는 경우와 당일로 다른 도시로 이동하는 경우이다. 자동차로 여행을 하면 좋은 점이 여행용 가방의 도난이 거의 없다는 사실이다. 하지만 공항에서 인수하거나 반납하는 경우가 아니면 여행용 가방의 도난은 발생할 수 있다는 사실을 인지해야 한다. 호텔에서도 체크아웃을 하고 도시를 여행할 때 호텔 안에 가방을 두었을 때 여행용 가방을 잃어버리지 않으려면 자전거 체인으로 기둥에 묶어두는 것이 가장 좋고 YHA에서는 개인 라커에 짐을 넣어두는 것이 좋다.

■ 날치기에 주의하자.

프랑스 여행에서 가장 기분이 나쁘게 잃어버리는 경우가 날치기이다. 수도인 파리Paris에서는 특히 조심해야 한다. 남프랑스의 작은 도시에서는 날치기가 거의 발생하지 않고 있지만 코로나 바이러스 이후 빈부 격차가 심해지면서 발생하고 있다.

내가 모르는 사이에 잃어버리면 자신에게 위해를 가하지 않고 잃어버려서 그나마 나은 경우이다. 날치기는 황당함과 함께 걱정이 되기 시작한다. 길에서의 날치기는 오토바이나 스쿠터를 타고 다니다가 순식간에 끈을 낚아채 도망가는 것이다. 그래서 크로스백을 어깨에 사선으로 두르면 낚아채기가 힘들어진다. 카메라나 핸드폰이 날치기의 주요 범죄 대상이다. 길에 있는 노천카페의 테이블에 카메라나 스마트폰, 가방을 두면 날치기의 가장 쉬운 범죄의 대상이 된다. 그래서 손에 끈을 끼워두거나 안 보이도록 하는 것이 가장 중요하다.

■ 지나친 호의를 보이는 현지인

프랑스 여행에서 지나친 호의를 보이면서 다가오는 현지인을 조심해야 한다. 오랜 시간 여행을 하면서 주의력은 떨어지고 친절한 현지인 때문에 여행의 단맛에 취해 있을 때 사건이 발생한다. 영어를 유창하게 잘하는 친절한 사람이 매우 호의적으로 도움을 준다고 다가온다. 그 호의는 거짓으로 호의를 사서 주의력을 떨어뜨리려고 하는 경우가 많으니 주의하자.

화장실에 갈 때 친절하게 가방을 지켜주겠다고 한 사람을 믿고 다녀왔을때 가방과 함께 아무도 없는 경우가 발생한다. 피곤하고 무거운 가방이나 카메라 등이 들기 귀찮아지면 사건이 생기는 경우가 많다.

프랑스 자동차 여행 주요도시

프랑스는 수도인 파리가 1,000만 명이 넘는 대도시로 다른 도시들과 규모의 차이가 크다. 그래서 파리의 한 달 살기도 있겠지만 다른 도시에서 즐기는 한 달 살기의 느낌은 다르다. 대표적으로 남프랑스에서 즐기는 한 달 살기는 특히 새로운 경험을 당신에게 줄 것이다.

캉
Caen

렌
Rennes

낭트
Nantes

푸아티에
Poitier

파리(Paris)
프랑스의 수도이자 가장 큰 도시인 파리는 유럽 최대의 관광지로 약1,200만 명이 넘는 도시이다. 12세기부터 유럽의 중요 도시로 성장하면서 문화를 이끌어가고 상업이 주목받았다. 19세기에는 유럽 각지의 예술가가 몰려들어 감성적인 분위기를 도시에 심어들었다.

리옹(Lyon)
프랑스 중부의 프랑스 제3의 도시인 리옹은 파리에서 420㎞ 떨어져 있는데 인구는 142만 명으로 파리와 차이가 있다. 도시는 중세 분위기의 구시가지와 유네스코 세계문화유산으로 지정된 곳이 중요한 관광지이다. 12월 초에 뤼미에르 축제는 리옹의 대표적인 축제로 빛의 향연을 볼 수 있다.

아비뇽(Avignon)
프로방스 지방은 대부분 백사장과 1년 내내 쏟아지는 햇살을 받을 수 있는 남프랑스를 생각한다. 하지만 아비뇽 교황청이 1307~1377년까지 교황 클레멘스 5세부터 7명의 교황이 머물렀던 곳으로 역사적인 도시로 골목길을 걸으며 중세의 멋을 느낄 수 있다.

파리
Paris

오를레앙
Orléans

디종
Dijon

클레르몽페랑
Clermont-Ferrand

리옹
Lyon

아비뇽
Avignon

몽펠리에
Montpellier

마르세유
Marseille

니스
Nice

니스(Nice)

남프랑스의 대표적인 휴양지인 니스는 코트다쥐르의 최대 도시로 인구가 100만 명의 대도시이다. 마르세유 다음으로 규모가 크지만 1년 내내 계속되는 백사장에서 즐기는 휴양은 마르세유와 완전히 다른 느낌의 도시를 볼 수 있다. 특히 2월 말이나 3월 초의 카니발 축제가 펼쳐지면서 봄이 온다는 것을 알 수 있다.

마르세유(Marseille)

마르세유는 파리를 제외하면 프랑스 최대 도시로 남부의 중요역할을 하고 있다. 인구는 160만 명으로 파리와 차이가 크다.

81

프랑스
자동차 여행

France

달라도 너무 다른 프랑스 자동차 여행

유럽에서 특별한 휴가를 보내고 싶다면, 유럽 여행의 인기 여행지 프랑스, 햇빛이 따갑게 다가오는 남프랑스, 시간이 멈춘 중부의 프랑스로 특별한 분위기를 자아내는 프랑스를 자동차로 여행해 보는 것도 좋다.

사방에 꽃으로 새로운 시작이 되었다는 즐거움, 대한민국이 미세먼지로 숨 쉬는 것조차 힘들고 외부출입이 힘들지만 프랑스에는 미세먼지가 없다. 한 여름에도 시원하게 불어오는 바람을 맞을 수 있고, 뜨거운 햇빛이 비추는 해변에서 나에게 비춰주는 따뜻한 마음이 살

아 있는 프랑스가 당신을 기다리고 있다.

우리가 알고 있던 유럽 여행과 전혀 다른 느낌을 보고 느낄 수 있으며, 초록이 뭉게구름과 함께 피어나는, 깊은 숨을 쉴 수 있고, 마음대로 자동차를 타고 여행하는 것이 더 편리한 곳이 프랑스이다. 최근에 엔데믹으로 가는 시기에 각 항공사들이 취항하면서 관광객은 더욱 쉽게 꿈꿀 수 있게 되었다.

프랑스는 전국을 잇는 대중교통이 대한민국만큼 좋은 편이 아니다. 그래서 자동차로 프랑스를 여행하는 것은 최적의 조합이라고 할 수 있다. 더운 여름에도 아침, 저녁으로 긴 팔을 입고 있던 바다부터 따뜻하지만 건조한 빛이 나를 감싸는 남프랑스의 해변 모습이 생생하게 눈으로 전해온다.

프랑스 자동차 여행을 해야 하는 이유

나만의 환상의 프랑스 여행

자동차 여행에서 가장 큰 장점은 나만의 여행을 다닐 수 있다는 것이다. 기차나 버스를 이용해 다니는 일반적인 프랑스 여행과 달리 이동 수단의 운행 여부나 시간에 구애 받지 않고 본인이 원하는 시간에 이동이 가능하며, 대중교통으로 이동하기 힘든 프랑스는 유럽에서 가장 패키지 여행수요가 많은 나라이다. 왜냐하면 자유여행으로 다니기에는 대중교통이 잘 갖춰진 나라는 아니었기 때문이다. 그래서 프랑스 소도시 위주의 여행을 하려면 자동차는 필수이다. 그래서 최근에 자동차 여행은 급격하게 늘어나는 추세이다.

짐에서 해방

프랑스를 여행하면 울퉁불퉁한 돌들이 있는 거리를 여행용 가방을 들고 이동할 때나 지하철에서 에스컬레이터 없이 계단을 들고 올라올 때 무거워 중간에 쉬면서 이렇게 힘들게 여행을 해야 하는 지를 자신에게 물어보는 여행자가 의외로 많다는 사실을 알았다.

일반적인 프랑스 여행과 다르게 자동차 여행을 하면 숙소 앞에 자동차가 이동할 수 있으므로 무거운 짐을 들고 다니는 경우는 손에 꼽게 된다.

줄어드는 숙소 예약의 부담

대부분의 프랑스 여행이라면 도시 중심에 숙소를 예약을 해야 하는 부담이 있다. 특히 성수기에 시설도 좋지 않은 숙소를 비싸게 예약할 때 기분이 좋지 않다. 그런데 자동차 여행은 어디든 선택할 수 있으므로 자신이 도착하려는 곳에서 숙소를 예약하면 된다. 또한 내가 어디에서 머무를지 모르기 때문에 미리 숙소를 예약하지 않고 점심시간 이후에 예약을 하기도 한다.

도시 중심에 숙소를 예약하지 않으면 숙소의 비용도 줄어들고 시설이 더 좋은 숙소를 예약할 수 있게 된다. 자동차 여행을 하다보면 여행 일정이 변경되는 경우가 많다. 대표적인 프랑스의 여행도시인 마르세유는 도시 내에서 숙소 예약이 대단히 힘들지만 조금만 도시를 벗어나 인근에 머문다면 성수기에도 당일에 저렴하게 나오는 숙소가 꽤 있기 때문에 숙소를 예약하는 데 부담이 줄어들게 된다.

줄어드는 교통비

프랑스 여행을 기차로 하려고 가격을 알아보면 상당히 비싼 교통비용을 알게 된다. 그래서 최근에는 자동차를 3~4인이 모여 렌트를 하고 비용을 나누어 프랑스를 여행하는 경우가 많아졌다.

자동차 여행을 2인 이상이 한다면 2주 정도의 풀보험 렌터카 예약을 해도 130만 원 정도에 유류비까지 더해 200만 원 정도면 가능하다. 교통비를 상당히 줄일 수 있다는 사실을 알 수 있다.

줄어든 식비

대형마트에 들러 필요한 음식을 자동차에 실어 다니기 때문에 미리 먹을 것을 준비하면 식비가 적게 든다. 하루에 점심이나 저녁 한 끼를 레스토랑에서 먹고 한 끼는 숙소에서 간단하게 요리를 해서 다니면 식비 절감에 도움이 된다.

소도시 여행이 가능

자동차 여행을 하는 여행자는 프랑스 여행을 이미 다녀온 여행자가 대부분이다. 한 번 이상의 프랑스 여행을 하면 소도시 위주로 여행을 하고 싶은 생각을 하게 된다. 그런데 시간이 한정적인 직장인이나 학생, 가족단위의 여행자들은 소도시 여행이 쉽지 않다.
자동차로 소도시 여행은 더욱 쉽다. 도로가 복잡하지 않고 교통체증이 많지 않아 이동하는 피로도가 줄어든다. 그래서 자동차로 소도시 위주의 여행을 하는 여행자가 늘어난다.
자동차로 운전하는 경우에 사고에 대한 부담이 크지만 점차 운전에 대한 위험부담은 줄어들고 대도시가 아니라 소도시 위주로 여행일정을 변경하기도 한다.

단점

자동차 여행 준비의 부담

처음 자동차 여행을 준비하는 사람에게는 큰 스트레스가 될 수 있다. 일반적인 유럽여행과는 다르게 자동차를 가지고 여행을 하는 것은 다른 여행 스타일이 만들어지기 때문에 출발 전에 부담이 될 수 있다.

운전에 대한 부담

기차로 이동을 하면 이동하는 시간 동안 휴식이나 숙면을 취할 수 있지만 자동차 여행의 경우에는 본인이 운전을 해야 하므로 피로도가 증가할 수 있다. 그래서 자동차 여행은 일정을 빡빡하게 만들어서 모든 것을 다 보고 와야겠다고 생각한다면 스트레스와 함께 다 볼 수 없다는 생각에 실망할 수도 있다.

1인 자동차 여행자의 교통비 부담

혼자서 여행하는 경우에는 기차 여행에 비해 더 많은 교통비가 들 수도 있으며, 동행을 구하기 어렵다. 동행이 생겨 같이 여행해도 렌터카를 빌리는 비용에서 추가적으로 고속도로 통행료, 연료비, 주차비 등의 비용이 발생하는 데 서로간의 마찰이 발생하기도 한다.

프랑스 렌트카 예약하기

글로벌 업체 식스트(SixT)

1

식스트 홈페이지(www.sixt.co.kr)로 들어간다.

2

좌측에 보면 해외예약이 있다.
해외예약을 클릭한다.

3

렌트카 예약하기Car Reservation에서 여행 날짜별, 장소별로 정해서 선택하고 밑의 가격계산Calculate price를 클릭한다.

4

차량을 선택하라고 나온다. 이때 세 번째 알파벳이 'M'이면 수동이고 'A'이면 오토(자동)이다. 우리나라 사람들은 대부분 오토를 선택한다. 차량에 마우스를 대면 차량선택Select Vehicle이 나오는데 클릭을 한다.

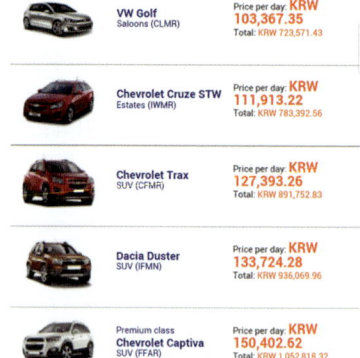

5

차량에 대한 보험을 선택하라고 나오면 보험금액을 보고 선택한다.

6

'Pay upon arrival'은 현지에서 차량을 받을 때 결재한다는 말이고, 'Pay now online'은 바로 결재한다는 말이니 본인이 원하는 대로 선택하면 된다.

이때 온라인으로 결재하면 5%정도 싸지지만 취소할때는 3일치의 렌트비를 떼고 환불을 받을 수 있다는 것도 알고 선택하자. 다 선택하면 비율 및 추가 허용Accept rate and extras을 클릭하고 넘어간다.

7

세부적인 결재정보를 입력하는데 *가 나와있는 부분만 입력하고 밑의 지금 예약Book now을 클릭하면 예약번호가 나온다.

8

예약번호와 가격을 확인하고 인쇄해 가거나 예약번호를 적어가면 된다.

9

이제 다 끝났다. 현지에서 잘 확인하고 차량을 인수하면 된다.

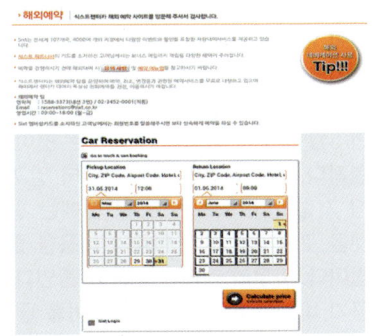

프랑스 자동차 여행 잘하는 방법

출발 전

① 프랑스 도로 지도를 놓고 여행코스와 여행 기간을 결정한다.

프랑스를 여행한다면 어느 정도의 기간 동안 여행할지 먼저 결정해야 한다. 사전에 결정도 하지 않고 렌터카를 예약할 수는 없다. 그러므로 사전에 미리 지도를 보면서 여행코스와 기간을 결정하고 나서 항공권부터 예약을 시작하면 된다.

② 기간이 정해지면 IN / OUT 도시를 결정하고 항공권을 예약한다.

기간이 정해지고 어느 도시로 입국을 할지 결정하고 나서 항공권을 찾아야 한다. 대부분의 여행자는 수도인 파리에서 들어오고 나가는 항공권을 구입하게 된다. 항공권은 여름 여행이면 3월 초부터 말까지 구입하는 것이 가장 저렴하다. 겨울이라면 9월 초부터 말까지가 가장 저렴하다. 최소한 60일 전에는 항공기 티켓을 구입하는 것이 항공기 비용을 줄이는 방법이다. 아무리 렌터카 비용을 줄인다 해도 항공기 비용이 비싸다면 여행경비를 줄일 수 있는 방법은 없게 된다.

③ 항공권을 결정하면 렌터카를 예약해야 한다.

렌터카를 예약할 때 글로벌 렌터카 회사로 예약을 할지 로컬 렌터카 회사로 예약을 할지 결정해야 한다. 안전하고 편리함을 원한다면 당연히 글로벌 렌터카 회사로 결정해야 하지만 짧은 기간에 프랑스만 렌터카를 한다면 로컬 렌터카 회사도 많이 이용한다. 특히 이탈리아는 도시를 이동하는 기차가 시간이 정확하지 않고 버스가 발달하지 않은 나라라서 렌터카로 여행하는 것이 더 효율적일 경우가 많다.

④ 유로는 사전에 소액은 준비해야 한다.

공항에서 시내로 이동하려고 할 때 렌터카로 이동하면 상관없지만 파리를 먼저 둘러보고 자동차를 렌트하여 다른 도시로 이동한다면 고속도로를 이용할 수 있다. 그렇다면 공항에서 시내로 이동할 때부터 파리 관광을 하기 위해서는 사전에 유로를 이용해야 할 때가 있으니 사전에 미리 준비해 놓자.

공항에 도착 후

① 심(Sim)카드를 가장 먼저 구입해야 한다.

공항에서 차량을 픽업해도 자동차 여행에서 가장 중요한 것은 스마트폰이다. 스마트폰은 네비게이션 역할도 하지만 응급 상황에서 다양하게 통화를 해야 할 수도 있다. 그래서 차량을 픽업하기 전에 미리 심Sim카드를 구입하고 확인한 다음 차량을 픽업하는 것이 순서이다.

심(Sim)카드

프랑스뿐만 아니라 유럽 전체에 나라에 상관없이 이용할 수 있는 심(Sim)카드는 보다폰(Vodafone)이 가장 널리 이용되고 있다. 2인 이상이 같이 여행을 한다면 2명 모두 심(Sim)카드를 이용해 같이 구글 맵을 이용하는 것이 전파가 안 잡히는 지역에서 문제해결에 도움을 받을 수 있다.

② 공항에서 자동차의 픽업까지가 1차 관문이다.

최근에 자동차 여행자가 늘어나면서 각 공항에는 렌터카 업체들이 공동으로 모여 있는 구역이 있다. 프랑스의 수도, 파리나 리옹 같은 큰 도시는 모두 자동차 여행을 위해 공동의 장소에서 렌터카 서비스를 원스톱 서비스를 지원하고 있다. 공항 자체가 작아서 렌터카 영업소를 쉽게 찾을 수 있다. 그러므로 어디로 이동할지 확인하고 사전에 예약한 서류와 신용카드, 여권, 국제 운전면허증, 국내 운전면허증을 확인해야 한다.

파리 공항 왼쪽으로 이동하면 바로 찾을 수 있다. 이동하면 렌터카를 한 번에 같이 이용할 수 있는 서비스를 제공하고 있다.

③ 보험은 철저히 확인한다.

프랑스의 수도인 파리에서 렌터카를 픽업해서 여행한다면 사전에 어디를 얼마의 기간 동안 여행할지 직원은 질문을 하게 된다. 이때 정확하게 알려준다면 직원이 사전에 사고 시에 안전하게 도움을 받을 수 있는 보험을 제안하게 된다. 그렇게 되면 사고가 나더라도 보험으로 커버를 하게 되므로 큰 문제가 발생하지 않는다. 하지만 대부분의 여행자는 프랑스만을 여행하는 경우가 많다. 그런데 프랑스 옆의 스페인이나 스위스까지 여행하면 1달이 넘는 시간이 필요할 수도 있다.

④ 차량을 픽업하게 되면 직원과 같이 차량을 꼼꼼하게 확인한다.

차량을 받게 되면 직원이 차량의 상태를 잘 알려주고 확인을 하지만 간혹 바쁘거나 그냥 건너뛰려는 경우가 있다. 그럴 때는 직접 사전에 꼼꼼하게 확인을 하고 픽업하는 것이 좋다. 또한 파리 공항에서는 지하로 가서 혼자서 차량을 받을 때도 있다. 그렇다면 처음 차량을 받아서 동영상이나 사진으로 차량의 전체를 찍어 놓고 의심이 가는 곳은 정확하게 찍어서 반납 시에 활용하는 것이 좋다.

⑤ 공항에서 첫날 숙소까지 정보를 갖고 출발하자.

차량을 인도받아서 숙소로 이동할 때 사전에 위치를 확인하고 출발해야 한다. 구글 지도나 가민 네비게이션이 있다면 반드시 출발 전에 위치를 확인하자. 도로를 확인하고 출발하면서 긴장하지 말고 천천히 이동하는 것이 좋다. 급하게 긴장을 하다보면 사고로 이어질 수 있으니 조심하자. 또한 도시로 진입하는 시간이 출, 퇴근 시간이라면 그 시간에는 쉬었다가 차량이 많지 않은 시간에 이동하는 것이 첫날 운전이 수월하다.

자동차 여행 중

1 '관광지 한 곳만 더 보자는 생각'은 금물

유럽여행은 쉽게 갈 수 있는 해외여행지가 아니다. 그래서 한번 오는 프랑스 여행이라고 너무 많은 여행지를 보려고 하면 피로가 쌓이고 사고로 이어질 수 있으므로 잠은 충분히 자고 안전하게 이동하는 것이 중요하다. 또한 운전 중에도 졸리면 쉬었다가 이동하도록 해야 한다.

쉬운 말처럼 들릴 수 있지만 의외로 운전 중에 쉬지 않고 이동하는 운전자가 상당히 많다. 피로가 쌓이고 이동만 많이 하는 여행은 만족스럽지 않다. 자신에게 주어진 휴가기간 마큼 행복한 여행이 되도록 여유롭게 여행하는 것이 좋다. 서둘러 보다가 지갑도 잃어버리고 여권도 잃어버리기 쉽다. 허둥지둥 다닌다고 한 번에 다 볼 수 있지도 않으니 한 곳을 덜 보겠다는 심정으로 여행한다면 오히려 더 여유롭게 여행을 하고 만족도도 더 높을 것이다.

② 아는 만큼 보이고 준비한 만큼 만족도가 높다.

프랑스의 많은 관광지는 역사와 관련이 있다. 그런데 아무런 정보 없이 본다면 재미도 없고 본 관광지는 아무 의미 없는 장소가 되기 쉽다. 사전에 프랑스에 대한 정보는 습득하고 여행을 떠나는 것이 준비도 하게 되고 아는 만큼 만족도가 높은 여행이 될 것이다.

③ 감정에 대해 관대해져야 한다.

자동차 여행은 주차나 운전 중에 스트레스를 받을 수 있다. 난데없이 차량이 끼어들기를 한다든지, 길을 몰라서 이동 중에 한참을 헤매다 보면 자신이 당혹감을 받을 수 있다.

그럴 때마다 감정통제가 안 되어 화를 계속 내고 있으면 자동차 여행이 고생이 되는 여행이 된다. 그러므로 따질 것은 따지되 소리를 지르면서 따지지 말고 정확하게 설명을 하면 될 것이다.

프랑스 자동차 여행을 계획하는 방법

1 항공편의 In / Out과 주당 편수를 알아보자.

입 · 출국하는 도시를 고려하여 여행의 시작과 끝을 정해야 한다. 항공사는 매일 취항하지 않는 경우가 많기 때문에 날짜를 무조건 정하면 낭패를 보기 쉽다. 따라서 항공사의 일정에 맞춰 총 여행 기간을 정하고 도시를 맞춰봐야 한다. 가장 쉽게 맞출 수 있는 일정은 1수, 2수로 주 단위로 계획하는 것이다. 프랑스는 대부분 수도인 파리로 입국해 북부나 동부, 아니면 남부로 내려가면서 남프랑스를 둘러보는 여행이 동선 상에서 효과적이다.

2 프랑스 지도를 보고 계획하자.

프랑스를 방문하는 여행자들 중 유럽 여행이 처음인 여행자도 있고, 이미 경험한 여행자들도 있을 것이다. 누구라도 생소한 프랑스를 처음 간다면 어떻게 여행해야 할지 일정 짜기가 막막할 것이다. 기대를 가지면서도 두려움도 함께 가지고 있다. 일정을 짤 때 가장 먼저 정해야 할 것은 입국할 도시를 결정하는 것이다. 프랑스 여행이 처음인 경

우에는 프랑스 지도를 보고 도시들이 어떻게 연결되어 있는지 알아두는 것이 좋다. 프랑스는 수도가 북쪽에 위치한 육각형 모양의 국토의 특징이 있어서 남부를 제외하면 수도인 파리에서 1~3일 정도의 시간이면 다녀올 수 있다.

일정을 직접 계획하기 위해서는 다음의 3가지를 꼭 기억 해두자.

① 지도를 보고 도시들의 위치를 파악하자.
② 도시 간 이동할 수 있는 도로가 있는지 파악하자.
③ 추천 루트를 보고 일정별로 계획된 루트에 자신이 가고 싶은 도시를 끼워 넣자.

---

③ 가고 싶은 도시를 지도에 형광펜으로 표시하자.

일정을 짤 때 정답은 없다. 제시된 일정이 본인에게는 무의미
할 때도 많다. 자동차로 가기 쉬운 도시를 보면서 좀 더 경제
적이고 효과적으로 여행할 방법을 생각해 보고, 여행 기간에
맞는 3~4개의 루트를 만들어서 가장 자신에게 맞는 루트를
정하면 된다.

① 도시들을 지도 위에 표
  시한다.
② 여러 가지 선으로 이어
  가장 효과적인 동선을
  직접 생각해본다.

④ '점'이 아니라 '선'을 따라가는 여행이라는 차이를 이해하자.

프랑스 자동차 여행 강의나 개인적
으로 질문하는 대다수가 여행일정
을 어떻게 짜야할지 막막하다는 물
음이었다. 해외여행을 몇 번씩 하
고 여행에 자신이 있다고 생각한
여행자들이 프랑스를 자동차로 여
행하면서 자신만만하게 준비하면
서 실수를 하는 경우가 많다.

예를 들어 우리가 프랑스 여행에서
파리에 도착을 했다면, 3~5일 정도 파리의 숙소에서 머무르면서, 파리를 둘러보고 다음
도시로 이동을 한다. 하지만 프랑스 자동차 여행은 대부분 도로를 따라 이동하기 때문에
자신이 이동하려는 지점을 정하여 일정을 계획해야 한다. 다시 말해 프랑스의 각 도시를
점으로 생각하고 점을 이어서 여행 계획을 만들어야 한다면, 자동차 여행은 도시가 중요하
지 않고 이동거리(㎞)를 계산하여 여행계획을 짜야 한다.

> ① 이동하는 지점마다 이동거리를 표시하고
> ② 여행 총 기간을 참고해 자신이 동유럽의 여행 기간이 길면 다른 관광지를 추가하거나 이동거리를 줄
>   여서 여행한다고 생각하여 일정을 만들면 쉽게 여행계획이 만들어진다.

프랑스 도로사정

프랑스는 유럽에서 가장 도로가 발달된 나라로 정평이 나 있다. 실제로 프랑스의 도로에서 자동차로 운전하면 잘 짜여진 도로망과 고속도로는 작은 마을 구석구석 이어져 있다. 프랑스는 1960년대부터 도로망을 개선하여 독일과 함께 유럽에서 도로망으로 쌍벽을 이루고 있다.

프랑스의 도로는 대한민국과 차이가 거의 없어서 운전을 하는 데에 불편함은 크지 않다. 게다라 프랑스는 평원으로 이어져 산악지형인 대한민국보다 운전하는 데 평탄하고 곧게 뻗어 있어 핸들을 조작하는 데도 편리하다. 도로는 대부분 한적한 편이므로 급하게 운전할 이유는 없다. 또한 졸음이 몰려온다든지 피곤하다면 휴계속에서 휴식을 취하고 이동하도록 하자.

칼레
Calais

릴
Lille

세르부르
Cherbourg

아마앵
Amiens

옹플뢰르
Honfleur

루앙
Rouen

랭스
Reims

메스
Metz

도빌
Deauville

낭시
Nancy

스트라스부르
Strasbourg

브래스트
Brest

파리
Paris

트루아
Troyes

콜마르
Colmar

렌
Rennes

오를레앙
Orleans

오세르
Auxerre

뮐루즈
Mulhouse

앙제
Angers

투르
Tours

부르주
Bourges

디종
Dijon

브장송
Besancon

낭트
Nantes

푸아티에
Poitiers

제네바
Geneve

라로셸
La Rochelle

클레르몽페랑
Clermont-Ferrand

리옹
Lyon

안시
Annecy

샤모니몽블랑
Chamonix-Mont-Blanc

보르도
Bordeaux

샹베리
Chambery

그르노블
Grenoble

아쟁
Agen

아비뇽
Avignon

비아리츠
Biarritz

툴루즈
Toulouse

몽뺄리애
Montpellier

칸
Cannes

루르드
Lourdes

마르세유
Marseille

페르니냥
Perpignan

안전한 프랑스 자동차 여행을 위한 주의사항

프랑스 여행은 일반적으로 안전하다. 폭력 범죄도 드물고 종교 광신자들로부터 위협을 받는 일도 거의 없다. 하지만 최근에 테러의 등장으로 일부 도시에서 자신도 모르게 테러의 위협에 내몰리고 있기도 하다. 하지만 테러의 위협은 상당히 제한적이기 때문에 테러로 프랑스 여행을 가는 관광객이 크게 걱정할 필요는 없다. 프랑스 여행에서 여행자들에게 주로 닥치는 위협은 소매치기나 사기꾼들이다. 특별히 주의해야 할 것에 대해서 알아보자.

차량

1. 차량 안 좌석에는 비워두자.

자동차로 프랑스 여행을 하면서 사고 이외에 차량 문제가 가장 많이 발생하는 것은 차량 안에 있는 가방이나 카메라, 핸드폰을 차량의 유리창을 깨고 가지고 달아나는 것이다. 경찰에 신고를 하고 도둑을 찾으려고 해도 쉬운 일이 아니기 때문에 사전에 조심하는 것이 최고의 방법이다. 되도록 차량 안에는 현금이나 가방, 카메라, 스마트

폰을 두지 말고 차량 주차 후에는 트렁크에 귀중품이나 가방을 두는 것이 안전하다.

2. 안 보이도록 트렁크에 놓아야 한다.

자동차로 여행할 때 차량 안에 가방이나 카메라 등의 도둑을
유혹하는 행동을 삼가고 되도록 숙소의 체크아웃을 한 후에
는 트렁크에 넣어서 안 보이도록 하는 것이 중요하다.

3. 호스텔이나 도시 내에서는 가방보관에 주의해야 한다.

염려가 되면 가방을 라커에 넣어 놓던지 렌터카의 트렁크에
넣어놓아야 한다. 항상 여권이나 현금, 카메라, 핸드폰 등은
소지하거나 차량의 트렁크에 넣어두는 것이 좋다. 호텔이라면
여행용 가방에 넣어서 아무도 모르는 상태에 있어야 소지품
을 확실히 지켜줄 수 있다. 보라는 듯이 카메라나 가방, 핸드

폰을 보여주는 것은 문제를 일으키기 쉽다. 고가의 카메라나 스마트폰은 어떤 유럽국가에
서도 저임금 노동자의 한 달 이상의 생활비와 맞먹는다는 것을 안다면 소매치기나 도둑이
좋아할 물건일 수밖에 없다는 것을 인식할 수 있을 것이다.

4. 모든 고가품은 잠금장치나 지퍼를 해놓는 가방이나 크로스백에 보관하자.

도시의 기차나 버스에서는 잠깐 졸수도 있으므로 가방에 몸에 부착되어 있어야 한다. 몸에
서 벗어나는 일이 없도록 하자. 졸 때 누군가 자신을 지속적으로 치고 있다면 소매치기를
하기 위한 사전작업을 하고 있는 것이다. 잠깐 정류장에 서게 되면 조는 사람을 크게 치고
화를 내면서 내린다. 미안하다고 할 때 문이 닫히면 웃으면서 가는 사람을 발견할 수도 있
다. 그러면 반드시 가방을 확인해야 한다.

5. 주차 시간은 넉넉하게 확보하는 것이 안전하다.

어느 도시에 도착하여 사원이나 성당 등을 들어가기 위해 주
차를 한다면 주차 요금이 아깝다고 생각하기가 쉽다. 그래서
성당을 보는 시간을 줄여서 보고 나와서 이동한다고 생각할
때는 주차요금보다 벌금이 매우 비싸다는 생각을 해야 한다.
주차요금 조금 아끼겠다고 했다가 주차시간이 지나 자동차로

이동했을 때 자동차 바퀴에 자물쇠가 채워져 있는 경우도 상당하다.

주의

특히 프랑스를 여행할 때 주의를 해야 한다. 수도인 파리를 중심으로 동부의 스트라스부르로 이동하는
콜마르 등의 도시들과 서부, 남부 지방의 소도시들은 최근에 도난 사고가 발생하고 있다. 경찰들이 관
광객이 주차를 하면 시간을 확인했다가 주차 시간이 끝나기 전에 대기를 하고 있다가 주차 시간이 종
료되면 딱지를 끊거나 심지어는 자동차 바퀴에 자물쇠를 채우는 경우도 발생한다.

도시 여행 중

1. 여행 중에 백팩(Backpack)보다는 작은 크로스백을 활용하자.

작은 크로스백은 카메라, 스마트폰 등을 가지고 다니기에 유용하다. 소매치기들은 가방을 주로 노리는데 능숙한 소매치기는 단 몇 초 만에 가방을 열고 안에 있는 귀중품을 꺼내가기도 한다. 지퍼가 있는 크로스백이 쉽게 안에 손을 넣을 수 없기 때문에 좋다.

크로스백은 어깨에 사선으로 메고 다니기 때문에 자신의 시선 안에 있어서 전문 소매치기라도 털기가 쉽지 않다. 백팩은 시선이 분산되는 장소에서 가방 안으로 손을 넣어 물건을 집어갈 수 있다. 혼잡한 곳에서는 백팩을 앞으로 안고 눈을 떼지 말아야 한다.

전대를 차고 다니면 좋겠지만 매일같이 전대를 차고 다니는 것은 고역이다. 항상 가방에 주의를 기울이면 도둑을 방지할 수 있다. 가방은 항상 자신의 손에서 벗어나는 일은 주의하는 것이 가방을 잃어버리지 않는 방법이다. 크로스백을 어깨에 메고 있으면 현금이나 귀중품은 안전하게 보호할 수 있다. 백 팩은 등 뒤에 있기 때문에 크로스백보다는 안전하지 않다.

2. 하루의 경비만 현금으로 다니고 다니자.

대부분의 여행자들은 집에서 많은 현금을 들고 다니지 않지만 여행을 가서는 상황이 달라진다. 아무리 많은 현금을 가지고 다녀도 전체 경비의 10~15% 이상은 가지고 다니지 말자. 나머지는 여행용가방에 넣어서 트렁크에 넣어나 숙소에 놓아두는 것이 가장 좋다.

3. 자신의 은행계좌에 연결해 꺼내 쓸 수 있는 체크카드나 현금카드를 따로 가지고 다니자.

현금은 언제나 없어지거나 소매치기를 당할 수 있다. 그래서 현금을 쓰고 싶지 않지만 신용카드도 도난의 대상이 된다. 신용카드는 도난당하면 더 많은 문제를 발생시킬 수 있으므로 통장의 현금이 있는 것만 문제가 발생하는 신용카드 기능이 있는 체크카드나 현금카드를 2개 이상 소지하는 것이 좋다.

4. 여권은 인터넷에 따로 저장해두고 여권용 사진은 보관해두자.

여권 앞의 사진이 나온 면은 복사해두면 좋겠지만 복사물도 없어질 수 있다. 클라우드나 인터넷 사이트에 여권의 앞면을 따로 저장해 두면 여권을 잃어버렸을 때 프린트를 해서 한국으로 돌아올 때 사용할 단수용 여권을 발급받을 때 사용할 수 있다.
여권용 사진은 사용하기 위해 3~4장을 따로 2곳 정도에 나누어 가지고 있는 것이 좋다. 예전에 여행용 가방을 잃어버리면서 여권과 여권용 사진을 잃어버린 것을 보았는데 부부가 각자의 여행용 가방에 동시에 2곳에 보관하여 쉽게 해결할 경우를 보았다.

5. 스마트폰은 고리로 연결해 손에 끼워 다니자.

스마트폰을 들고 다니면서 사진도 찍고 SNS로 실시간으로 한국과 연결할 수 있는 귀중한 도구이지만 스마트폰은 도난이나 소매치기의 표적이 된다. 걸어가면서 손에 있는 스마트폰을 가지고 도망하는 경우도 발생하기 때문에 스마트폰은 고리로 연결해 손에 끼워서 다니는 것이 좋다. 가장 좋은 방법은 크로스백 같은 작은 가방에 넣어두는 경우지만 워낙에 스마트폰의 사용빈도가 높아 가방에만 둘 수는 없다.

6. 여행용 가방 도난

여행용 가방처럼 커다란 가방이 도난당하는 것은 호텔이나 아파트가 아니다. 저렴한 YHA에서 가방을 두고 나오는 경우와 당일로 다른 도시로 이동하는 경우이다. 자동차로 여행을 하면 좋은 점이 여행용 가방의 도난이 거의 없다는 사실이다. 하지만 공항에서 인수하거나 반납하는 경우가 아니면 여행용 가방의 도난은 발생할 수 있다는 사실을 인지해야 한다.

호텔에서도 체크아웃을 하고 도시를 여행할 때 호텔 안에 가방을 두었을 때 여행용 가방을 잃어버리지 않으려면 자전거 체인으로 기둥에 묶어두는 것이 가장 좋고 YHA에서는 개인 라커에 짐을 넣어두는 것이 좋다.

7. 날치기에 주의하자.

프랑스 여행에서 가장 기분이 나쁘게 잃어버리는 것이 날치기이다. 특히 프랑스에서는 날치기가 거의 발생하지 않고 있지만 최근에 빈부 격차가 심해지면서 발생하고 있다.

내가 모르는 사이에 잃어버리면 자신에게 위해를 가하지 않고 잃어버려서 그나마 나은 경우이다. 날치기는 황당함과 함께 걱정이 되기 시작한다. 길에서의 날치기는 오토바이나 스쿠터를 타고 다니다가 순식간에 끈을 낚아채 도망가는 것이다. 그래서 크로스백을 어깨에 사선으로 두르면 낚아채기가 힘들어진다. 카메라나 핸드폰이 날치기의 주요 범죄 대상이다. 길에 있는 노

천카페의 테이블에 카메라나 스마트폰, 가방을 두면 날치기는 가장 쉬운 범죄의 대상이 된다. 그래서 손에 끈을 끼워두거나 안 보이도록 하는 것이 가장 중요하다.

8. 지나친 호의를 보이는 현지인

프랑스 여행에서 지나친 호의를 보이면서 다가오는 현지인을 조심해야 한다. 오랜 시간 여행을 하면서 주의력은 떨어지고 친절한 현지인 때문에 여행의 단맛에 취해 있을 때 사건이 발생한다.

영어를 유창하게 잘하는 친절한 사람이 매우 호의적으로 도움을 준다고 다가온다. 그 호의는 거짓으로 호의를 사서 주의력을 떨어뜨리려고 하는 것이다. 화장실에 갈 때 친절하게 가방을 지켜주겠다고 한다면 믿고 가지고 왔을 때 가방과 함께 아무도 없는 경우가 발생한다. 피곤하고 무거운 가방이나 카메라 등이 들기 귀찮아지면 사건이 생기는 경우가 많다.

9. 경찰 사칭 사기

프랑스를 여행하다 보면 아주 가끔 신분증 좀 보여주세요? 라면서 경찰복장을 입은 남자가 앞에 있다면 당황하게 된다. 특수경찰이라면 사복을 입은 경찰이라는 사람을 보게 되기도 한다. 뭐라고 하건 간에 제복을 입지 않았다면 당연히 의심해야 하며 경찰복을 입고 있다면 이유가 무엇이냐고 물어봐야 한다.

환전을 할 거냐고 물어보고 답하는 순간에 경찰이 암환전상을 체포하겠다고 덮친다. 그 이후 당신에게 여권을 요구하거나 위조지폐일 수도 있으니 돈을 보자고 요구한다. 이때 현금이나 지갑을 낚아채서 달아나는 경우가 발생한다.

말할 필요도 없이 여권을 보여주거나 현금을 보여주어서는 안 된다. 만약 경찰 신분증을 보자고 해도 슬쩍 보여준다면 가까운 경찰서에 가자고 요구하여 경찰서에서 해결하려고 해야 한다.

프랑스 고속도로

파리를 기점으로 남 프랑스의 니스, 툴루즈, 동부의 스트라스부르를 연결하는 고속도로가
잘 구축되어 있다. 대부분의 고속도로가 유료이고 대한민국처럼 톨게이트를 들어가면서
표를 뽑고 나갈 때 계산하면서 나가는 방법은 동일하다. 하지만 최근에는 우리의 '하이패
스' 같은 방식이 도입된 후 사전에 현금이나 카드를 반드시 미리 준비해야 한다. 카드만 가
능한 통로로 진입하여 현금만 있다거나 현금만 사용가능한 곳에 카드만 있다면 난감하다.
통행료는 우리보다 30%이상 비싸고 최고 속도는 130㎞이지만 150㎞로 다니는 자동차도
상당히 많다. 1차선으로 추월하고 2차선으로 돌아가는 방식이므로 1차선에서 저속으로 운
전하면 뒤에 있는 차들은 깜박이를 계속 알리거나 경적을 울리기도 하므로 조심하는 것이
좋다.

고속도로를 달리다 보면 휴게소도 휴식을
취하는 데 중요한 요소이다. 이탈리아는
프랑스를 본떠 휴게소 정비작업을 하고 있
는데, 프랑스는 공원처럼 꾸며놓은 휴게소
가 인상적이다.
그들은 파리나 마르세유, 리옹 등의 대도
시 내에서는 일방통행 도로가 많고 트램도
있어서 운전을 하는 데 조심해야 하지만
고속도로는 도로 상태가 좋고 차량이 적어서 운전을 하기는 비교적 쉽다.

국도(N으로 표시 / 지방도로는 D로 표시)

제한속도가 시속 110km/h이고 지방도로는 90km/h작은 마을로 들어가면 시속 50km로 바뀌므로 반드시
작은 도시나 마을로 진입하면 속도를 줄이도록 인식하고 운전하는 것이 감시카메라에 잡히지 않는다.
최근에는 렌트 기간이 지나 감시카메라에 확인되면 신용카드를 통해 추후에 벌금이 청구된다.

프랑스 도로 운전 주의사항

프랑스를 렌터카로 여행할 때 걱정이 되는 것은 고속도로에서 "사고가 나면 어떡하지?"하는 것이 가장 많다. 지금 그 생각을 하고 있다면 걱정일 뿐이다. 프랑스의 고속도로는 속도가 시속 130㎞/h로 우리나라의 시속 100㎞/h보다 빠르다.

더군다나 프랑스는 고속도로에 차가 많지 않아 운전을 할 때 힘들지 않다. 렌터카로 프랑스에서 운전할 생각을 하다보면 단속 카메라도 신경 써야 할 것 같고, 막히면 다른 길로 가거나 내 차를 추월하여 가는 차들이 많아서 차선을 변경할 때도 신경을 써야 할 것 같지만 프랑스는 차량도 많지 않고 속도도 느리다는 생각은 별로 들지 않는다.

프랑스의 교통규칙이나 대한민국의 교통규칙은 대부분 비슷하다. 전 세계는 거의 같은 교통규칙으로 연결되어 큰 문제없이 우리가 렌터카로 스페인을 여행할 수 있는 것이다. 그러나 문제는 우리가 관습적으로 운전을 하기 때문에 교통규칙을 잘 모르고 있다는 데에 문제가 있다.

도로 표지판

도로 표지판도 대한민국에서 보는 것과 차이가 거의 없다. 또한 주차를 시내에서 할 때 주차료를 아까워하면 안 된다. 반드시 정해진 주차장에서 시간에 맞추어 주차를 해야 견인을 막을 수 있다. 숙소에서 사전에 주차가 되는 지 확인하고 숙소에 차량을 두고 시내관광을 하는 것이 주차의 고민을 해결하는 방법이기도 하다.

현재 A71번 고속도로(유럽연합 E70번도로)를 운전하고 보르도를 향해 가고 있다.

교통안내 / 주의 표지판

라운드 어바웃Round About, 회전 교차로가 나온다는 표지판이다. 유럽은 회전 교차로가 많으므로 표지판을 보면 속도를 줄이고 진입을 해야 한다.

주정차 금지 표지판으로 주차를 할 생각도 말아야 한다. 도시의 대부분 중심 도로는 주정차 금지구역이다.
오른쪽처럼 아무 표시가 없다면 차량 자체가 진입할 수 없다는 표시로 이탈리아의 ZTL 표시가 비슷하다.

추월 금지 표지판으로 추월하지 말고 천천히 이동해야 한다는 의미로 속도를 줄이고 이동하는 것이 좋다.

전방에 있는 차량에 우선권이 있으므로
양보하라는 의미이다. 글자로 표시가 되
기도 하고 없기도 하다.

전방에 있는 차량에 우선권이 있으므로
양보하라는 의미이다. 글자로 표시가 되
기도 하고 없기도 하다.

오른쪽으로 돌아가는 도로(우회전 차량)
에 우선권이 있다는 표시로 우선권이 있
는 도로에 진하게 도로를 표시한다.

우선권 있는 도로가 시작된다는 의미이다.

도로가 막혔다는 표시로 막다른 도로이
거나 도로를 막아놓고 공사를 할 때 사용
한다.

고속도로가 나온다는 표시로 전방에 고
속도로로 진입할 때 나오는 표지판이다.

프랑스의 출구 표시

일방통행으로 어느 방향으로 가는 도시
나 고속도로를 표시할 때 사용한다.

자동차 여행 준비 서류

국제 운전면허증, 국내 운전면허증, 여권, 신용카드

국제운전면허증

도로교통에 관한 국제협약에 의거해 일시적으로 외국여행을 할 때 여행지에서 운전할 수 있도록 발급되는 국제 운전 면허증으로 발급일로부터 1년간 운전이 가능하다. 전국운전면허시험장이나 경찰서에서 발급할 수 있다. 발급 시간은 1시간 이내지만 최근에는 10분 이내로 발급되는 경우가 많다.

▶준비물 : 본인 여권, 운전면허증, 사진 1매 (여권용 혹은 칼라반명함판)
▶비용 : 8,500원

차량 인도할 때 확인할 사항

차량 확인

렌터카를 인수하는 경우, 꼼꼼하게 1. 차량의 긁힘 같은 상태를 확인하는 것은 기본적인 사항이다. 최근에는 차량을 인도받으면 동영상으로 차량의 모습을 가까이에서 찍어 놓으면 나중에 활용이 가능하다. 차체 옆면은 앞이나 뒤에서 비스듬하게 빛을 비추어보면 파손된 부분이 확인된다. 타이어는 2. 옆면에 긁힘을 확인하여 타이어 손상에 대비해야 한다. 3. 유리가 금이 가 있는지 확인해야 한다. 마지막으로 4. 비상 장비인 예비타이어와 삼각대, 경광봉 등이 있는지 확인해야 한다.

차량 내부

연료가 다 채워져 있는지 확인하고 주행 거리를 처음에 확인해야 한다. 차량의 내부는 크게 부서진 부분을 확인할 사항은 없지만 청소 상태와 운전할 때의 주의사항은 설명을 듣고 운전을 시작하는 것이 안전하다. 로컬 업체에 예약을 하고 인도하는 경우에는 문제가 있다고 생각 되면 차량 인도전에 확인을 하고 처리를 받고 출발해야 안전하다.

연료

비슷한 모양의 차량이라도 휘발유와 경유가 다르기 때문에 차량 인도 시 연료를 꼭 확인해야 한다. 연비적인 측면에서 경유가 유리하다.

주행 거리

차량의 주행거리를 확인하는 것은 이 차량이 오래된 차량인지 최신 차량인지를 알 수 있는 기본적인 정보이다. 특히 로컬 렌터카 업체에서 예약을 하면 오래된 구식 차량을 인도받을 경우가 많기 때문에 차량의 상태를 확인하는 것이 좋다. 허츠(Hertz)나 식스트(Sixt) 같은 글로벌 렌터카는 구식차량보다는 최근의 차량을 많이 이용하고 있으므로 구식 차량일 경우는 많지 않다. 또한 오래된 차량이면 교체를 해 달라고 요청해도 된다. 대부분 주행거리가 무제한이므로 문제가 되지는 않는다. 무제한이 아닌 경우가 있기 때문에 예약을 할 때 확인하는 것이 좋다.

해외 렌트보험

■ 자차보험 | CDW(Collision Damage Waiver)
운전자로부터 발생한 렌트 차량의 손상에 대한 책임을 공제해 주는 보험이다.(단, 액세서리 및 플렛 타이어, 네이게이션, 차량 키 등에 대한 분실 손상은 차량 대여자 부담)
CDW에 가입되어 있더라도 사고시 차량에 손상이 발생할 경우 임차인에게 '일정 한도 내의 고객책임 금액CDW NON-WAIVABLE EXCESS이 적용된다.

■ 대인/대물보험 | LI(LIABILITY)
유럽렌트카에서는 임차요금에 대인대물 책임보험이 포함되어 있다. 최대 손상한도는 무제한이다. 해당 보험은 렌터카 이용 규정에 따라 적용되어 계약사항 위반 시 보상 받을 수 없다.

■ 도난보험 | TP(THEFT PROTECTION)
차량/부품/악세서리 절도, 절도미수, 고의적 파손으로 인한 차량의 손실 및 손상에 대한 재정적 책임을 경감해주는 보험이다. 사전 예약 없이 현지에서 임차하는 경우, TP가입 비용이 추가 되는 경우가 많다. TP에 가입되어 있더라도 사고 시 차량에 손상이 발생할 경우 임차인에게 '일정 한도 내의 고객책임 금액TP NON-WAIVABLE EXCESS'이 적용된다.

■ 슈퍼 임차차량 손실면책 보험 | SCDW(SUPER COVER)

일정 한도 내의 고객책임 금액(CDW NON–WAIVABLE EXCESS)'와 'TP NON–WAIVABLE EXCESS'를 면책해주는 보험이다.

슈퍼커버SUPER COVER보험은 절도 및 고의적 파손으로 인한 임차차량 손실 등 모든 손실에 대해 적용된다. 슈퍼커버보험이 적용되지 않는 경우는 차량 열쇠 분실 및 파손, 혼유사고, 네이베이션 및 인테리어이다. 현지에서 임차계약서 작성 시 슈퍼커버보험을 선택, 가입할 수 있다.

■ 자손보험 | PAI(Personal Accident Insurance)

사고 발생시, 운전자(임차인) 및 대여 차량에 탑승하고 있던 동승자의 상해로 발생한 사고 의료비, 사망금, 구급차 이용비용 등의 항목으로 보상받을 수 있는 보험이다.

유럽의 경우 최대 40,000유로까지 보상이 가능하며, 도난품은 약 3,000유로까지 보상이 가능하다. 보험 청구의 경우 사고 경위서와 함께 메디칼 영수증을 지참하여 지점에 준비된 보험 청구서를 작성하여 주면 된다. 해당 보험은 렌터카 이용 규정에 따라 적용되며, 계약 사항 위반 시 보상받을 수 없다.

여권 분실 및 소지품 도난 시 해결 방법

여행에서 도난이나 분실과 같은 어려움에 봉착하면 당황스러워지게 마련이다. 여행의 즐거움은 커녕 여행을 끝내고 집으로 돌아가고 싶은 생각만 든다. 따라서 생각지 못한 도난이나 분실의 우려에 미리 조심해야 한다. 방심하면 지갑, 가방, 카메라 등이 없어지기도 하고 최악의 경우 여권이 없어지기도 한다.

이때 당황하지 않고, 대처해야 여행이 중단되는 일이 없다. 해외에서 분실 및 도난 시 어떻게 해야 할지를 미리 알고 간다면 여행을 잘 마무리할 수 있다. 너무 어렵게 생각하지 말고 해결방법을 알아보자.

여권 분실 시 해결 방법
여권은 외국에서 신분을 증명하는 신분증이다. 그래서 여권을 분실하면 다른 나라로 이동할 수 없을뿐더러 비행기를 탈 수도 없다. 여권을 잃어버렸다고 당황하지 말자. 절차에 따라 여권을 재발급받으면 된다. 먼저 여행 중에 분실을 대비하여 여권 복사본과 여권용 사진 2장을 준비물로 꼭 챙기자.

여권을 분실했을 때에는 가까운 경찰서로 가서 폴리스 리포트^{Police Report}를 발급받은 후 대사관 여권과에서 여권을 재발급 받으면 된다. 이때 여권용 사진과 폴리스 리포트, 여권 사본을 제시해야 한다.

재발급은 보통 1~2일 정도 걸린다. 다음 날 다른 나라로 이동해야 하면 계속 부탁해서 여권을 받아야 한다. 부탁하면 대부분 도와준다. 나 역시 여권을 잃어버려서 사정을 이야기했더니, 특별히 해준다며 반나절만에 여권을 재발급해 주었다. 절실함을 보여주고 화내지 말고 이야기하자. 보통 여권을 분실하면 화부터 내고 어떻게 하냐는 푸념을 하는데 그런다고 해결되지 않는다.

여권 재발급 순서
1. 경찰서에 가서 폴리스 리포트 쓰기
2. 대사관 위치 확인하고 이동하기
3. 대사관에서 여권 신청서 쓰기
4. 여권 신청서 제출한 후 재발급 기다리기

여권을 신청할 때 신청서와 제출 서류를 꼭 확인하여 누락된 서류가 없는지 재차 확인하자. 여권을 재발급받는 사람들은 다 절박하기 때문에 앞에서 조금이라도 시간을 지체하면 뒤에서 짜증내는 경우가 많다. 여권 재발급은 하루 정도 소요되며, 주말이 끼어 있는 경우는 주말 이후에 재발급받을 수 있다.

소지품 도난 시 해결 방법

해외여행을 떠나는 여행객이 늘면서 도난사고도 제법 많이 발생하고 있다. 이러한 경우를 대비하여 반드시 필요한 것이 여행자보험에 가입하는 것이다. 여행자보험에 가입한 경우 도난 시 대처 요령만 잘 따라준다면 보상받을 수 있다.

먼저 짐이나 지갑 등을 도난당했다면 가장 가까운 경찰서를 찾아가 폴리스 리포트를 써야 한다. 신분증을 요구하는 경찰서도 있으니 여권이나 여권 사본을 챙기고, 영어권이 아닌 지역이라면 영어로 된 폴리스 리포트를 요청하자. 폴리스 리포트에는 이름과 여권번호 등 개인정보와 물품을 도난당한 시간과 장소, 사고 이유, 도난 품목과 가격 등을 자세히 기입해야 한다. 폴리스 리포트를 작성하는 데에는 약 1시간 이상이 소요된다.

폴리스 리포트를 쓸 때 도난stolen인지 단순분실

폴리스 리포트 예 : 지역에 따라 양식은 다를 수 있다. 그러나 포함된 내용은 거의 동일하다.

lost인지를 물어보는데, 이때 가장 조심해야 한다. 왜냐하면 대부분은 도난이기 때문에 'stolen'이라고 경찰관에게 알려줘야 한다. 단순 실의 경우 본인 과실이기 때문에 여행자보험을 가입했어도 보상받지 못한다. 또한 잃어버린 도시에서 경찰서를 가지 못해 폴리스 리포트를 작성하지 못했다면 여행자보험으로 보상받기 어렵다. 따라서 도난 시에는 꼭 경찰서에 가서 폴리스 리포트를 작성하고 사본을 보관해 두어야 한다.

여행을 끝내고 돌아와서는 보험회사에 전화를 걸어 도난 상황을 이야기한 후, 폴리스 리포트와 해당 보험사의 보험료 청구서, 휴대품신청서, 통장사본과 여권을 보낸다. 도난당한 물품의 구매 영수증은 없어도 상관 없지만 있으면 보상받는 데 도움이 된다.

보상금액은 여행자보험 가입 당시의 최고금액이 결정되어 있어 그 금액 이상은 보상이 어렵다. 보통 최고 50만 원까지 보상받는 보험에 가입하는 것이 일반적이다. 보험회사 심사과에서 보상이 결정되면 보험사에서 전화로 알려준다. 여행자보험의 최대 보상한도는 보험의 가입금액에 따라 다르지만 휴대품 도난은 1개 품목당 최대 20만 원까지, 전체 금액은 80만 원까지 배상이 가능하다. 여러 보험사에 여행자보험을 가입해도 보상은 같다. 그러니 중복 가입은 하지 말자.

여행과 변화를 사랑하는 사람은 생명이 있는 사람이다.
－바그너－

프랑스의 그림 같은 동화 마을, 우제르체^{Uzerche}

지중해의 따뜻한 햇빛 속에 자리한 남 프랑스에서는 공기 중에 예술과 즐거움이 떠다니는 것 같은 느낌이다. 조금만 내륙으로 들어가 중부의 프랑스에만 가도 무기력증에 빠진 사람들에게 욕구를 불러일으키고, 중요하지 않은 사람들을 중요하게 만들어주며, 인생에 있어 목표를 잃은 사람들에게 방향을 알려줄 거 같은 옛 동화로 들어가게 만들어주는 마을이 우제르체^{Uzerche}가 아닐까 생각한다.

우제르체^{Uzerche}에는 끝이 보일 정도로 작은 마을이지만 그 마을을 보고 있노라면, 물론 살았던 기억이야 사람에 따라 다르겠지만 여행자에게는 느낌이 개인마다 달라 끝이 없다. 우리가 누구였든지 세상이 어떻게 변했든지 모르고 바쁘게 살아가지만 누구나 한 줌의 흙으로 돌아갈 것이다. 힘들게 아니면 손쉽게 살아가는 인생이 다들 다르지만 인생에서 동화 같다는 느낌은 한 번은 받아보았으면 좋을 거 같다. 우제르체Uzerche가 그럴만한 가치가 있는 것은 곳곳에 넘쳐나는 기품있는 '향기' 때문일 것이다.

물소리는 물론이고, 마을 구석구석에서 만나는 크고 작은 많은 집들, 쏟아지는 햇살, 길가 어느 곳에서도 만날 수 있는 친절한 사람들의 미소까지 우제르체Uzerche의 땅을 밟으면 마치 어디선가 첫 사랑을 다시 마주할 것만 같은 묘한 설렘에 빠져들게 될 것이다.

들뜬 마음으로 프랑스 여행을 시작하면 첫날부터 정신없이 다니다가는 숨이 차서 그만 문화적으로 소화불량에 걸리기 쉽다. 언제 다시 오게 될지 몰라, 간절한 마음이 되어 이곳저곳 다니는 것은 좋지 않다. 노을 지는 고즈넉한 장면을 보면서 냇가를 거닐며 바로 그 공간에서 오래 전 숨 쉬었을 사람들을 떠올리면서 여유는 무엇인가 생각하게 된다. 카페에 들러 저녁 식사의 여유를 음미하기도 하고, 카페에서 와인이나 차가운 샴페인을 음미하는 것도 좋을 것이다.

아침 햇살

밖에서 지저귀는 새들은 내가 일어날 시간을 알려준다. 알람을 맞춰놓은 스마트폰이 아닌 자연이 나에게 시간을 알려준다. 내가 눈을 떠서 맞는 새로운 아침, 내가 여기에 머물기에, 모든 일이 바라는 대로만 흘러가는 남프랑스의 날들은 나에게는 작은 아침의 여유로운 특권이 기분을 풍만하게 해준다. 물을 마시고 창문을 열고 벌써 청명하게 올라와 있는 햇살을 맞으면 기분은 벌써 저만큼 걸어가고 있다.

곧이어 침대에서 다시 누워 창문을 보니 많은 햇빛이 나의 침대에 쏟아진다. 일어나서 창문까지 걸어가 커튼을 걷는 것이 길고 멀게만 느껴져서 침대에서 머뭇거렸던 시간들이 후회스럽게 만드는 나를 따뜻하게 반겨주는 햇빛이 비쳐온다.

창문을 열고 하얀 얇은 천의 레이스 커튼만 치고 바람에 흔들리는 커튼을 한참 침대에 누워 바라본다. 구름의 움직임에 따라서 강해졌다 사라졌다 하는 햇빛, 그리고 살랑이는 레이스 커튼과 창문을 통해 들려오는 사람들의 깔깔거리는 소리가 나에게 오늘을 거뜬히 시작하지 않으면 안 될 것만큼 생기를 불어주는 고마운 아침을 만들어주었다.

음악을 따로 틀지 않아도 정겨운 이웃들의 아침을 시작하는 소리를 창문으로 들으니 저절로 쾌활한 기분이 든다. 집골목 입구에 있는 카페로 발걸음을 옮긴다. 카페는 프랑스 사람들의 일상이 그대로 녹아있는 곳이다. 회사에 일 나가는 사람들이 느끼는 파리의 분위기가 아닌 남프랑스의 카페에서는 아이 엄마, 노부부들 모두가 하루를 시작하고 혹은 젊은이들을 뜨거운 커피로 하루를 정리하기도 한다. 나는 주로 아침 10시가 넘어 카페에 들른다. 커피를 마시며 하루를 어떻게 보낼지 생각해보고 나의 일에 대해 생각도 하지만 나의 인생에 대해 바라보는 시간을 가질 수 있다는 사실에 감사한다.

안에서도 나를 보고 힘차게 손을 흔들어서 아침인사를 해주는 정겨운 이웃들도 생겨났다. 나는 이곳의 피스타치오 크림이 들어간 크라상과 카푸치노를 마시고 그 맛과 가격에 반했다. 남프랑스의 앙티브, 서울에서 먹던 가격에 익숙해진 나에게 커피와 빵 가격은 훨씬 적게 느껴졌다.

프랑스의 카페 안에는 프랑스 인들의 일상, 어쩌면 일생이 모두 녹아있다고 할 정도로 많은 시간을 보내는 공간이다. 해가 일찍 뜨는 남프랑스에서는 아침 6시부터 장사를 시작하는 카페들이 꽤 있다. 그 이전 새벽부터 지하에서 빵을 만드는 제빵사들은 매우 바쁜 하루를 시작하겠지 생각하니 누군가의 여유로운 일상에는 누군가의 희생이 있어야 한다는 사실을 감사한 마음이 든다.

그렇게 해서 갓 만들어진 빵들을 가장 먼저 먹는 사람들은 일찍 회사에 가는 샐러리맨들일 것이다. 하지만 남프랑스에는 회사원들이 많이 보이지는 않는다. 가끔씩 시간이 없이 바쁜 사람들은 의자에 앉지 않고 재빠르게 바에 서서 순식간에 먹고 자리를 뜬다. 그리고 여느 프랑스 사람처럼 느긋하게 카페를 들린 사람들은 아직도 신문을 읽기도 하고, 아침식사를 하면서 이야기를 나눈다. 나는 이제 사람들의 모습들을 보고 있으면 나도 모르게 피식 아무 이유 없이 웃음이 나곤 한다.

Western Modern Art & France

서양 근대 미술 & 프랑스

프랑스는 영국과의 백년 전쟁이후 영국
은 프랑스 땅에서 물러나면서 왕권이 강
화되면서 강대국이 되기를 바랬다. 프랑
수아 1세부터 루이 13세와 14세를 거치면
서 정복 전쟁과 함께 수집된 방대한 미술
품이 토대가 되었다.

르네상스

르네상스는 '다시 태어나다'라는 뜻이며, 14~16세기 이탈리아 미술이 고대 그리스, 로마의 고전 미술을 부활시켰다는 의미에서 붙여진 이름이다. 당시의 미술가들은 인간과 사물을 있는 그대로 그림과 조각에 표현하고 싶어 했다. 이렇게 표현하는 데 가장 큰 공헌을 한 것은 원근법의 발견이었다.

원근법은 먼 곳의 물체는 작게, 가까이 있는 물체는 크게 그리는 방법이다. 르네상스 예술
가들은 원근법을 받아들여 평평한 화면 위에 그려진 사물을 진짜처럼 보이게 했다. 이들은
엄격한 구도, 완벽한 비례, 명암법, 원근법과 같은 르네상스가 만들어 낸 기법을 총동원하
여 미술사에 길이 남을 위대한 걸작들을 남겼다.

레오나르도 다빈치는 말년에 프랑수아 1세의 요청으로 프랑스로 건너왔고 그때 모나리자
를 가져왔다. 프랑수아 1세는 레오나르도 다빈치를 극진히 모셨고, 1519년, 다빈치가 프랑
수아 1세의 품안에서 죽음을 맞이할 정도로 두터운 사이였다. 사후에 다빈치의 제자들에게
모나리자를 구입하여 프랑스 루브르 박물관에 있게 된 것이다.

암굴의 성모

레오나르도 나빈치는 빌라노 공국의 형제회가 의뢰한 작품을
완성하지 못하고 이탈리아 남부로 여행을 했다. 급하게 그림
을 완성하려고 했던 다빈치는 남부지역에서 본 기암괴석을 배
경으로 삼고 아기 예수, 성 요한, 천사를 그려냈다. 현실성있게
대상을 그려냈다는 평가를 받은 이 그림은 런던의 내셔널 갤
러리에 한 점 더 있다.

바로크 미술(17세기)

17세기에는 바로크 미술이 유행했다. 미술의 주제도 르네상스 시대에 주로 그려진 종교와 신화뿐만 아니라 생활 주변의 소재나 일상생활의 장면들로 다양해졌다. 프랑스와 스페인 에서는 강력해진 왕권을 과시하기 위해 크고 웅장한 궁전을 짓고 화려하게 장식했다. 또한 왕실의 지원을 받은 궁정 화가를 두어 그림을 그리게 했다. 그래서 베르사유 궁전이 지어 지고 루벤스, 벨라스케스, 반다이크 같은 궁정 화가들이 활발히 활동했다. 스페인은 고야 가 궁정화가로 유명했다.

루이 14세의 초상화

베르사유가 만들어지면서 바로크 건축과 미술을 화려하게 유럽 미술의 중심으로 떠올랐다. 루이 14세는 휘장을 크고 붉은 벨렛에 대조시키고 금색의 대리석 바닥으로 부유하다고 표현했다. '리고 이야생트'는 루이 14세가 초상화를 매우 만족하여 프랑스 귀족들의 전속 초상화를 그리게 되었다.

렘브란트^{Rembrant}는 17세기 유럽을 대표하는 화가로 자화상을 그려 유명하지만 1642년에 그린 야경으로 혹평을 당하면서 말년은 비참했다. 존재를 가장 확실하게 표현하기 위해 어두운 배경으로 인물에 초점을 맞추었다.

루벤스^{Rubens}는 화려한 바로크 기법을 직접 이탈리아에서 배워 오면서 귀족들을 화려하게 그려내 인기를 얻었다. 렘브란트와 다르게 명성과 함께 부를 같이 누린 화가로 렘브란트와 대조된다.

로코코 미술(18세기)

프랑스 왕궁에서 시작되어 유럽으로 퍼져 나간 로코코 미술은 화려하고 사치스러운 생활을 한 귀족들을 위한 미술이었다. 로코코 미술은 밝고 섬세한 여성미가 강조된 미술이라할 수 있다. 그래서 그림에 화려하고 밝은 색채를 즐겨 썼으며, 귀족의 연애나 파티, 오락등을 주제로 한 그림을 많이 그렸다. 대표적인 로코코 화가로는 와토, 부셰, 샤르댕, 프라고나르 등이 있다.

프랑스 로코코 양식의 시작은 와토^{Watteau}이다. 1719년에 와토가 그린 '질'은 너무 큰 옷을흘러내리게 입은 모습이 상징적이다. 화려한 로코코와 다른 다소 우울하다는 평도 있다.

▼ 마담 퐁파두르 로코코 양식을 대표하는 그림으로 루이 15세의 정부로 알려진 퐁파두르 부인의 화려하다.

'로코코Rococo'라는 단어는 분수를 장식하는 조약돌이나 조개 약식이라는 뜻의 로카이유에서 유래되어 실내 장식에 화려하게 표현하기 위해 만들어진 양식이다. 곡선이 많이 사용되면서 우아한 느낌을 살리기 위해 섬세하게 다양한 문양을 사용했다. 그래서 유럽의 귀족들이 특히 사랑하는 양식이다.

신고전주의 미술(18세기 후반)

18세기 후반에 프랑스 혁명이 일어나자 귀족들의 로코코 양식 대신 혁명의 분위기에 맞는 신고전주의 미술이 유행했다.

이 시기에는 고대 그리스, 로마를 이상으로 삼았다. 따라서 신고전주의는 대상을 꼼꼼하게 관찰해 사물의 형태와 명암이 정확하게 드러나도록 했으며, 단순한 구도와 붓자국 없는 매끈한 화면이 특징이었다. 주로 서사적이고 영웅적인 이야기가 그려졌다. 대표적인 화가로는 다비드와 앵그르가 있다.

▼ 나폴레옹 황제의 대관식 궁정화가인 자크 루이 다비드는 나폴레옹이 직접 왕관을 쓰는 장면을 그렸다.

신고전주의는 나폴레옹의 등장과 함께 프랑스의 영웅으로 등극한 나폴레옹과 함께 화려한 로코코 양식에 반발하면서 시작되었다. 조화와 균현을 중시한 고전주의를 따르면서 혁명 후에 다시 나타난 나폴레옹은 프랑스 혁명이 유럽으로 퍼져나가는 데 중요한 역할을 하였고 신고전주의도 같이 퍼져 나갔다.

큐피드와 프시케

잠에 깊이 빠진 프시케는 죽음까지 이를 정도로 깊었는데, 이를 키스로 깨우는 큐피드를 묘사했다. 남녀간의 사랑을 우아하게 표현했다고 평가된다.

앵그르의 샘 &그랑 오달리스크

이상적으로 여인들의 몸매가 아름답다고 생각한 앵그르는 신고전주의 회화를 완성했다고 평가받는다. 균형과 비례를 중시해 여성을 그렸지만 섹시함과 우아한 여성의 몸매를 강조하면서 과장되게 표현하기도 했다.

특히 그랑 오달리스크에서 관능적인 여성을 표현하려고 비현실적인 여인을 표현하기 위해 옷을 벗고 비스듬히 누운 여인을 그린 그림이다. 이후 '오달리스크'라고 부르기 시작했다.

낭만주의 미술(19세기 전반)

신고전주의에 반발해 낭만주의 미술이 19세기에 시작되었다. 낭만주의 화가들은 이제 교회나 궁전을 위하여 그림을 그리지 않았고, 원하는 주제를 느낀 대로 자유롭게 그렸다. 주로 문학에서 영감을 얻었으며, 그림의 주제도 꿈, 신비, 밤, 먼 나라에 대한 동경, 자연에 대한 것이었다. 낭만주의를 대표하는 화가로는 들라크루아, 제리코, 터너, 고야 등이 있다.

1830년에 파리에서 일어난 7월 혁명을 그린 작품으로 들라크루아는 아카데미에서 배운 그림이 아닌 강렬한 색감과 굵은 붓 터치로 프랑스 시민이 개혁하는 장면을 묘사했다. 시민의 싱을 표현하기 위해 여신의 가슴을 노출하고 가운데 여신을 놓아 여신이 중심에 서도록 했다.

메두사호의 뗏목
들라크루아와 같은 구도의 작품으로 제리코는 1816년 세네갈 바다에서 일어난 메두사호의 난파 사고를 그린 작품이다.

선장과 부선장, 일부 선원들은 150여명의 노예를 두고 자신들만 살기 위해 떠났고 남겨진 선원들과 노예들은 작은 뗏목에 의지해 살아남아야 했다.
뗏목에 버려진 시체들과 죽은 아들을 안고 슬퍼하는 노인의 모습들이 서사에 가깝게 묘사했다.

인상주의 미술(19세기 후반)

19세기 후반은 유럽인들에게 '더 이상의 기술적 발전은 없다.'라고 할 정도로 희망찬 시기였다. 자신감에 찼다는 결과물은 19세기 파리의 만국박람회였다. 제3공화국 시대인 1878년 3월 1일에 개막했으며, 두 달 후인 6월 30일은 프랑스의 국경일로 정부는 이 국경일에 민중들에게 공화주의를 지지하는 마음을 표출할 기회를 마련해 주었다. 이에 군중들은 이 날 그들의 애국심을 한껏 떠들썩하게 표현하였으며, 그로 인해 파리의 모든 거리들은 깃발들로 뒤덮였다.

희망찬 시기에 이전의 미술과는 완전히 다른 '인상주의'라는 새로운 미술이 등장했다. 인상주의 화가들은 그림 도구를 싸들고 밖으로 나가 야외에서 그림을 그렸다. 야외의 밝은 태양 아래에서는 사물이 항상 같은 모습과 색채로 보이지 않는다는 것을 중요하게 생각했다. 인상주의 화가로는 모네, 르누아르, 드가, 마네 등이 있다.

클로드 모네
(Claude Monet, 1840!1926) 수련

인상주의 화풍의 창시자로 알려진 클로드 모네^{Claude Monet}(1840–1926)는 1871년 아르장퇴유^{Argenteuil}에 처음으로 집을 구한 이후 1926년 지베르니^{Giverny}에서 사망하기까지 많은 시간을 꽃이 있는 정원에 쏟아 부었다. 1890년대에 경제적인 성공을 거둔 이후로 그는 1893년 지베르니에 이사를 하면서 정원을 조성하고 일본식 다리를 놓았다. 1899년 6월 다리의 풍경을 주제로 하는 연작을 시작하여 18개의 연작을 제작하였다.

물랭 드 라 갈레트의 춤

르누아르^{Auguste Renoir}는 1876년, 파리의 몽마르트르에 있는 물랭 드 라 갈레트는 19세기 말경 파리지앵들로부터 사랑받던 무도회장을 소재로 삼았다. 일요일 오후가 되면 젊은 파리의 연인들이 모여들어 햇빛을 받으며 춤과 수다를 즐기던 장소였기 때문이다.

르누아르는 분위기를 고스란히 화폭에 담아 보고자 작업을 위하여 근처의 아틀리에를 얻고 1년 반 가까이 매일 이곳을 드나들면서 수많은 스케치와 습작을 만들어 냈다. 그는 120호나 되는 대형 캔버스를 아틀리에에서 몽마르트르의 무도회장까지 매일 가지고 가서 현장의 정경을 직접 묘사하였다고 한다.

초여름의 햇빛이 나무 사이를 비추는 서민적인 야외 무도회장에서 무리를 이룬 젊은 남녀들이 춤과 놀이를 즐기는 모습이 생생하게 표현되어 있다. 그림에 등장한 인물들의 다양한 동작들은 우아하고 아름답게 표현되어 있다. 어두운 명암을 쓰지 않고도 햇빛과 그림자의 효과를 창조해 내는 르누아르의 기법이 두각을 나타내는 작품이다.

후기 인상주의 미술(19세기 말)

인상주의 안에서 개성을 더욱 발전시킨 후기 인상주의 미술이 나타났다. 세잔, 고흐, 고갱으로 대표되는 후기 인상주의 화가들은 빛과 색채로 자신들의 느낌과 감정을 다양하게 표현하려고 했다. 이들의 개성적인 그림은 21세기 미술에 큰 영향을 미쳤다.

세잔은 정물화의 아버지, 유화의 창시자라고 불리운다. 안정된 건축적인 구도, 견고한 형태, 청과 등색을 기초로 하는 명쾌한 색채 감각 등이 특징적이고 또 만년의 초상화에서는 깊은 인간통찰을 그렸다. 평생 동안 데생을 많이 하였고 후반에는 수채화를 즐겼고, 그 기법은 만년의 유화에도 나타난다. 큐비즘을 비롯한 현대의 모든 유파에 지대한 영향을 주었다.

쉰 살을 넘기면서 오랫동안 화가 생활을 해 왔음에도 불구하고 여전히 인정받지 못하고 있었던 세잔은 '카드놀이'라는 주제를 통해 새로운 도전을 하기 시작했다. 주변적인 요소나

극적인 묘사들을 배제하고 주제와 구성을 단순화시켰다. 적절한 장면을 연출하기 위하여 그는 액상프로방스 지방의 자 드 부팡 마을의 농부들을 화폭에 그려 넣었다.

평생 가난하게 살았지만 사후에 인정을 받은 빈센트 반 고흐Vincent van Gogh는 인상파의 밝은 그림과 일본의 판화에 접함으로써 렘브란트와 밀레 화풍의 어두운 느낌을 걷어내고 밝은 화풍으로 바뀌었으며, 정열적인 작품 활동을 하였다.

자화상이 급격히 많아진 것도 이 무렵부터였다. 파리라는 대도시의 생활에 싫증을 느껴 1888년 2월 보다 밝은 태양을 찾아서 프랑스 아를로 이주하였다. 아를로 이주한 뒤부터 죽을 때까지의 약 2년 반이야말로 빈센트 반 고흐 예술의 참다운 개화기였다.

PARIS

파리

라이브 음악 공연장

그란데 아르슈

1 몽마르트르

적응의 정원

에투알 개선문

자크마르 앙드레

2 샹젤리제

팔레 갈리에라

파리 수족관

마르모탕 모네 미술관

인류 박물관   에펠탑

성모 승천 교회

파리 자유의 여신상

4 몽파르나스

Albert-Kahn 박물관 및 정원

파리 엑스포 포르트 드 베르사유

라빌레트 공원

문화센터

라 빌레트 수영장

센트콰트르 대성당

낭만주의 박물관

페라 가르니에

루브르 박물관

3

페르 라세즈 묘지

짐 모리슨의 무덤

드 광장

로얄 팰리스 내셔널 에스테이트

루브르 박물관

오르세 미술관

카르나발레 박물관

노트르담 대성당

네이션스퀘어

팡테옹

뤽상부르 공원

파리 식물원

나스 타워

퐁다시옹 카르티에
현대 미술관

노트르담

5

베흑씨 공원

프랑스 국립도서관

놀이공원 박물관

파리 행정구역 개념도

스타드 드 프랑스
(축구경기장)

라 빌레트

18

샤를 드 골 공항

17

사크레쾨르 대성당

19

컨벤션 센터

레 데팡스

9

파리 북역

개선문

8

오페라 가르니에

10

파리 동역

페르라셰즈 묘지

콩코르드 광장

2

루브르 박물관

3

리퍼블리크

16

1

20

롤랑가로스

에펠탑

7

오르세 미술관

4

11

노트르담 대성당

나시옹 광장

6

바스틸

파르크 데 프랑스

5

판테온

12

15

베르시

몽파르나스 역

몽파르나스 타워

오스텔리츠 역

파르크 데 엑스포지션

14

13

오틀리 공항

파리 지하철 노선도

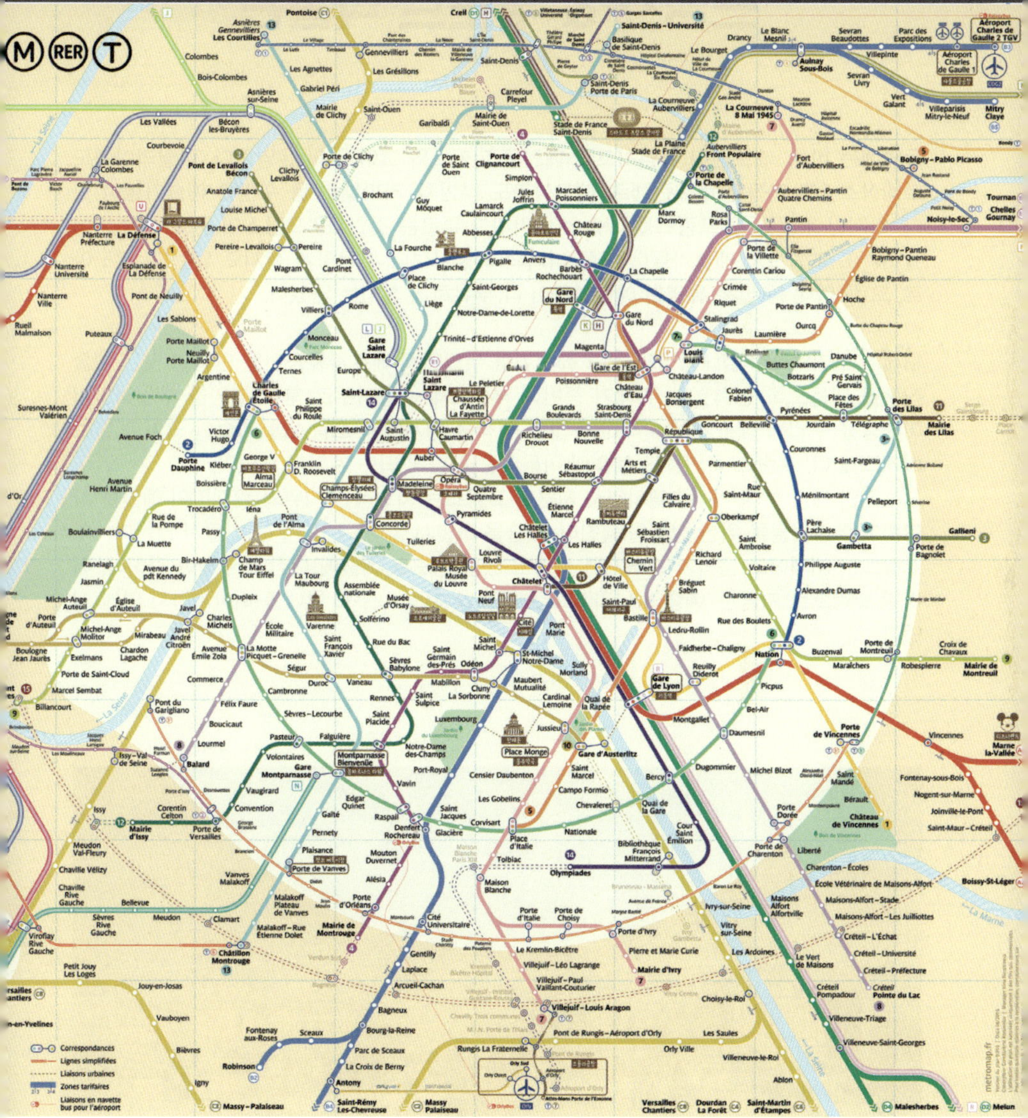
M RER T
Pontoise
Creil
Saint-Denis–Université
Asnières Gennevilliers Les Courtilles
Gennevilliers
Les Agnettes
Les Grésillons
Gabriel Péri
Saint-Denis
Basilique de Saint-Denis
Saint-Denis Porte de Paris
Le Bourget
Drancy
Le Blanc Mesnil
Aulnay Sous-Bois
Sevran Beaudottes
Sevran Livry
Parc des Expositions
Aéroport Charles de Gaulle 2 TGV
Aéroport Charles de Gaulle 1
Villepinte
Vert Galant
Villeparisis Mitry-le-Neuf
Mitry Claye
Colombes
Bois-Colombes
Asnières sur-Seine
Mairie de Clichy
Saint-Ouen
Carrefour Pleyel
Mairie de Saint-Ouen
Garibaldi
Stade de France Saint-Denis
La Plaine Stade de France
La Courneuve Aubervilliers
La Courneuve 8 Mai 1945
Aubervilliers Front Populaire
Fort d'Aubervilliers
Bobigny–Pablo Picasso
Les Vallées
Bécon les-Bruyères
Courbevoie
La Garenne Colombes
Pont de Levallois Bécon
Clichy Levallois
Porte de Clichy
Porte de Saint Ouen
Porte de Clignancourt
Brochant
Guy Môquet
Simplon
Jules Joffrin
Marcadet Poissonniers
Porte de la Chapelle
Aubervilliers–Pantin Quatre Chemins
Tournan
Chelles Gournay
Noisy-le-Sec
Anatole France
Louise Michel
Porte de Champerret
Pereire–Levallois
Pereire
Lamarck Caulaincourt
Abbesses
Funiculaire
Château Rouge
Marx Dormoy
Rosa Parks
Pantin
Nanterre Préfecture
La Défense
Esplanade de La Défense
Nanterre Université
Nanterre Ville
Rueil Malmaison
Pont de Neuilly
Les Sablons
Porte Maillot
Neuilly Porte Maillot
Puteaux
Argentine
Wagram
Malesherbes
Villiers
Pont Cardinet
Rome
La Fourche
Place de Clichy
Blanche
Pigalle
Anvers
Barbès Rochechouart
La Chapelle
Porte de la Villette
Corentin Cariou
Crimée
Riquet
Stalingrad
Jaurès
Bobigny–Pantin Raymond Queneau
Église de Pantin
Hoche
Porte de Pantin
Ourcq
Lumière
Liège
Saint-Georges
Notre-Dame-de-Lorette
Gare du Nord
Magenta
Trinité–d'Estienne d'Orves
Monceau
Courcelles
Ternes
Gare Saint Lazare
Europe
Saint-Lazare
Haussmann Saint Lazare
Le Peletier
Chaussée d'Antin La Fayette
Cadet
Poissonnière
Gare de l'Est
Château d'Eau
Louis Blanc
Château-Landon
Jacques Bonsergent
Colonel Fabien
Buttes Chaumont
Botzaris
Danube
Pré Saint Gervais
Place des Fêtes
Pyrénées
Porte des Lilas
Mairie des Lilas
Suresnes-Mont Valérien
Charles de Gaulle Étoile
Saint Philippe du Roule
Miromesnil
Saint Augustin
Havre Caumartin
Grands Boulevards
Strasbourg Saint-Denis
République
Goncourt
Belleville
Jourdain
Télégraphe
Avenue Foch
Victor Hugo
Porte Dauphine
Kléber
George V
Franklin D. Roosevelt
Richelieu Drouot
Bonne Nouvelle
Temple
Couronnes
Saint-Fargeau
Avenue Henri Martin
Boissière
Alma Marceau
Champs-Élysées Clemenceau
Auber
Madeleine
Opéra
Quatre Septembre
Bourse
Réaumur Sébastopol
Arts et Métiers
Parmentier
Rue Saint-Maur
Ménilmontant
Pelleport
Trocadéro
Iéna
Pont de l'Alma
Sentier
Filles du Calvaire
Oberkampf
Rue de la Pompe
Passy
Concorde
Pyramides
Étienne Marcel
Rambuteau
Saint Sébastien Froissart
Père Lachaise
Gambetta
Gallieni
Porte de Bagnolet
Boulainvilliers
La Muette
Invalides
Tuileries
Châtelet Les Halles
Les Halles
Chemin Vert
Richard Lenoir
Saint Ambroise
Voltaire
Philippe Auguste
Ranelagh
Avenue du pdt Kennedy
Bir-Hakeim
Champ de Mars Tour Eiffel
La Tour Maubourg
Assemblée nationale
Louvre Rivoli
Palais Royal Musée du Louvre
Châtelet
Hôtel de Ville
Bréguet Sabin
Charonne
Alexandre Dumas
Jasmin
Michel-Ange Auteuil
Église d'Auteuil
Porte d'Auteuil
Dupleix
Musée d'Orsay
Pont Neuf
Saint-Paul
Bastille
Rue des Boulets
Avron
Michel-Ange Molitor
Mirabeau
Javel
Javel André Citroën
Charles Michels
École Militaire
Varenne
Solférino
Cité
Pont Marie
Ledru-Rollin
Faidherbe–Chaligny
Nation
Buzenval
Porte de Montreuil
Croix de Chavaux
Boulogne Jean Jaurès
Exelmans
Chardon Lagache
Avenue Émile Zola
La Motte Picquet–Grenelle
Saint François Xavier
Rue du Bac
Saint Germain des-Prés
Saint Michel
St-Michel Notre-Dame
Sully Morland
Reuilly Diderot
Maraîchers
Robespierre
Mairie de Montreuil
Porte de Saint-Cloud
Ségur
Sèvres Babylone
Odéon
Maubert Mutualité
Gare de Lyon
Picpus
Commerce
Duroc
Vaneau
Mabillon
Cluny La Sorbonne
Cardinal Lemoine
Quai de la Rapée
Marcel Sembat
Cambronne
Rennes
Saint Sulpice
Montgallet
Bel-Air
Billancourt
Pont du Garigliano
Félix Faure
Sèvres–Lecourbe
Saint Placide
Luxembourg
Jussieu
Daumesnil
Porte de Vincennes
Vincennes
Marne la-Vallée
Boucicaut
Lourmel
Pasteur
Falguière
Montparnasse Bienvenüe
Notre-Dame des-Champs
Place Monge
Gare d'Austerlitz
Issy–Val de Seine
Balard
Volontaires
Gare Montparnasse
Port-Royal
Censier Daubenton
Saint Marcel
Bercy
Dugommier
Michel Bizot
Saint Mandé
Fontenay-sous-Bois
Vaugirard
Vavin
Campo Formio
Quai de la Gare
Bérault
Nogent-sur-Marne
Issy
Corentin Celton
Convention
Edgar Quinet
Raspail
Les Gobelins
Chevaleret
Porte Dorée
Château de Vincennes
Joinville-le-Pont
Saint-Maur–Créteil
Mairie d'Issy
Porte de Versailles
Gaîté
Denfert Rochereau
Saint Jacques
Corvisart
Glacière
Place d'Italie
Nationale
Cour Saint Émilion
Porte de Charenton
Liberté
Meudon Val-Fleury
Pernety
Plaisance
Mouton Duvernet
Tolbiac
Bibliothèque François Mitterrand
Charenton–Écoles
Chaville Vélizy
Porte de Vanves
Alésia
Olympiades
École Vétérinaire de Maisons-Alfort
Boissy-St-Léger
Chaville Rive Gauche
Vanves Malakoff
Maison Blanche
Maisons-Alfort–Stade
Bellevue
Malakoff Plateau de Vanves
Porte d'Orléans
Porte d'Italie
Porte de Choisy
Ivry-sur-Seine
Maisons Alfort Alfortville
Maisons-Alfort–Les Juilliottes
Sèvres Rive Gauche
Meudon
Clamart
Malakoff–Rue Étienne Dolet
Mairie de Montrouge
Cité Universitaire
Porte d'Ivry
Vitry sur-Seine
Créteil–L'Échat
Viroflay Rive Gauche
Châtillon Montrouge
Gentilly
Le Kremlin-Bicêtre
Pierre et Marie Curie
Les Ardoines
Le Vert de Maisons
Créteil–Université
Petit Jouy Les Loges
Laplace
Villejuif–Léo Lagrange
Mairie d'Ivry
Créteil–Préfecture
Jouy-en-Josas
Arcueil-Cachan
Villejuif–Paul Vaillant-Couturier
Choisy-le-Roi
Créteil Pompadour
Créteil Pointe du Lac
Versailles Chantiers
Vauboyen
Bagneux
Villejuif–Louis Aragon
Villeneuve-Triage
Fontenay aux-Roses
Sceaux
Bourg-la-Reine
Pont de Rungis–Aéroport d'Orly
Les Saules
Bièvres
Parc de Sceaux
Rungis La Fraternelle
Orly Ville
Villeneuve-Saint-Georges
Robinson
La Croix de Berny
Villeneuve-le-Roi
Igny
Antony
Ablon
Massy–Palaiseau
Saint-Rémy Les-Chevreuse
Massy Palaiseau
Versailles Chantiers
Dourdan La Forêt
Saint-Martin d'Étampes
Malesherbes
Melun
La Seine
La Marne
Correspondances
Lignes simplifiées
Liaisons urbaines
Zones tarifaires
Liaisons en navette bus pour l'aéroport
metromap.fr

예술의 나라,
프랑스 & 루브르 박물관

독일에는 바흐, 베토벤이 유명하고 스페인은 피카소와 고야 등이 유명하다. 이탈리아에도 르네상스 3대 거장인 미켈란젤로, 레오나르도 다빈치, 라파엘로 등 수많은 예술가들이 있다. 하지만 우리는 왜 프랑스를 예술의 나라라고 부르는 것일까? 프랑스의 문화가 더 뛰어날까? 또 프랑스의 예술가들이 다른 나라의 예술가보다 부유하게 살지도 않는다. 르노아르, 모네, 마네 등 많은 유명한 예술가들이 다 부유하게 살지는 않았다.

18세기 루이14세는 절대왕정의 최고 절정기를 누리면서 베르사유궁전을 만들고 많은 예술작품을 만들도록 명령했다. 18세기 중반에 루이15세는 퐁파두르 후작 부인을 후원하면서 미술품을 구입해 예술가를 우대하는 많은 정책을 펼치면서 프랑스를 예술의 국가로 홍보하게 되었다. 프랑스 국민들도 예술의 아름다움을 알게 되는 계기가 되었다.
지속적인 예술 우대정책을 펼치면서 지금도 프랑스는 사회적인 지위와 관계없이 예술을 사랑하고 예술가들을 위한 정책을 펼친다. 예술을 하면서 굶어죽는 경우는 만들지 않는다.
프랑스는 지폐에도 음악가 드뷔시를 모델로 했을 정도로 예술에 대한 자부심이 강하다. 이러한 노력으로 지금은 '예술의 나라'라고 부르는데 어느 누구도 반대를 이야기하지 않게 되었다.

루브르 박물관

파리에 왔는데 루부르를 안 보고 간다면 겉만 보고 가는 게 된다. 루브르는 세계적인 박물관이자 미술관이다. 그리고 반드시 미리 루부르를 공부하고 보러가는 것이 좋다. 외관만 봐도 멋지고 정원을 거닐어도 좋다.

원래 요새가 있던 이 자리에 이후 16세기에 프랑소와 1세가 궁전으로 개축했다. 프랑스 혁명 이후 1793년에 미술관으로 바뀌었다. 1981년 미테랑 대통령은 그랑 루브르 계획을 하고 대대적인 보수, 확장 공사로 1997년에 세계최대의 박물관으로 다시 태어났다. 그 때 태어난 유리 피라미드는 1981년 프랑스혁명 200주년을 기념하여 설계된 것으로 603장의 유리로 이루어져 있다.

당시에 논란이 있었지만 지금은 고풍스러움에 최첨단의 만남이 조화를 이루었다는 평가다. 지금 피라미드는 단순한 장식이 아니라 복잡한 박물관 내부를 이어주는 입구의 역할을 하고 있다. 225개의 방, 30여만점의 작품들, 이 수치만 봐도 루브르는 하루에 볼 수 없다는 걸 알 수 있다. 제대로 보려면 최소한 일주일은 걸린다고 한다.

리슐리외Richelieu, 셜리Sully, 드농Denon 3개의 전시관이 거꾸로 된 디귿자 모양으로 이루어져 있고, 전체적으로는 나폴레옹 홀, 지하층, 지상층, 1층, 2층으로 구성되어 있다. 정문은 지상에 있는 유리 피라미드이다. 하지만 지하철을 타고 온 경우에는 역과 바로 연결되어 있으니 지하철을 타고 루브르를 가는게 좋다. 맨 처음 들어오면 유리 피라미드가 있다. 너무 기뻐 사진부터 찍지말고 표를 산 후에 피라미드에서 사진을 찍고 에스컬레이터를 통해 올라가면서 관람하면 된다. 안내도는 반드시 챙기자.

프랑스

PARiS

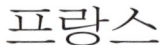

파리는 매력이 넘치는 도시다. 에펠탑이 나오는 영화를 보며 사랑을 꿈꾸게 하고, 상들리제 거리에 들어서면 건물과 거리에 예술이 있음을 느끼게 된다.
전통과 현대를 조화시키기 위해 파리는 철저히 계획하고 실행에 옮겨 파리의 멋을 뽐내고 있다.

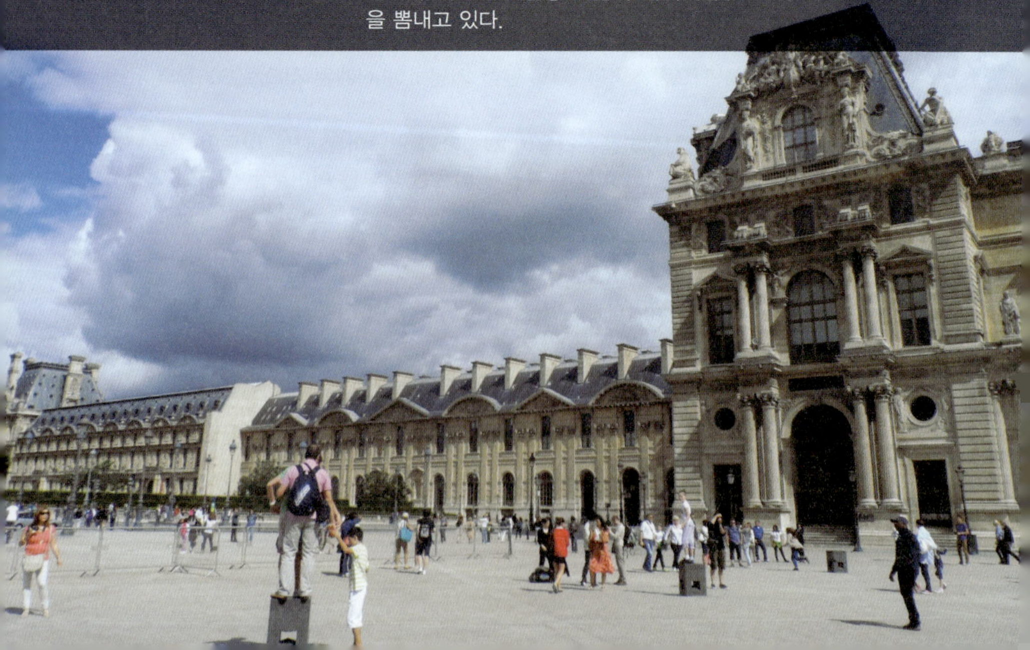

파리를 여행하는 방법중에 직접 걸으면서 여행하면 좋은 코스가 있다. 첫 번째가 콩코드광장부터 시테섬까지 아니면 오르세 미술관부터 시테섬까지이다. 콩코드광장은 도보여행 코스 2에 있으니 오르세 미술관부터 시테섬까지가 더 좋다.

일정
오르세미술관 → 퐁 데 자르 다리 → 콩쉬에르쥐리(여름엔 인공해변) → 노트르담성당

아침, 일찍 오르세미술관을 보고 나면 12시 정도가 될 것이다. 오르세에서 시테섬까지 걸어야 하니 오르세미술관 내에 있는 식당에서 점심을 간단히 해결하거나 먹을거리를 싸가지고 와서 먼저 배를 채우고 시작하는 것이 좋다.

오르세 미술관을 끼고 오른쪽으로 걸어나면 세느강이 나온다. 세느강을 따라 걷기만 하면 되니 길을 잃을까 걱정도 필요없다. 파리지앵이 되겠다는 생각을 가지고 출발해 보자. 걸어가다 보면 바토무쉬등을 비롯한 세느강의 유람선들이 다니고 오리들도 보인다. 강가에는 그림을 그리는 사람들과 그림을 파는 가게들이 있다. 걷다가 힘들면 세느강변에 앉아 쉬다가 가면 여유를 즐기는 파리지앵이 된 기분을 느낄 수 있다.

다리는 처음이 퐁 두 카루셀 다리가 나오고 그 다음에 보행자 전용다리인 퐁 데 자르 다리가 나오는 데 퐁 데 자르 다리는 사랑의 다리로 유명하다. 카뮈, 샤르트르, 랭보 등이 다리 위에서 세느강을 바라보며 작품을 구상해서 유명했는데 지금은 사랑의 다리로 많은 여행자들이 다리에서 사진도 찍고 자물쇠도 달며 사랑을 맹세하기도 한다.
아카데미 프랑세즈를 볼 수 있을때가 되면 많이 힘들 수도 있다.

파리 시민들은 여름의 바캉스 시즌이 되면 노르망디, 니스 등으로 떠났지만 어려운 경제난이 가중되면서 바캉스가 힘들게 되었을 때 2002년 좌파의 베르트랑 들라노에 파리시장이 계획한 파리해변이란 뜻의 '파리 플라쥬'가 7월 말부터 8월 말까지 세느강변에 펼쳐진다. 수백개의 파라솔과 목재 화분에 야자수도 임시로 설치되어 있고 음악회, 전시회, 영화시사회 등 다양한 행사가 열려 바캉스를 못가는 시민에게 위로를 주고 관광객들에게는 색다른 장면을 보여준다.

인공해변이 별거 아닐거야라고 생각하면 오산이다. 샤워장, 파라솔, 놀이시설 등이 있어 멋진 파리의 하나로 생각된다. 직접 해변에서 쉬다가 이동하는 것도 좋은 생각이다.

인공해변이 나온 후에 조금만 걸으면 먼저 높다란 노트르담 성당이 보인다. 배고프다고 중간에 아무거나 사 먹지 말고 조금만 참아보자. 노트르담 근처에는 정말 먹을 곳이 많다.

노트르담 성당이 나오면 퐁네프다리도 나오고 시테섬으로 간다. 시테섬에는 파리경시청, 최고재판소, 콩쉬에쥐르, 노트르담성당, 생샤펠성당이 있다. 노트르담성당은 입장하려면 시간이 많이 걸리기 때문에 인근을 먼저 둘러보는 게 좋다.

꽃시장에 가서 아기자기한 꽃들을 보고 14세기초 왕궁으로도 사용했지만 16세기부터 감옥으로 사용되고 프랑스대혁명때 마리 앙투아네트

가 갇혀 있던 방이 있는 콩쉬에쥐리도 보는게 좋다. 힘들다고 그냥 사진만 찍고 가는 사람들이 않는데 나중에 후회한다. 오른쪽으로 가면 생 미셸광장이 나오는데 여기에는 많은 맛집들과 카르프마트도 있어 맛있는 프랑스음식들과 필요한 물건도 싸게 구입할 수 있다.

힘을 보충하고 노트르담성당을 들어가서 보면 하루일정이 끝난다. 오르세 미술관부터 노트르담성당까지 보고 저녁까지 먹으면 하루의 일정을 알차게 보낸 기분이 들게 된다. 그리고 좀 많이 피곤할테니 다음날의 일정을 위해 저녁에는 쉬는것이 좋다.

파리를 여행할 때 꼭 빼놓지 않고 입장하는 곳이 오르세미술관과 루브르박물관이다. 오르세미술관부터 시테섬까지 도보로 여행하는 코스를 소개했는데 이번에는 루브르박물관을 본 후 개선문까지 도보로 여행하는 코스를 소개하겠다.

일정
루브르박물관 → 튈르리정원 → 콩코드광장 → 샹들리제거리 → 개선문

루브르박물관은 아침에 일찍 입장하야 한다. 조금 늦는다면 많은 관광객들로 인해 기다리는 시간만 1시간이 넘을 수도 있다. 특히 여름이라면 점심 이후에는 입장하는데 2시간 정도는 기다릴수도 있으니 아침에 입장하는 일정으로 계획하는 것이 좋다.

루브르박물관과 그 옆에 있는 튈르리정원을 본다면 점심시간 정도가 되어 밖으로 나오게 된다. 여름에는 튈르리정원에 놀이공원을 꾸며 놓고 그 안에는 식사를 할 음식도 팔고 있으니 점심을 먹고 이동하는 것이 좋다. 조금 비싸게 분위기를 내고 싶으면 루브르박물관 앞에 가게들과 그 옆 코너를 돌면 음식점이 있어서 파리의 카페를 체험하며 식사를 할 수 도 있다.

튈르리정원을 지나 콩코드광장의 횡단보도위에는 아이스크림과 간단한 요기거리는 팔고 있으니 요기만 하고 상들리제거리에서 식사를 해도 된다.
콩코드광장에서 사진을 찍고 나서 개선문이 보이는 거리가 나온다. 그 거리를 따라 가기만 하면 오늘의 여행코스를 끝낼 수 있다. 개선문이 보여 거리가 가깝다고 생각하면 안된다. 상들리제거리에 들어서기까지 1시간 정도가 걸릴 수도 있다. 그래서 점심때가 되었다면 어떻게든 먹고 이동해야 힘들지 않다.
콩코드광장은 루이 15세의 동상을 세우기 위해 처음

만들었는데 이후 프랑스대혁명때
는 단두대가 설치되기도 했다.

피비린내 나는 피의 역사를 화합
의 역사로 바꾸기 위해 화합이라
는 뜻의 콩코드광장으로 불리워
졌고 나폴레옹이 이집트 피라미
드에서 가져온 3200년 된 조각품
인 오벨리스크가 화려한 분수 가
운데에 서 있다.
또 오벨리스크를 등지고 보면 그

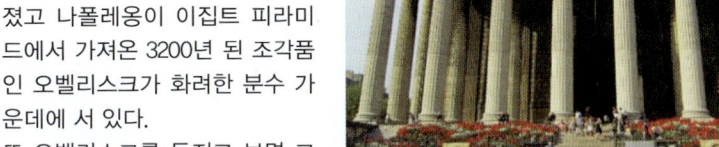

리스 신전풍의 대리석 건물이 보이는데 이것이 마들렌 사원이다. 이 두 개는 꼭 보고 가야
한다. 콩코드광장에서는 시간을 두고 역사적인 의미와 휴식의 개념으로 쉬고 가는 것이 좋
다. 앞으로 많이 걸어가야 하니까 저자는 항상 콩코느광장에서 아이스크림을 먹고 물을 사
서 이동한다.

개선문을 보면서 걸어가면 간단히 오늘의 코스에 대한 걱정이 사라질 것이다. 개선문까지 걸으면서 점점 커지는 개선문을 찍는 것도 좋다. 해가 질때는 시간에 따라 개선문의 색깔이 바뀌면서 아름다운 개선문의 사진을 찍을 수도 있지만 점심때에는 파란 하늘과 구름이 함께 조화를 이루는 개선문을 볼 수 있다.

처음에 개선문까지 걸어갈 때는 시간가는 줄 모르고 중앙도로에서 개선문 사진을 찍었던 적도 있다. 걸어가다 보면 양 옆의 많은 아름다운 건축물이 있어서, 여유를 가지고 걸어가면 좋다. 상들리제거리에 들어가는 곳에는 인력거같이 탈 수 있는 자전거들이 늘어서 있는데 그걸 타는 것도 색다른 경험이 될 것이다.

상들리제거리는 많은 쇼핑거리들과 음식점들이 늘어서 있다. 상들리제거리에 도착하면 점심을 먹었더라도 배가 고프다. 여기에는 맛나는 먹을거리들이 많이 있다. 거리에는 카페들이 들어서 있어서 파리의 노천카페를 경험할 수 있는 기회도 된다. 세포라 등의 화장품가게들과 루이비통같은 명품이 들어서 있는 상들리제거리는 관광객과 파리시민이 한데 엉켜 정말 사람들이 많아서 소지품의 주의를 해야 한다.

다 구경하면 2시간 정도는 지나갈 것이다. 보통 지금의 코스로 이동하면 개선문을 올라가려고 할 때 4시 정도 지나 있다. 이제 개선문을 올라가는 마지막 이동이다. 개선문은 지하도를 따라 가면 긴 줄이 있으니 거기에서 줄을 서서 이동하면 입장권을 사서 올라가면 된다. 15세이하는 무료였는데 지금은 입장료를 내야 한다.

둥그런 계단을 따라 올라가면 올라갈때는 힘들어도 올라가면 힘들게 올라간 보람이 있다. 뻥 뚫린 계획도로들과 에펠탑을 보면 입장료도 아깝지 않다.

Champs Élysées

샹젤리제

M Charles de Gaulle - Etoile
● 알투알 개선문

● 리도
George V M
● 샹젤리제

M
Kléber

M
Boissière

● 크레이지 호스 공연예술극

● 패션과 의상 박물관
 – 팔레 갤러리아

팔레 드 도쿄
M ● Alma - Marceau
Iéna ● 파리시립현대미술관

M Trocadéro
● 알마다리
● 바토 두

● 트로카데로 광장

● 사이요 궁

● 트로카데로 정원

● 케 브랑리박물관

● 바토 파리지엔
이에나 다리 ●
● 바토부스

카루셀 ●

● 에펠탑

M Saint-Augustin

M Miromesnil

Havre - Caumartin M

M Saint-Philippe-du-Roule

Madeleine
M
● 마들렌 사원

● 올랭피아

● 엘리제 궁전

● 청동 전쟁 기념비와 나폴레오 동상 ●

M concorde

● 주드폼 국립미술관

그랑 팔레 ●   ● 프티 팔레

● 콩코드 광장

● 라 누벨 프랑스 정원

● 오랑주리 미술관   ● 뛸르히 정원

● 알렉상드르 3세 다리

M Invalides

M Assemblée Nationale

● 오르세 미술관

M Solférino

M La Tour-Maubourg

M Varenne

개선문
Triumphal arch

도심의 번잡한 교차로 중앙에 높이 솟아올라 사람들의 눈길을 끄는 아치형 개선문은 파리의 자랑이자 대표적인 랜드마크이다. 약 50m 높이에 달하는 개선문 위에서 내려다본 파리의 모습도 아름답지만 개선문 아래에서도 볼거리는 매우 많다. 개선문은 샹젤리제^{Champs-Élysées} 등 12개의 직선거리가 서로 교차하며 파리의 "별"을 형성하고 있는 샤를 드골^{Charles de Gaulle} 광장에 서 있다.

파리 중심에 있는 번잡한 교차로에 자리 잡고 있기는 하지만 그림처럼 아름다운 샹젤리제를 통해 도보나 차를 이용하여 개선문에 도착할 수 있다. 개선문 주변에는 안전한 거리에서 개선문의 건축 양식과 장식을 감상할 수 있는 보행자 전용 공간도 충분히 마련되어 있다.

개선문 꼭대기에 올라가면 284개에 달하는 계단을 통해 걸어 올라갈 수도 있고 엘리베이터를 이용할 수도 있다. 꼭대기에는 박물관과 기념품 가게가 있고 아래로는 샹젤리제가 내려다보인다. 파리의 여러 건물과 조경물에 불빛이 들어오기 시작하는 초저녁의 주변 거리 풍경은 특히 더 아름답다.

개선문은 4개의 거대한 기둥이 누마루를 받치고 있는 구조를 이루고 있으며, 1919년에는 한 조종사가 비행기를 몰고 통과한 적이 있을 정도로 아치 모양의 공간이 크다. 1920년에 한 무명용사의 시신이 이곳에 매장되었고 1923년에는 제1차 세계대전으로 목숨을 잃은 사람들을 추모하며 영원히 꺼지지 않는 불꽃을 만들어 매일 오후 6시 30분마다 점화하고 있다.

개선문의 간략한 역사와 의미

개선문은 조국을 위해 싸우다 죽은 사람, 특히 나폴레옹 전쟁에서 전사한 사람들을 기리기 위한 기념물이다. 안쪽과 꼭대기에는 여러 전투와 이러한 전투에 참전한 558명의 장군에 대한 자세한 내용이 새겨져 있다. 4개의 기둥 각각은 양각으로 장식되어 있다. 그중 가장 유명한 것은 프랑수아 뤼드Francois Rude의 1792년 의용군의 출발The Departure of the Volunteers of 1792이다. 이 작품에는 자유라는 이름 아래 조국을 지킬 준비가 되어 있는 일반적인 프랑스 국민들의 모습이 묘사되어 있다. 여기에는 애국심이 너무나도 압축적으로 표현되어 있어 프랑스의 국가를 인용하여 '라 마르세예즈La Marseillaise'라고도 부른다.

개선문은 나폴레옹 1세가 1806년 아우스터리츠에서 승리한 기념으로 세운 것이다. 나폴레옹 1세는 군사들에게 "승리의 문을 통해 고국으로 돌아오게 될 것이다"라고 약속했지만 1836년에 개선문이 완공되기 전 세상을 떠났다.
개선문은 파리 우안 16구에 위치해 있다. 개선문은 매일 문을 열지만 구경거리가 가장 많은 날은 바로 7월 14일 프랑스 혁명 기념일이다. 프랑스 혁명 기념일 행진이 샹젤리제를 가득 채우고, 개선문에 거대한 깃발도 게양되므로 멋진 사진도 찍을 수 있다.

🏠 Place de l'Etoile(메트로 1, 2, 6,RER A선 Charles de Gaulle—Etoile역 하차)
€ 13€ (샹젤리제 거리 오른쪽 인도의 지하 도로로진입)
⏲ 4~9월 : 10~23시(10~다음해 3월까지 22시30분 / 폐장 45분 전까지 전망대 입장 가능)
📞 01-55-37-73-77

개선문 관찰하기

앞면(샹젤리제 거리)

❶ 젠마프전투
1792년 12월 6일 벨기에 젠마트에서 오스트리아와의 전투 기념

❷ 아부키르의 전투
1798년 나일강에서 영국군과의 전투 기념

❸ 마르소 장군의 장례식
1795년 북이탈리아 오스트리아 전투에서 승리했지만 독일과의 전쟁에서 전사

❹ 꽃무늬 장식
??????

❺ 장군의 이름
?????

❻ 1810년의 승리
?????

❼ 1792년의 의용병 출진
?????

166

뒷면(그랑드 아르메 거리)

⑧ 아우스터리츠 전투
1805년 12월 2일 나폴레옹은 러시아와 오스트리아 연합군 격퇴한 전투

⑨ 알렉산드리아 점령
1798년 이집트 원정 후 알렉산드리아 점령 기념

⑩ 알코레 다리 도하
1798년 11월 북이탈리아에서 오스트리아군 격파 기념

⑪ 평화
어머니는 아이를 돌보고 군인은
칼집을 잡고 서 있는 모습

⑫ 전쟁
군인은 칼을 들고 전투를
준비하고 있고 사람들은
우왕좌왕하고 있는 모습

라데팡스
La Defense

파리의 정중앙에 개선문이 있고 개선문^{Arc de Triomphe}을 중심으로 남쪽으로 일직선을 그어가면서 따라가면 콩코드 광장^{Place de la Concorde}의 오벨리스크^{Obeliscos}와 만나고 카루젤 개선문^{Arc de Triomphe du Carrousel}, 루브르 박물관^{Le Musée du Louvre}으로 이어진다. 이번에는 개선문에서 북쪽으로 이어지면 신도시 라데팡스^{La Defense}가 있는 신개선문인 그랑 아르셰^{Grande Arche}가 있다.

개선문을 중심으로 일직선으로 남쪽으로 기원전 12세기의 건축물인 오벨리스크와 기원 후 16게기 건축물인 루브르 박물관이 있고, 북쪽으로 기원 후 20세기 건축물인 신 개선문이 이어지면서 과거부터 현재에 이르는 아름다운 파리를 만들어준다. 멀리 화려하게 비추는 에펠 탑^{Tour Eiffel}이 밤하늘에 거대한 레이저 광선을 쏘며 이어주며, 파리의 밤을 수놓는다는 이야기를 파리의 친구가 이야기를 해주었다. 위대하고 아름다운 파리처럼 현실에 실현하는 도시는 없다는 것이다.

루브르 박물관을 처음 방문하는 사람들은 의아하게 생각한다. 왜 고전적인 아름다움을 가

진 루브르 박물관의 입구를 차가운 유리로 된 피라미드 모양으로 만들었을까? 이유는 콩코드 광장 중앙에 있는 오벨리스크 때문이다. 루브르 박물관에서 튈르리 정원을 지나면 콩코드 광장이 나오는데, 이 광장 중앙에 오벨리스크가 서 있다.

기원 전 고대 이집트인들은 피라미드 신전 앞에 반드시 태양의 신인 오벨리스크를 두었는데 이에 착안해 피라미드 형상으로 루브르 박물관 입구를 만들었다. 현대적인 재료인 유리를 사용한 루브르 박물관 입구는 20세기를 대표하는 건축물 중에 하나로 손꼽히게 되었다. 루브르 박물관을 나와 19세기 양식이 그대로 보존되어 있는 파리 시내를 돌아본 여행자에게 파리는 과거의 역사와 미래 문명이 공존하는 도시가 되었다.

라데팡스La Defense는 '국방'이라는 뜻으로 1958년 지역 개발 공공사업단이 미래의 도시 개념으로 개발하기 시작한 지역이다. 지하철역을 나오면 바로 보이는 거대한 그랑 아르쉐Grande Arche는 다른 개선문과 마찬가지로 중간 부분이 크게 뚫려 있고 그 공간에 텐트들이 쳐 있다.

프랑스 혁명 200주년을 기념하는 세련되면서 웅장한 그랑 아르쉐Grande Arche를 만들면서 하늘에는 구름을 형상화해 빈 공간의 둥근 물체를 만들 정도로 신경을 썼다는 것이다. 중앙은 비워져 있지만 양쪽으로 수많은 사무실이 있는 신 개선문을 오르면 멀리 개선문과 샹젤리제 거리를 직선으로 연결된 것을 알 수 있다. 반 원구 모양의 CNIT, 46층의 피아트사 등 세계적인 기업들의 기형학적인 건물들이 자리를 잡았다.

🏠 Place de la Concorde(메트로 1, 8, 12호선 콩코르드 지하철 역 하차)

콩코르드 광장
Place de la Concorde

콩코르드 광장은 파리에서 가장 큰 광장이다. 프랑스의 잔혹했던 공포 정치 시대에 루이 16세와 마리 앙투아네트를 비롯한 1,300명 이상의 사람들이 처형당했던 아이러니한 광장으로 아름다운 광장으로 유명하다. 장식이 인상적인 2개의 분수대와 중앙에 서 있는 거대한 이집트 오벨리스크를 갖춘 매력적인 광장은 사진 촬영 장소로 많은 사랑을 받고 있다.

원래 이곳은 '루이 15세 광장'이라는 이름으로 불렸으며 루이 15세의 기마상이 서 있었다. 하지만 프랑스 혁명으로 인해 동상은 철거되었고 광장 이름은 '혁명 광장Place de la Révolution'으로 바뀌었으며, 혁명 이후로 루이 16세, 마리 앙투아네트, 로베스피에르를 비롯한 1,300명의 사람들이 이곳에서 단두대의 이슬로 사라졌다. 1795년에는 과거의 혼란을 정리하기 위한 노력의 일환으로 광장 이름을 콩코르드 광장으로 새롭게 바꾸었다.

광장 중앙에 서 있는 23m 높이의 이집트 오벨리스크를 찾아볼 수 있다. 오벨리스크 꼭대기의 황금 피라미드를 올려다보면 3,000년 이상의 세월을 간직한 구조물이 상형문자로 꾸며져 있다. 이러한 상형문자는 람세스 2세와 람세스 3세의 재위 시절에 일어났던 사건들을 묘사하고 있다. 장식물은 고대에 도난당한 것으로 알려진 원래의 황금 장식을 대체하기 위해 1998년에 새롭게 추가되었다.

콩코르드 분수
Fontaines de la Concorde

광장의 북쪽 끝과 남쪽 끝에 위치한 2개의 분수대가 있다. 두 분수대 모두 독일 태생의 건축가인 쟈콥 이냐즈 히토르프Jakob Ignaz Hittorff가 설계를 담당했다. 라인 강과 론 강을 나타내는 조각상이 있는 북쪽 분수대는 강을, 지중해와 대서양을 나타내는 조각상이 있는 남쪽 분수대는 바다를 상징한다. 광장 언저리 곳곳에 서 있는 조각상들은 리옹, 보르도와 낭트를 비롯한 프랑스의 대도시를 상징한다.

분수대 주변에 앉아 오가는 행인들을 구경하거나 웅장한 건물들을 배경으로 사진을 찍어 보는 관광객은 어디서나 볼 수 있다. 광장의 가장 매력적인 건축물로는 같은 모양의 호텔 드 크릴런과 호텔 드 라 마린Hôtel de la Marine 등이 있다. 특히 호텔 드 라 마린은 프랑스 해군의 본부이기도 하다. 로얄 거리를 사이에 두고 있는 이 두 건물은 원래 루이 15세가 궁전으로 이용하기 위해 건축을 명했던 것이다.

샹젤리제 거리
Avenue des Champs-Élysées

길이 2km, 넓이 70m의 샹젤리제는 프랑스의 수도를 동쪽에서 서쪽까지 구경할 수 있도록 설계되어 있다. 원래 17세기에 세워진 것으로, 그리스 신들의 천상 쉼터인 엘리시안 필즈Elysian Fields를 따서 이름을 지었다. 파리 최고의 조형적인 장소이자 쇼핑 거리인 샹젤리제 거리Avenue des Champs-Élysées라면 하루나 이틀 시간을 내어 여행해도 아깝지 않다.

대로를 따라 걸으면서 길을 따라 늘어선 디자이너 매장에서 쇼핑도 즐겨보면서 샹젤리제 거리Avenue des Champs-Élysées를 산책하고 위풍당당한 개선문Arc de Triomphe을 보면 외부의 정교한 조각 장식 속에서 역사를 배우게 될 수도 있다.
샹젤리제의 상징인 개선문에 먼저 들러보자. 나폴레옹이 1806년 의뢰해 지었지만 50m 높이의 아치형 건물이 완성되기까지 30년이 걸려 나폴레옹은 생전에 완성된 모습을 보지 못했다. 아치형 건축물은 여러 도로가 지나가는 로터리 중앙에 섬처럼 서 있다. 지하도를 통해 개선문으로 입장이 가능하다. 프랑스 황제의 무용을 기념하는 내용의 조각 장식을 가까이서 살펴보고 꼭대기에 올라가면 멋진 전망도 즐길 수 있다.

173

길을 따라 동쪽으로 걸어가 패션 부티크에서 유명 브랜드의 의류와 보석을 구경해 보는 것도 좋다. 커피를 마시며 사람들이 길을 따라 바쁘게 걸어가는 모습을 여유롭게 바라볼 수도 있고, 맛있는 음식을 찾고 있다면 점심 무렵부터 저녁때까지 음식을 판매하는 여러 레스토랑 중 한 곳에서 맛있는 프랑스 요리나 전통 서양 음식을 맛볼 수 있다.

30분 정도 걸으면 샹젤리제 동쪽 끝에 있는 콩코르드 광장Place de la Concorde에 닿을 수 있다. 그래서 콩코르드 광장에서 샹젤리제 거리로 걸어오는 관광객이 많다. 파리 시민들은 이 긴 대로에 모여 중요한 행사를 기념한다. 새해 전야나 중요한 축구 경기가 있는 날 이곳에서 생기 넘치는 분위기를 만끽할 수 있다.

⌂ Avenue Winston-Churchill, 76008

프티팔레
Musée du Petit Palais

프티팔레에서 걸어가면 고급 레스토랑과 카페, 명품들이 즐비한 샹젤리제 거리가 나온다. 그만큼 프티팔레^{Musée du Petit Palais}는 파리에서 쉽게 볼 수 있는 박물관이지만 실제 방문하는 관광객은 많지 않다. 느껴지는 건물이 예술의 궁전이라고 부르는 프티팔레^{Musée du Petit Palais}이다. 상설 전시실은 르네상스 시대부터 1925년 사이의 회화, 미술품, 조각 작품을 전시하는데 그중 르네상스 전시실인 뒤튀 컬렉션, 18세기 장식 미술을 전시하는 튀르크 컬렉션이 대표적이다.

파리 시가 수집한 근대 미술 전시실에는 밀레를 비롯해 바르비종파의 작품과 들라쿠르아, 쿠르베, 앵그르, 기타 인상파의 작품들이 전시되어 있다. 19세기 말 파리 연극계를 주름 잡았던 전설적인 여배우 사라 베른하르트의 초상화도 이곳에서 볼 수 있다.

그랑팔레
Grand Palais

1900년 만국박람회 때 전시관으로 사용하기 위해 지어진 그랑팔레는 송곳처럼 튀어 나온 지붕이 인상적으로 다가온다. 고전주의적 건축 양식을 기본으로, 내부를 아르누보 스타일로 꾸민 웅장한 건물이다.

지붕을 유리로 만들어 실내에 빛이 풍부하게 들어오도록 설계되었다. 해마다 2~3명 정도의 뛰어난 예술가를 선정해 이들의 작품을 중점적으로 전시하고 다양한 문화행사가 같이 곁들여진다.

Louvre

루브르

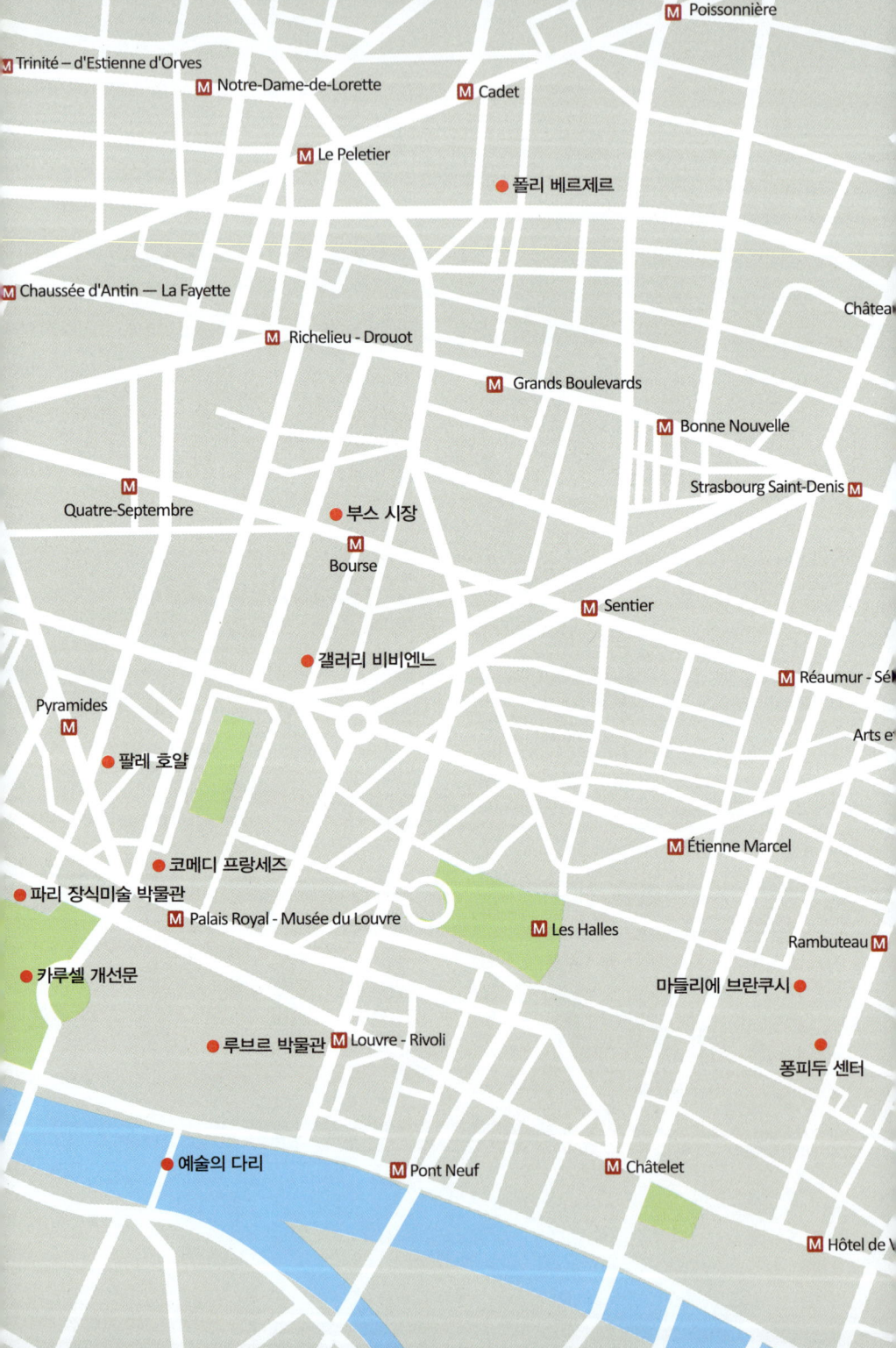

M Poissonnière

M Trinité – d'Estienne d'Orves

M Notre-Dame-de-Lorette

M Cadet

M Le Peletier

● 폴리 베르제르

M Chaussée d'Antin — La Fayette

Château

M Richelieu - Drouot

M Grands Boulevards

M Bonne Nouvelle

Strasbourg Saint-Denis M

M Quatre-Septembre

● 부스 시장

M Bourse

M Sentier

● 갤러리 비비엔느

M Réaumur - Sé

Pyramides
M

Arts e°

● 팔레 호얄

M Étienne Marcel

● 코메디 프랑세즈

● 파리 장식미술 박물관

M Palais Royal - Musée du Louvre

M Les Halles

Rambuteau M

● 카루셀 개선문

마들리에 브란쿠시 ●

● 루브르 박물관

M Louvre - Rivoli

퐁피두 센터 ●

● 예술의 다리

M Pont Neuf

M Châtelet

M Hôtel de V

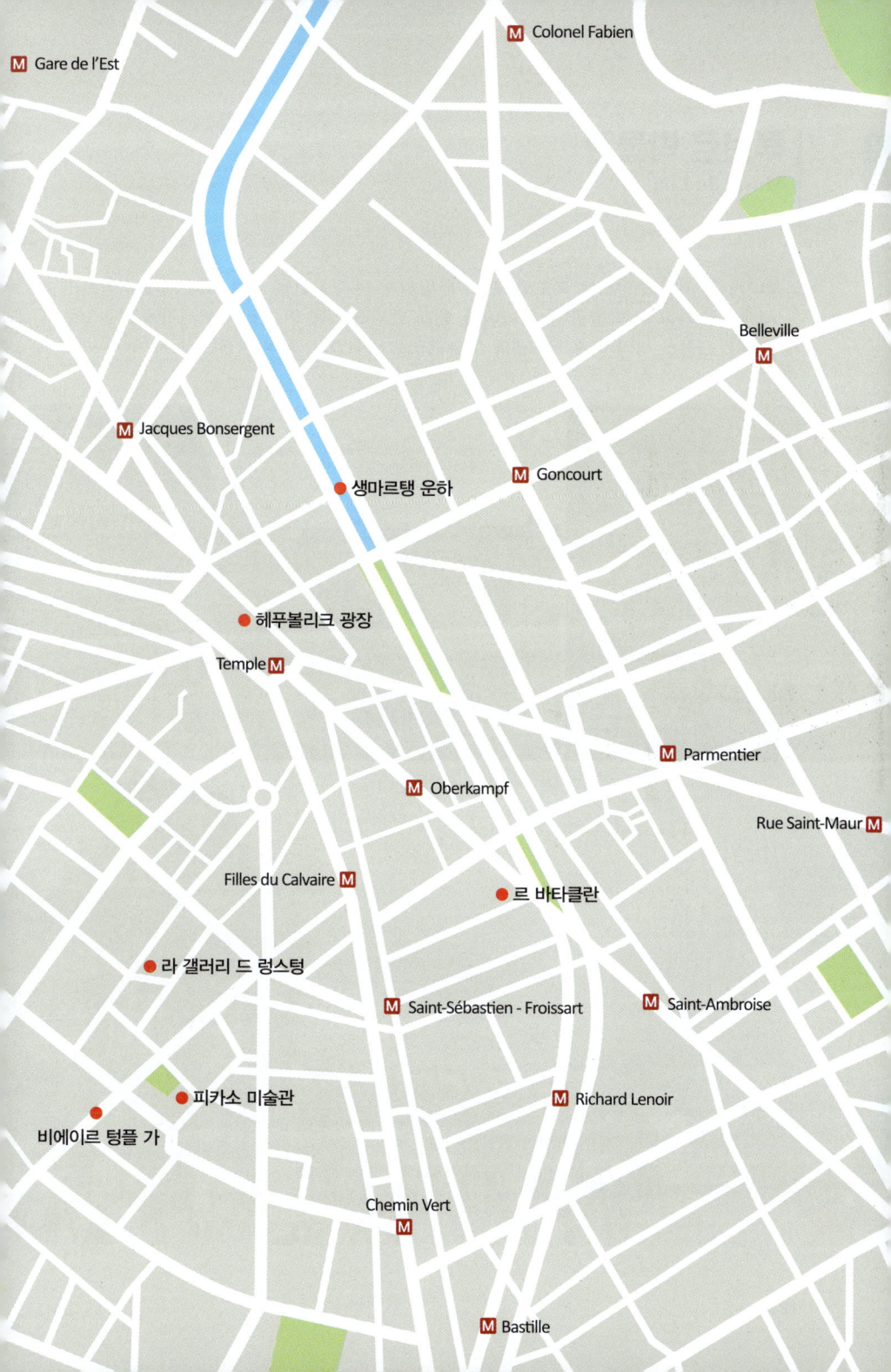

루브르 박물관
Musée du Louvre

엄청나게 긴 거리에 달하는 복도와 6만㎡에 달하는 전시 공간을 갖춘 파리 최대의 박물관은 세계에서 가장 큰 박물관 중 하나이다. 원래 요새가 있던 이 자리에 16세기에 궁전으로 개축했다. 프랑스 혁명 이후 1793년에 미술관으로 바뀌었다. 공식 명칭은 '무제 두 루브르

Musée du Louvre'이지만 파리 사람들은 그냥 "루브르"라고 부른다. 유리 피라미드만 보아도 쉽게 알아볼 수 있는 모나리자의 집, 루브르 박물관은 엄청나게 많은 프랑스와 전 세계의 유명한 작품이 보유하고 있다.

파리에 왔는데 루부르 박물관을 안 보고 간다면 겉만 보고 가는 것과 같다. 루부르는 세계적인 박물관이자 미술관이다. 외관만 봐도 멋지고 정원을 거닐어도 좋지만 너무 광범위한 작품들이 전시되어 있어 사전에 공부를 하고 가는 것이 유익하다.

구성
세계 최고의 박물관은 드농Denon, 슐리Sully, 리슐리Richelieu라는 3개의 관으로 구성되어 있다. 여기에 전시된 그림, 조각품, 장식품, 근동 지역 유물, 이집트 유물, 이슬람 예술품, 판화, 그림, 그리스, 에트루리아, 로마 유물 등을 모두 둘러보면 하루도 부족하다. 기원전 5,000년부터 19세기까지의 작품이 전시되어 있다.

가장 사랑받는 작품
항상 많은 사람들의 사랑을 받는 작품으로는 청동상 사모트라케의 니케Winged Victory of Samothrace, 밀로의 비너스Venus de Milo, 모나리자Mona Lisa 등이 있다. 이 걸작품을 보려면 길게 줄을 서야 할 수도 있지만, 기다리는 동안 구경할 수 있는 여러 가지 예술품이나 사람들도 많

기 때문에 시간이 아깝지는 않을 것이다.

루브르에 전시품이 너무나 많아 어디부터 돌아보아야 할지 망설여질 수도 있지만 미리 조금만 계획을 세우면 더 많은 전시품들을 효율적으로 관람할 수 있다. 우선 보고 싶은 주요 작품을 간단하게 정리해 봐야 한다.

들어가는 입구

루브르 박물관은 파리 중심인 1군에 위치해 있다. 피라미드가 있는 정문, 지하 카루젤 두 루브르Carrousel du Louvre 쇼핑몰과 연결된 입구, 사자문Porte des Lions, 드농관 서쪽 끝 근처 등 3개의 입구가 있다.

가이드 투어

미리 한국인 가이드 투어를 신청하여 설명을 들을 수도 있고, 박물관에 들어간 후에 박물관과 주요 작품에 관한 설명을 들을 수 있는 90분짜리 가이드 투어도 있다. 오디오 가이드를 빌리거나 스마트폰 앱을 구입하여 설명을 들을 수도 있다.

🌐 www.louvre.fr
🏠 **주소_** Musée du Louvre(메트로 1호선 Palais Royal-Musée du Louvre역 하차)
€ **요금_** 17€(온라인 구매 19€는 대기줄 면제/ 오디오 가이드 6€)
🕐 **시간_** 수 9~18시, 금요일은 9~21시 45분(화요일 휴관)
📞 **전화_** 01-40-20-53-17

입장권 구매
입장권은 웹사이트나 프랑스 내 여러 상점에서 구입할 수 있다. 미리 입장권을 구입하면 줄서는 시간을 줄일 수 있다.

루브르 피라미드
Louvre pyramid

나폴레옹 안뜰Cour Napoléon 중앙의 루브르 피라미드를 볼 수 있는 중앙 출입구를 통해서 입장하게 된다. 에펠탑, 퐁피두 센터Pompidou Centre와 마찬가지로 중국계 미국인 건축가 I.M. 페이I.M. Pei의 작품인 루브르 피라미드Louvre Pyramid도 처음에는 지나치게 현대적이라는 비판을 받았다.

역대 프랑스 대통령 중에서 가장 예술에 조예가 깊다고 알려진 1981년 프랑수아 미테랑 대통령이 루브르 박물관을 세계 최고의 박물관으로 만들기 위해 대대적인 프로젝트를 추진하면서 만들어졌다. 미테랑 대통령은 국제 공쿠르 과정을 생략하고 건축가를 직접 선정해 논란도 있었지만 그 자체로 화제가 되었다. 현재, 나폴레옹 뜰의 중앙에 세워진 루브르 피라미드는 파리의 상징이 되었다.

1989년에 완공되었으며 강철과 유리로 지어진 건축물인 루브르 피라미드는 날마다 몰려드는 수천 명 이상의 관람객들에게 더 나은 편의를 제공하기 위해 설계된 새 출입의 일부로 만들어진 것이다. 피라미드는 꼭짓점부터 피라미드까지 높이가 21.64m, 정사각형 바닥면은 35.42m에 이르고 전체를 95ton에 달하는 철근이 지탱하고 사이에는 603개의 마름모와 70개의 삼각유리로 구성되어 있다. 꼭지각이 땅을 향하기 때문에 빗물이 고일 수 있어서 상부에 자연조건을 견딜 수 있는 견고한 유리판으로 덮어서 대비한 것도 유명하다.

루브르 박물관
Musée du Louvre

파리여행에서 빼놓을 수 없는 곳이 루브르박물관이다. 루브르박물관을 다 보기도 힘들지만 핵심만 보기도 쉽지 않으며 설명을 제대로 듣기도 힘들다. 그래서 요즈음은 현지의 투어로 해결을 하기도 하는데 루브르박물관을 제대로 보는 방법과 작품들을 설명해 본다.

순서
드농관 1층 → 16세기 이탈리아 조각 → 시모트라케의 승리의 날개(니케상) 통과 → 드농관 2층 16, 17세기 이탈리아 회화 → 77,75번방 → 드농관나오기 → 리슐리외관 1층 메소포타미아관 (함무라비 법전) → 리슈리외관 3층 17세기 플랑드르 회화 (루벤스, 램브란트)

루브르박물관은 아침 일찍 가야 한다. 특히 성수기때에 조금 늦게 가면 정말 오래동안 기다려 입장해야하기 때문에 제대로 보기 힘들다. 오전 9시에 열리니까 9시가 가장 좋다. 루브르박물관은 지하철 M-1, 7 Palais Royal - Musee du Louvre로 도착하는 것이 가장 좋다. 박물관과 지하철로 연결되는 통로를 따라 가면 사진의 유리피라미드가 보인다.

엑스레이 보안 검사를 지나가야하기 때문에 물건은 다 가방에 넣는 것이 빨리 통과하는 방법이다. 유리 피라미드에서 사진을 찍으시고 왼쪽으로 보면 드농관을 제일 먼저 입장해서 보는 것이 가장 좋다. 물론 입장권은 사서 입장해야 하는데, 18세이하는 무료이니 고등학생까지는 무료로 입장가능하다고 생각하면 된다.

먼저 드농관을 올라가서 1층의 미켈란젤로의 작품이 있는 16세기 이탈리아 조각을 감상하고 시모트라케의 승리의 날개를 거쳐 2층으로 올라가 모나리장 등의 16, 17세기 이탈리아 회화를 감상하자.

77, 75번방에서 나폴레옹 황제 대관식등이 있는 프랑스 회화를 감상하고 비너스를 보고 나오면 된다. 이때 중요한 것은 드농관으로 입장했다면 드농관으로 나와야 한다. 루브르박물관은 ㄷ자 구조이기 때문에 들어간 곳으로 나와야 헤매지 않는다.

사진처럼 드농관은 에스컬레이터를 타고 입장하면 다시 에스컬레이터가 나온다. 이 때 에스컬레이터를 타지말고 오른쪽 옆 계단으로 올라가면 1번방이 나오는데 가로질러서 끝까지 걸어가야 한다.

방 끝의 4개의 계단을 올라가면 휘어져 있는 계단을 올라가 1층의 4번방으로 들어가면 한 손이 머리위로 올라가 있는 미켈란젤로의 '죽어가는 노예'상과 한손은 허리뒤로 있는 '반항하는 노예'상이 보인다.

앞으로 더 직진하면 4번방의 끝, 오른쪽에 '프시케와 큐피드'를 볼 수 있다.

죽어가는 노예

1520년부터 7년간의 작업 끝에 완성한 이 작품은 해부학에 정통해 있던 미켈란젤로가 아름다운 육체미를 느끼게 해주는 작품이다.
죽어가고 있는 노예상을 표현하고 있지만 편안한 표정을 보이는 것은 고단한 현실의 삶을 살아가는 노예에게 죽음은 편안한 안식과 평화를 제공하고 새로운 삶의 세계로 나아가는 의미를 담은 것이다.
이 작품에서 노예는 지상이라는 감옥에서 살아가는 모든 인간들을 의미한다고 한다.

반항하는 노예

죽어가는 노예상 옆에 있는 반항하는 노예상은 교황 율리우스 2세가 영묘를 장식하기 위해 조각한 작품으로 그리스 헬레니즘의 영향을 받아 이상적인 미를 돋보이도록 조각하였으며 두 손은 뒤로 결박당했으나 왼쪽 어깨를 구부려 자신을 묶은 밧줄을 끌어당기는 노예의 모습에서 당시 교회의 억압으로 작업했던 미켈란젤로 자신의 모습을 은유적으로 표현했다고 한다.

카노바의 '프시케와 큐피드'상

카노바는 우리에게는 잘 알려져 있지 않지만 신고전주의를 대표하는 조각가이다. 그리스 신화를 소재로 한 작품으로 프시케는 왕국의 공주로서 미모가 아름다워 질투가 난 아프로디테가 큐피드에게 힘든 사랑에 빠지도록 화살을 쏘려고 한다. 하지만 큐피드는 프시케를 본 순간 사랑에 빠지게 되어 부부가 된다.
큐피드는 그녀를 지키기 위해 어둠속에서만 만날 수 있고 이를 어기면 영원히 헤어질 수 밖에 없다고 하였으나 프시케는 등불을 밝혀 잠자는 큐피드를 보고 만다. 화가 난 큐피드는 그녀를 떠나보내지만 큐피드를 찾아 나선 프시케는 아프로디테의 까다롭고 힘든 사랑을 이기고 마지막 실험으로 지하 세계의 여왕인 페르세포네의 집으로 가서 아름다움이 담긴 상자를 가져오라고 시키게 된다. 상자를 손에 넣었지만 프시케는 상자를 열어보다 죽음에 이르게 된다. 이때 큐피드가 프시케를 구하고 제우스에게 간청하며 프시케와 큐피드는 사랑을 완성하게 되는 이야기를 조각으로 만든 작품이다. 정적이고 조화로운 모습의 정신적인 사랑을 표현하고 있다. 하얀 대리석을 완벽히 조각해 낸 순결함이 빛나는 작품이다.

4번방을 나가면 멀리 계단위의 시모트라케의 승리의 날개인 니케상을 볼 수 있다. 사진처럼 점점 다가가면 많은 사람들로 둘러싸인 멋진 날개를 볼 수 있다. 유명한 '나이키'라는 기업이 승리의 여신인 니케상에서 커다란 날개를 옆에서 보고 형상화했다고 한다.

니케상 앞에서 오른쪽으로 돌아 올라가면 2층의 1, 2번 방이 나온다. 들어가면 왼쪽에 보티첼리의 벽화들이 보일것이다.

시모트라케의 승리의 날개
'니케'상

승리의 여신을 뜻하는 니케상은 그리스 선단의 뱃머리 부분에 장식된 조각품이다. 두 날개를 펴고 하늘을 나는 듯한 자세를 취하고 있는데 배를 조각품이 무겁게 앞머리를 눌러주어 배의 속도를 높이고 그리스의 우수성을 나타내기 위해 만들어졌다고 한다.
기원전 196년 시리와와의 해전을 승리한 것을 기념하기 위해 만들어진 조각품이다. 복원당시 오른쪽 날개밖에 없어 왼쪽부분의 날개는 오른쪽 날개를 본떠 만들었다고 한다. 영어식 발음은 '나이키'여서 유명한 미국 기업 나이키가 날개를 본 뜬 나이키 로고가 나왔다고 한다.

보티첼리의 '소녀에게 선물을 주는 비너스와 삼미신'

비너스는 여인에게 천지창조를 선물하고 있는 이 작품은 프레스코화이다. 오른쪽 밑의 어린 소년은 지상의 존재를 나타내며 비너스 주위에 있는 삼미신은 제우스와 바다의 요정 사이에 태어난 신으로 기쁨과 윤택한 삶, 쾌락과 우아한 미를 상징한다. 보티첼리는 자신이 존경하던 추기경이 이단으로 몰려 처형된 후로는 그리스신화를 주로 그려 신화에 대한 그림이 상대적으로 많이 있는데 이 그림도 그 중에 하나이다.

3번방을 지나 5번방으로 들어가서 쭉 직진하면 왼쪽에 레오나르도 다빈치가 그린 '성안나와 성모자'를 만난다. 그 옆에는 유명한 '암굴의 성모'를 보게 된다. 암굴의 성모는 내셔널 갤러리에도 같은 주제의 다른 그림이 있으니 비교를 하면 재미있을 거 같다.

레오나르도 다빈치의 '성 안나와 성 모자'

작품을 보시면 성모가 그녀의 어머니인 성 안나의 무릎에 앉아, 양을 끌어올리는 아기 예수를 떼어놓으려는 장면을 보게 된다. 아기 예수가 어린 양을 안으려는 것은 다가오는 고난과 수난을 암시하며 그런 예수를 바라보는 성모의 눈에는 애처로운 슬픔이 담겨 있다.
레오나르도 다빈치는 성모와 세례 요한을 응시하는 성 안나의 미소에는 모나리자의 미소와 같은 신비로움이 담겨 있도록 마지막으로 혼신의 심혈을 기울여 그린 작품이다. 대기 원근법과 신비로운 색감으로 처리한 색을 직접 보면서 확인해 보면 좋은 감상이 될것이다. 3명의 인물은 피라미드 구도가 성모와 그의 어머니가 뒤엉켜 있지만 안정감이 느껴져 다빈치의 천재성이 나타나기도 한다.

레오나르도 다빈치의 '암굴의 성모'

런던의 내셔널 갤러리에 있는 암굴의 성모와 같은 이름을 가진 작품이다. 그림은 런던의 내셔널갤러리와 다른 그림이니 비교를 해보기 바란다. 무릎을 먹은 듯한 암굴 속에서 천사의 시중을 받고 있는 청록색의 옷을 입은 성모 마리아가 풀 위에 앉아 있는 아기 예수에게 예수의 사촌 요한을 인사시키는 장면이다.

예수는 두 손가락으로 요한에게 축복을 내리고 있으며 요한은 무릎을 굽히고 두 손을 모으고 경배하며 빨강색 망토를 걸친 천사는 요한을 가리키고 있다. 무성한 식물들에 담겨진 물의 존재는 청정함을 나타내며, 그리스도의 요한의 세례를 암시하고 있다. 특히 이 그림은 목탄을 사용해 윤곽선을 지우는 스푸마토 기법으로 신비스러운 모습을 나타내며, 성모와 아기예수, 세례 요환에서 경건함과 영원한 묵상함을 느끼게 하는 걸작이다.

5번방에서 오른쪽으로 6번방을 들어가면 루브르 박물관에서 꼭 봐야하는 '모나리자'를 볼 수 있다. 모나리자는 여름과 겨울에 한해 사진을 찍도록 허락하기 때문에 정말 많은 사람들에 둘러싸여 있어 보기가 쉽지가 않다. 먼저 중앙으로 가지말고 왼쪽으로 가서 허용하는 위치의 제일 처음선까지 간 다음에 가운데로 옮기면서 작품을 보기 좋다. 혼자보다는 둘이 가서 서로 사진을 찍어주면서 그림을 감상하고 미리 중점적으로 봐야할 지식을 공부하고 봐야 모나리자를 잘 감상할 수 있다. 혼자서 천천히 감상하는 것을 상상했다면 인파를 헤치고 봐야겠다고 생각하고 보기 바란다.

레오나르도 다빈치의 '모나리자'

모나리자의 모나는 귀부인에게 붙이는 존칭이고 리자는 지오콘다 부인의 애칭이다. 그러니까 '리자 여사'라는 의미이다. 모나리자는 구도와 원근법의 측면에서도 수수께끼같은 작품이다. 손가락으로 윤곽을 지워서 마무리하는 스푸마토 기법으로 숭고하고 유혹적이며, 상스러운 냉정한 신비의 미소가 나타난다고 한다.

구도적인 면에서는 배경 처리를 모델을 보는 시점보다 높은 위치에서 내려다 보는 다시점 구도로 처리하고 있다. 공기 원근법을 사용해 계곡 사이의 길과 다리의 푸르스름한 빛에 싸여 모델과 상당한 거리감도 나타내고 있다. 정밀하게 그려진 사실주의 작품인 모나리자는 다빈치가 한 인간을 바라보면서 그 내면의 영혼까지 담고 있는 듯한 작품이다.

1911년 8월 21일, 모나리자가 사라지는 사건도 발생하여 범인을 찾던 중, 피카소까지 범인으로 몰릴 정도로 발칵뒤집혔지만 2년 후에 빈센츠 페루지아라는 이태리사람이 범인으로 판명되었다고 한다. 또한 모나리자의 오른쪽 얼굴에는 다빈치의 얼굴이 있다는 소문이 있다. 좌우의 대칭이 완벽한 모나리자는 다빈치가 거울로 반을 대고 그린 다음에 다시 보고 다시 대칭을 맞추어 그렸다는 소문이 있기도 한 그림이다.

들어왔던 6번방을 지나면 76번방이 나오고 오른쪽에 77번방이 나온다. 큰 그림으로 많은 사람들이 보고 있는 들라크루아의 '민중을 이끄는 자유의 여신'과 옆에 제리코의 '메듀사의 뗏목'을 이어서 비교하면서 감상하는 것이 좋다.

들라크루아의 '민중을 이끄는 자유의 여신'

나폴레옹이 황제에서 축출된 후에 샤를 10세가 복귀해 왕정을 복구시키지만 시민들은 시민후보에게 힘을 주려고 했다. 샤를 10세는 의회를 해산하고 언론의 자유를 금지하자 이에 대항해 시민들은 싸우기 시작한다. 이 사건을 그린 작품으로 3일간 2천명이 넘는 죽음이 있은 후, 샤를 10세는 축출된다. 이를 1830년의 7월 혁명이라고 하는 사건이다. 들라크루아는 감동을 받고 그린 작품이다. 그래서 저희가 광고에서도 봤던 작품이기도 하다.

정부군의 바리케이트를 넘으며 진군하는 시민군의 승리를 묘사하고 있고 커다란 베레를 쓰고 칼을 들고 있는 사람은 시민군을 묘사하고, 삼각형의 모자를 쓰고 있는 사람은 당시 파리의 공대생을 나타내고 있다.

왕실 수비대에게서 빼앗은 권총2자루를 쥐고 있는 소년 뒤로 왕실 수비대가 사격하는 모습을 나타내고 있고 그림 뒤에는 연기에 휩싸여 있는 노트르담 성당을 표현하여 구원을 상징으로 나타내고 있다. 들라크루아는 깃발을 들고 있는 여인의 모습을 통해 자유, 박애, 평등을 표현하고 있다.

제리코의 '메듀사의 뗏목'

1816년 여름, 아프리카 식민지 개척을 위해 프랑스에서 대서양을 통해 세네갈로 향하는 배가 도중에 침몰하면서 일어나는 잔혹한 사건을 소재로 그린 작품이다.

제리코는 25세에 이 작품을 그리기 위해 실제 뗏목을 제작해, 시체 몇 구를 그대로 배치해 그렸다고 전해진다. 이 작품에서 주목할 내용은 본격적으로 태동하는 낭만주의 화풍을 살펴보는 것이다. 그림의 왼쪽에는 거대한 파도의 형상을 표현하고, 오른쪽에는 평온한 수평선을 그리고 있으며, 이는 고난과 희망의 순간을 극적 대비효과로 나타내기 위해 하늘 또한 희망의 빛과 절망을 상징하는 어둠의 빛을 대비시키고 있다.

오른쪽에 다리가 나무사이에 끼어 떠내려가지도 못하고 걸쳐 있는 죽은 사람과 죽은 아들의 시체를 안고 망연자실한 아비의 얼굴에서 삶에 대한 모든 희망을 버리고 미쳐 있는 상황으로, 피문은 도끼는 굶주림 속에 동료를 살해한 상징으로 나타내고 있다.

돛에는 수평선 너머로 보이는 배를 가리키며 희망을 외치고 가운데의 사람은 두 손을 모아 간절한 기도로 희망의 끈을 놓지 않고 있는 장면을 볼 수 있다. 죽음과 절망 속에서 삶의 희망을 찾으려는 인간의 역동성을 그림 전체에서 느낄 수 있다. 하지만 전체적으로 인간에 대한 존중과 휴머니즘, 도덕성도 없는 광기 어린 인간을 그대로 표현한 작품이기도 하다. 들라크루아의 민중을 이끄는 자유의 여신과 구도적으로 비슷해 비교해 보는 맛도 있는 두 작품이다.

76번방을 지나 75번방 입구에는 앵그르의 '그랑 오달리스크'를 볼 수 있습니다.

앵그르의 '그랑 오달리스크'

출품했을 때는 형편없는 소묘실력이라고 엄청난 비난을 받은 오달리스크는 '큰 노예'라는 뜻을 가지고 있다. 해부학적으로 너무나 엉터리같았다. 허리는 심하게 휘어있고 긴 허리를 가지고 있으며 팔도 너무 길었기 때문이다. 한쪽 다리위에 올려진 다른 다리는 너무 어색했다. 발도 오른쪽과 왼쪽을 그린 것이 아니라 왼발만 그린 것같은 데생실력이 나오는 그림이다. 앵그르는 해부학적으로 문제가 있지만 여인의 관능적인 우아함을 나타내기 위해서는 신체의 강조부분을 일부러 볼륨감 있게 표현했다고 한다.

그림은 풍부한 양감으로 빛나는 피부결과 윤곽선이 분명하고 단순한 형태를 보면 대가의 그림이라는 것을 알 수 있다.

커튼과 침대의 주름, 여인이 두르고 있는 터번, 진주로 된 여인의 머리장식, 들고 있는 공작꼬리 부채와 팔찌를 유심히 봐야하는데 그 부분을 보면 정말 자세한 소묘의 모습을 볼 수 있다.

뒤를 돌아서 직진하면 왼편에 큰 그림이 보입니다. 이 그림이 유명한 다비드의 '나폴레옹 황제 대관식'그림입니다.

다비드의 '나폴레옹 황제 대관식'

이 그림은 베르사유 궁전에서도 볼 수 있다. 1804년 12월 2일 노틀담 사원에서 거행된 나폴에옹의 황제 대관식장면을 그린 작품이다. 대관식의 역사화를 의뢰받은 다비드는 준비로 2년여의 시간을 소비하였으며 1년간 작품에 매달렸다고 한다. 가로가 10m가 넘고 세로가 7m가 넘는 아주 큰 그림이다. 그림에서 교황 비오 7세가 나폴레옹에게 왕관을 씌워주려고 하는데 나폴레옹이 왕관을 빼앗아 자신의 부인 조세핀에게 수여하는 장면을 나타내면서 황제에게 왕관을 수여하는 이는 자신만이 가능하다는 것을 나타내 나폴레옹의 위대함을 나타내려는 그림이다.

대관식에 참여한 인물들의 다각적인 얼굴 표정을 나타낸 묘사는 시대를 거슬러 현장에 직접 있는 듯한 사실감을 느낄 수 있다.

교황 비오 7세가 지팡이를 짚고 앉아 침통한 얼굴로 성호를 긋게 표현하여 시큰둥한 교황의 심리도 알 수 있습니다. 교황주위에는 이태리에서 초대받은 성직자들이 있고 나폴레옹 오른쪽에는 성직자와 관료들이 있다.

작품정면에 보이는 별실 같은 곳에 나란히 앉은 3명의 여인은 나폴레옹의 어머니와 가족들로 실제로 대관식에 참석한 모든 인물들이 거짓 없이 나타나 있어 집단 초상화이기도 하며 역사적인 장면을 그린 역사화이기도 하다.

대관식 그림 옆에는 '사비니 여인의 중재'와 맞은 편에는 '레카미에 여인의 초상' 작품을 볼수 있다.

다비드의 '사비니 여인의 중재'

로마 건국의 왕 로물루스가 인구를 늘리려는 계략으로 이웃 사비니의 남자들을 축제에 초대해 놓고 그 사이에 사비니 여인을 납치하는 로마 건국신화와 관련된 그림이다. 계략에 속은 사비니군들이 자신들의 여동생과 딸을 찾기 위해 로마에 쳐들어오지만 그들을 막고 선 이들은 어린아이들을 품에 안은 사비니의 여인들이다.
양쪽 군인들 사이에 선 사비니 여인들이 사비니 군대에 있는 아버지와 오빠를 향해 부부의 연을 맺고 있는 로마 병사와 싸우지 말라고 애원하는 장면을 그린 작품이다. 그림에서 왼쪽은 사비니군사들이고 오른쪽은 커다란 방패를 들고 있는 로마군이다. 방패의 가운데에는 로마라고 씌여 있고 로물루스 형제의 모습도 그려져 있다. 군사들 사이에서 애원하는 여인을 통해 남성의 영웅심 뒤에 숨겨져 있는 여성으로서의 슬픈 운명도 볼 수 있다. 수평선위에 창과 건물을 수직으로 만나게 하여 균형감과 안정감을 가지게 그렸다. 다비드는 프랑스혁명 과정에서 벌어진 동족상잔의 슬픔을 나타내고자 그렸다고 한다.

다비드의 '레카미에 여인의 초상'

다비드가 죽을 때쯤, 화실에서 발견된 미완성작품으로 유명하다. 신고전주의 특징이 아닌 연필자국을 지우지 않고 흔적을 남겨 생동감을 느낄 수 있는 작품이다. 1800년에 23세의 레카미에 부인은 파리 사교계에서 유명한 여인이였는데 수직선과 수평선을 강조하여 그리스풍의 의상과 차림새가 잘 나타나있어 신고전주의 양식의 교과서라고 불리운다.

75번방을 나가면 정면에 니케상이 보이고 양쪽에 있는 계단으로 내려가면 4, 5번방이 나오는데 계속 앞으로 직진하면 밀로의 비너스가 보인다.

밀로의 비너스

인간 중심의 그리스인들은 비너스의 육체에 수학적인 질서의 황금비율을 적용해 실제 인간을 초월한 영원하고 이상적인 미를 보여주고 있다. 비너스의 풍만하고 육감적인 육체의 묘사와 나신을 드러낸 관능적인 묘사는 헬레니즘 조각 전통을 그대로 따르고 있다.

특히 성숙한 하반신에서 흘러내리고 있는 주름잡힌 옷의 묘사는 머리에서 목을 거쳐 가슴과 둔부에 이르는 몸의 중앙선을 지그재그로 비틀고 있는 육체의 묘사와 함께 관능적 아름다움을 그대로 보여주고 있어 밀로의 비너스라는 작자 미상의 이 조각에 열광하고 있는거다.

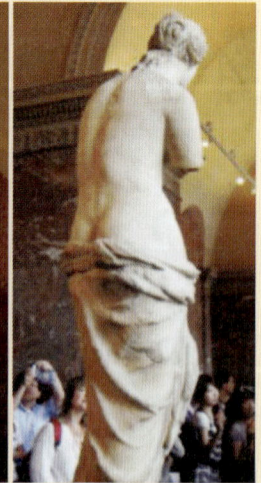

오르세 미술관
Musée d'Orsay

튈트리 정원 아래로 강을 따라 서쪽으로 걷다 보면 강 건너편에 우아하고 아름다운 건축물이 등장한다. 루브르 미술관, 퐁피두 센터와 더불어 파리의 3대 미술관으로 꼽히는 오르세 미술관이다.

이 일대는 1900년 7월 14일 세계 만국 박람회를 기념해 완공한 기차역인데, 파리에서 최초로 전동차가 드나들던 곳으로 유명하다. 이곳에 세워졌던 오르세 궁전이 파리 코뮌 때 불타 없어지자 국립 미술학교의 교수인 빅토르 랄루Victor Laloux가 당시로서는 최첨단 소재였던 강철과 유리를 사용해 주변의 루브르 미술관느 튈트리 정원과 조화를 이루는 아름다운 기차역을 만들었고, 역 옆에 만국 박람회에 참가하는 명사들을 위한 호텔을 세웠다.

화가 데타이는 이 아름다운 건물을 국립 미술학교 건물과 바꾸면 좋겠다고 농담을 했다고 한다. 그런데 지어진 지 90여년이 지난 후 그 말처럼 이 역사는 미술관으로 바뀌게 된다. 장거리 노선이 개발되고 인근의 몽파르나스 역의 역할을 커지면서 입지 조건이나 시설 면에서 장거리 기차역으로서의 역할을 수행할 수 없게 된 이 기차역은 영화 촬영장이나 전시장으로 사용되다가 1977년 지스카르 데스탱 대통령이 이곳을 근현대 미술관으로 활용하겠다고 발표하면서 재건축 작업 끝에 1986년 12월 1일 새로운 미술관으로서의 모습을 선보이게 되었다.

특징

이곳에는 주로 1814~1914년 동안 서양 미술계를 대표했던 작품들이 전시되고 있다. 오르세 미술관의 등장으로 루브르 미술관은 중세와 르네상스 시대 예술품을 주로 전시하게 되었고 죄드폼 미술관은 현대 작가의 특별 전시장으로, 퐁피두센터의 국립 현대미술관은 현대 작가의 작품을 소개하는 공간으로 자리 잡았다. 유명세를 고려하자면 루브르 미술관이 첫 손에 꼽히겠지만 일반인들에게 친숙한 인상파 작품을 주로 전시하는 오르세 미술관은 프랑스는 물론 세계에서 가장 많은 관람객이 다녀가는 미술관이다.

이탈리아 건축가인 아울렌티^{Aulenti}가 설계한 아름다운 정문을 통해 안으로 돌아서면 높은 천장이 눈에 들어오는 데 예전에 플랫폼으로 사용되던 곳은 이제 조각 전시실로 바뀌었다. 작품 수도 많고 친숙한 작품이 많기 때문에 관람 시간을 넉넉하게 잡는 것이 좋다.

전시 작품들은 크게 회화, 조각, 장식 미술품 등으로 구분된다. 로댕, 부르델, 마이욜 등 대표적 조각가는 물론 엑토르 기마르를 포함해 아르누

보 작가의 장식미술도 두루 관람할 수 있지만 역시 오르세를 대표하는 것은 화사한 구상 회화, 자연 조명을 최대한 활용한 전시실이기 때문에 원화의 아름다움을 그대로 감상할 수 있는 것이 큰 장점이다.

관람하는 방법

작품은 그라운드층 - 2층 - 1층의 순서로 연대별로 배치되어 있으니 그라운드 층을 본 후 2층으로 올라가 인상파 그림을 본 후 1층으로 내려와 나머지 작품을 관람하는 것이 좋다. 시간이 부족해 인상파의 대표작만 보고 싶다면 2층을 둘러보는 것이 좋다.
그라운드 층의 한가운데 부분은 옛날에 철도가 지나던 곳으로, 지금은 1840~1875년 사이 에 제작된 조각 작품이 전시되어 있다. 그 양 옆으로 1870년대 전후로 활약한 앵그르, 들라 크루아, 드가, 마네 등의 작품이 있다. 2층의 인상파 전시실은 연대별로 번호가 붙어 있어 관람하기 편하나.

전시 작품

제 1 전시실의 대표적 작품은 뭐니 뭐니 해도 아름다운 소녀가 물동이를 들고 있는 '샘', 앵 그로Ingres의 대표작인 이 그림은 무려 36년간에 걸쳐 그린 것이라고 한다. 섬세하고 부드러 운 곡선과 자연스럽고 은근한 빛의 처리가 완벽한 아름다움을 전해준다. 조각 같은 몸매의 소녀를 밝게 그리고 배경은 어둡게 처리해서 고전적인 바로크 양식을 느낄 수 있다. 그 옆 전시실에는 앵그로와 동시대에 활동했던 들라크루아의 작품이 걸려 있는데, 루브르에 소 장된 '민중을 이끄는 자유의 여신'처럼 역동적이고 강렬한 느낌을 주는 것이 많다. 복도를 가로질러 제 4전시실에 가면 오노레 도미에Honore Daumier의 그림을 만나게 된다.

동시대 다른 화가들이 꿈속에서나 볼 수 있는 아름다움을 그렸다면 그는 피와 살이 있는 사람, 살아 움직이는 사람들의 모습을 코믹하고 사실적으로 표현했다. 당시 프랑스 국회의 원을 묘사한 작은 조각상은 진흙을 대충 만져 놓은 듯하지만 가만히 살펴보면 진지하고 엄숙하고 신경질적인 다양한 표정이 압권이다.

제 5전시실의 주인공은 평화롭지만 생활의 무게가 느껴지는 농가의 그림으로 많은 사랑을 받은 밀레^{Jean Francoise Millet}라 할 수 있다. 이곳에서는 바르비종파를 대표하는 밀레의 평범하고 소박하지만 건강한 농민들의 생활과 애환을 맛볼 수 있다. 해질 무렵 들판에서 일하던 부부가 기도를 올리는 모습을 그린 '만종'은 시간과 공간을 초월해 수많은 사람들의 가슴을 울렸다. 고된 노동 끝에 겸손한 모습으로 기도를 드리는 이 부부의 모습은 당시 프랑스 농촌의 미덕이자 상징이었다. 밀레의 또 다른 대표작으로는 '이삭줍기'를 빼놓을 수 없다. 추수가 끝난 가을 들판에서 아낙네들이 허리를 구부리고 떨어진 이삭을 줍고 있는 이 그림을 당시 힘든 농촌 생활을 있는 그대로 그린 '민중 회화'라고 보는 의견도 있다.

제 14전시실은 마네의 대표작을 선보이는 공간이다. 벌거벗은 젊은 여인이 비스듬히 누워있고, 그 옆에서 흑인 하녀가 꽃다발을 전해주는 모습을 그린 '올랭피아'는 살롱 전 출품 당시 부도덕하다는 이유로 많은 비난을 받은 작품이었다.

그림에 관심이 많은 사람이라면 이 작품이 이탈리아 피렌체의 우피치 미술관에 걸린 티치아노의 '우르비노의 비너스'와 비슷한 느낌을 준다는 사실을 알아차릴 수 있을 것이다. 여신도 요정도 아닌 파리의 고급 매춘부가 벌거벗고도 이렇게 당당한 자태를 취했다는 것이 당시 부르주아 층의 심기를 건드리는 바람에 문제가 된 것인데, 그런 일화 때문에 더욱 유명해져서 많은 관람객들의 방문을 받으며 당당하게 걸려 있다.

마네의 또 다른 대표작은 '피리 부는 소년'이다. 검은 색과 붉은 색 옷을 입고 있는 이 소년 그림 역

시 살롱 전에서 거부당한 경력이 있다. '올랭피아'가 도발적이고 풍자적이어서 문제가 된 데 비해 이 그림은 서양 회화의 가장 중요한 요소인 원근법을 무시해다는 점에서 논란거리가 되있다.

대부분 풍경에 관심을 부였던 인상파 동료들과 달리 오귀스트 르누아르^{August Renoir}는 아름답고 행복한 여성들의 모습을 즐겨 그렸다. '물랭 드라 갈라트의 무도회', '클로드 모네의 초상' 등 르누아르의 대표작을 걸어놓은 전시실에서는 화사하고 생기 넘치는 분위기를 충분히 맛볼 수 있다.

오르세 미술관에서 가장 많은 사람들의 발길이 이어지는 전시실은 빈센트 반 고흐를 만날 수 있는 35전시실과 40전시실이다. 시대를 앞서 갔던 이 불행한 천재가 자신의 마지막을 보냈던 오베르 쉬르 와이즈 시기의 대표작들이 이곳에 전시되어 있다. '화가의 초상'은 그가 세상을 떠나기 직전에 그린 것으로 강렬하면서도 비관적인 분위기가 짙게 풍긴다. 평화로운 작은 마을 언덕에 자리 잡은 유서 깊은 성당을 그린 '오베르 쉬르 와이즈 성당', 남프랑스의 따뜻한 햇살이 가득 스며들어 있으면서 왠지 모를 쓸쓸한 분위기가 느껴지는 '반고흐의 방' 등도 빼놓아서는 안 될 명작들이다.

그 외에도 개성적인 정물화로 후대에 큰 영향을 준 세잔^{Cezanne}, 포스터에 가까운 필체로 환락가의 눈물과 한숨, 노래와 춤을 그렸던 툴루즈 로트레크^{Toulouse Lautrec}, 유화와 수채뿐 아니라 파스텔화에도 능했던 드가^{Degas}의 발레리나 연작 그밖에 루소^{Henry Rousseau}, 고갱^{Paul Gauguin}의 대표작이 연이어 등장한다.

인상파 화가들이 그림을 실컷 감상한 후 1층으로 내려오면 조각과 장식미술 작품이 펼쳐진다. 빠듯한 시간 때문에 조각미술관을 찾지 못하는 사람들의 아쉬움을 달래주기에 충분한 작품들이 전시되는데 오귀스트 로댕^{Auguste Rodin}의 '지옥의 문', 로댕의 연인으로 알려지는 바람에 오히려 빼어난 재능이 가려지고 말았던 카미유 클로델의 '중년', 부르델^{Antoine Bourdelle}의 '활을 쏘는 헤라클레스', 마이욜^{Aristide Maillol}의 '지중해' 등 수많은 걸작을 감상할 수 있다.

'미드나잇 인 파리'로

파리 이해 하기

미드나잇 인 파리는 대한민국에서 상당한 인기를 얻은 영화이다. 그래서 더욱 파리에서 관련한 장소와 당시 시대를 알아볼 필요가 있다. 이네즈와 주인공, 길에게 안내를 해주는 이네즈의 친구의 애인인 폴이라는 현학적인 남자가 파리 곳곳의 미술 관련 장소들을 안내하지만 길은 관심이 없다.

길에게는 1920년대가 황금시대로 보인다. 하지만 이네즈는 폴이 친절하게 설명까지 해주는데 왜 시큰둥하냐며 바가지만 긁어대고 결국 길은 점점 진절머리를 느껴 약혼녀와 따로 행동하기까지 한다.

어느 날 밤, 길은 춤을 추러 가자는 이네즈와 폴의 제안을 거절하고, 술에 취해 호텔로 걸어가던 중에 길을 잃었다. 어딘지 모를 계단에 앉아 쉬던 중 자정을 알리는 종소리가 울리고, 길은 자신을 초대하는 옛 푸조 차량을 탄다. 그렇게 주인공, 길은 1920년대로 들어온다. 그들을 따라 어니스트 헤밍웨이를 만나고 길은 자신이 쓰던 소설을 보여주기로 한다. 다시 1920년대로 온 길은 거트루드 스타인을 만나고 자신의 소설을 보여주고 파블로 피카소와 그의 연인인 아드리아나를 만난다. 헤밍웨이도 아드리아나에게 꽂힌 상태였다. 결국 길도 아드리아나에게 반하게 된다

아방가르드(Avant-Garde) 시대

제 1차 세계대전이 끝나고 이성을 따라 합리적으로 세상이 이루어질 수 있다고 믿던 것들이 전쟁으로 인해 사람들은 위기를 느꼈다. 유럽의 진보적인 예술가들과 작가들은 혁신으로 합리적 세계관을 표현하려고 했다.

문화의 1번지였던 파리는 작가나 화가, 음악가들은 전쟁을 극복하고 예술의 중심지로 파리를 선택해 서로 문화를 만들어갔다. 헤밍웨이, 스콧 피츠제럴드, 피카소, 살바도르 달리 등은 파리에서 서로 의견을 주고받으면서 1920년대의 황금시대를 만들어냈다.

미드나잇 인 파리(Midnight in Paris) 중반 이후

마침 아드리아나는 헤밍웨이와 사이가 깨지고 돌아왔고, 만나서 키스를 하는데 갑자기 두 사람의 눈앞에 벨 에포크 Belle Époque 시대의 마차가 멈춘다. 아드리아나는 길처럼 과거를, 정확히는 벨 에포크 Belle Époque 시대를 늘 동경했고 그 마차는 1920년대로 길을 초대했던 것과 마찬가지로 아드리아나가 동경하던 1890년대로 가는 것이었다.

1890년대로 간 길과 아드리아나는 앙리 툴루즈 로트렉, 에드가 드가와 폴 고갱이라는 그 시대의 예술가들을 만난다. 그 시대에 머물길 원하는 아드리아나를 본 길은 자신이 동경하는 황금시대가 사실은 현재에 대한 거부에서 나온 것임을 깨닫는다.

벨 에포크(Belle Époque) 시대

프랑스어로 '좋은 시대'라는 의미이다. 프랑스의 정치적 격동기가 끝난 후부터 1914년 1차 세계대전이 시작되기 전까지의 19세기 말~20세기 초의 기간을 말한다. 산업혁명을 거쳐 프랑스 파리에 풍요가 깃들고 예술과 문화가 번창하면서 평화가 지속된 시기이다.

풍요롭고 화려한 벨 에포크 시대에 프랑스 혁명 100주년을 기념하고자 열린 1889년 파리 만국박람회는 이 시기의 대표적인 이벤트이다. 만국 박람회 때 세워진 에펠탑이나 1900년 파리 만국박람회를 기념해 건설된 알렉상드르 3세 다리 등이 벨 에포크 시기의 대표적인 건축물이다.

대표적인 문화예술 작품으로는 클로드 모네 · 오귀스트 르누아르 등 인상주의 화가들의 그림, 에밀 졸라 · 마르셀 프루스트의 소설 등이 있다. 이 시기의 패션 · 건축 · 미술 등에서는 호화로운 장식을 특징으로 하는 아르 누보 양식을 엿볼 수 있다.

오랑주리 미술관
Muse'e de l'Orangerie

프랑스 파리에 있는 오랑주리 미술관은 콩코드 광장 근처의 튈트리 정원에 위치하고 있는데, 인상파 작품부터 후기 인상주의 작품이 전시되어 있는 미술관이다. 오랑주리Orangerie는 프랑스어로 오렌지 나무를 뜻하는 단어로 1852년 나폴레옹 3세의 명령으로 왕실에 오렌지 나무가 재배되던 온실로 만들어졌다가 제 1차 세계대전 이후에 모네가 수련 작품을 기증하면서 지금의 공간으로 개조되었다.

특징
우리가 미술 교과서에서 보았던 인상주의 작품들을 감상하고 싶다면 추천하는 미술관 중 하나이다. 예술품 수집가인 진 월터&폴 구일라우메Jean Walter&Paul Guillaume가 평생 동안 수집했던 예술품들이 전시되어 있다. 파리의 번잡한 일상과 동떨어진 동화 같은 공간을 소재로 그린 그림들이어서 편안한 교외로 나가 아름다운 여행을 다녀온 느낌을 받게 된다.

세잔, 르누아르, 아메데오 모딜리아니, 카임 수틴의 147개의 인상주의, 후기 인상주의 작품들이 전시되어 있는데, 특히 모네의 유명한 작품인 '수련' 벽화로 유명하여 전시장 안의 중심에 앉아 천천히 전시장을 둘러보며 '수련' 작품을 감상하면서 모네의 작품 세계를 느낄 수 있다.

모네의 '수련'연작이 1층에 전시되어 수련 작품을 보기위해서 찾는 관광객도 상당히 많다고 전해진다. 인상주의 작품들이 전시되어 있는 오르세 미술관보다 규모가 작지만 '수련' 연작과 오랑주리만이 가진 인상주의 작품들이 전시되어 차별성이 있다. 19~20세기 초까지 인상주의 작품들의 흐름을 볼 수 있기도 하다.

전시 작품

제1차 세계대전 이후 클로드 모네^{Claude Monet}로부터 기증받은 8개의 '수련^{Water Lilies}' 회화 작품들을 오랑주리 미술관 내 2개의 대형 타원형 전시실에서 볼 수 있다. 작품은 높이 2m, 넓이 91m로 전시실에서 실제 수련을 보듯이 풍경을 감상하는 느낌을 받게 된다.

모네가 주택을 구입해 노년에 살았던 동네인 지베르니의 연못을 보는 듯하다. 8개의 작품이 모두 같은 연못을 그렸지만 분위기는 조금씩 다르다. 말년의 모네는 계절, 일출, 일몰 등에 따라 변하는 연못의 모습을 보면서 수련 작품에 상당한 공을 들여 자신만의 회화 기법으로 수련 작품을 완성시켰다.

제1차 세계대전이 끝나면서 '수련' 그림을 본격적으로 그리기 시작한 모네는 자신을 둘러싼 많은 사람들이 전쟁으로 죽거나 다치면서 영원한 햇빛에 관심이 많았다. 검은 그림자와 수면에 비치는 잠잠한 하늘에서 평화와 평온함을 느끼며 자신만의 철학적인 느낌을 그림에 녹여냈다.

모네는 특히 원근법은 사용하지 않고 잔잔한 연못의 물결, 꽃, 하늘, 나무에 생동감을 불어넣으면서 자연의 영원한 감정을 사랑했다. 그래서 캔버스에 색칠을 하고 다른 색을 겹쳐 발라가면서 입체감을 느끼게 그려냈다. 마치 자연과 사회가 다른 파장을 일으키면서 사건과 사고가 만들어지는 파장을 수련을 통해 만들어냈던 것 같다.

야수파인 앙리 마티스^{Henri Matisse}는 인간의 욕망이 내면에 숨겨진 순수성을 찾고자 했다. 인상주의 아버지인 마네는 오르세 미술관에 전시되어 있는 '올랭피아'로 유명세를 타기 시작했고 20세기의 예술가들에게 감명을 준 화가이다. 앙리 마티스 역시 마네 작품에 영향을 받았던 것이 작품에서 드러난다.

오귀스트 르누아르^{August Renoir}는 여성 인물화를 그렸던 화가로 대표작품은 누가 뭐라고 해도 '피아노를 연주하는 소녀들'이다. 르누아르에게 흰색 드레스는 여성의 아름다움을 상징적으로 드러내는 중요한 요소여서 흰 드레스를 입은 여성을 많이 그렸다. 부드러우면서 섬세한 터치로 드러나는 2명의 소녀들의 백미를 표현하였다.

작품명 : 모네의 수련

파리에 오래 머문다면

찾아가 보면 좋은 미술관

마르모땅 모네 미술관(Museum Marmottan Monet)

파리 16구 라넬라그 정원Jardin du Ranelagh 맞은편에 위치한 마르모땅 모네 미술관Musée Marmottan Monet은 오르세 미술관Musée d'Orsay, 오랑주리 미술관Musée de l'Orangerie과 함께 파리에서 손꼽히는 인상주의 미술관이다.

미술관이 들어선 나폴레옹 시대풍의 고전적인 저택은 본래 크리스토프 에드몽드 켈레르만, 발미 공작Christophe Edmond Kellermann이 불로뉴 숲에서 사냥을 즐기고 쉬어가는 별장이었다고 한다.

간략한 모네 미술관 역사

1882년, 변호사, 시장, 사업가이자 고명한 예술품 수집가였던 쥘르 마르모땅^{Jules Marmottan}이 발미 공작의 저택을 구입하였고 이후 역사학자, 예술평론가이자 아버지를 뒤잇는 예술품 수집가였던 그의 아들 폴 마르모땅^{Paul Marmottan}이 저택을 물려받았다. 마르모땅 부자는 르네 상스와 나폴레옹 시대의 미술작품을 다수 소장하였는데, 1932년, 폴 마르모땅이 생을 마감 하며 자신의 컬렉션과 저택을 모두 프랑스 미술 학회 보자르 아카데미^{Académie des Beaux-Arts}에 기증하였고, 1934년에 마르모땅 미술관이 만들어졌다.

마르모땅 미술관은 개관 후 많은 인사들의 기증을 통해 다수의 인상주의 컬렉션을 보유하 게 되었다. 그 중에는 프랑스의 대표적인 인상주의 화가 클로드 모네^{Claude Monet}의 아들 미 셸 모네도 있었는데, 그는 1996년 지베르니^{Giverny}에 위치한 모네의 생가를 비롯해 80개가 넘는 작품을 보자르 아카데미에 기증하였다. 이후에 세계에서 모네의 작품을 가장 많이 보 유하게 된 마르모땅 미술관은 현재의 명칭인 '마르모땅 모네 미술관^{Musée Marmottan Monet}'으로 바뀌었다. 현재, 마르모땅 모네 미술관에서는 클로드 모네의 명작인 일출, 인상 외에도 르 누아르, 마네, 드가, 시슬레, 피사로 등 많은 인상주의 화가들의 작품을 만나볼 수 있다.

피카소 미술관(Museum Picasso)

최고의 예술가이자 천재로 추앙받는 피카소의 작품이 가장 많이 소장된 미술관이다. 스페인 남부 말라가에서 태어난 피카소는 젊은 시절 파리로 옮겨와 파리에서 작품 활동을 하며 20세기를 대표하는 거장이 되었다. 초현실주의와 입체파의 선구자로 그가 현대 미술계에 끼친 영향은 그야말로 막대하다. 피카소가 사망한 후 가족들은 엄청난 유산상속세를 내는 대신 피카소 작품을 국가에 기증했고 그 결과 이 미술관이 문을 열게 된 것이다.

이 건물은 1656년에 지어진 것으로, 원래 이름인 살레 저택인 것에서 알 수 있듯이 소금세를 관리하던 관리들이 머물던 곳이었다. 우아한 외관의 유명 조각가들이 담당한 실내장식만으로도 충분히 볼만한 가치가 있다. 18세기에 들어 소유주가 여러 번 바뀌었고 혁명 직후에는 도서관으로 사용되었다. 프랑스를 대표하는 문인 발자크가 이곳에서 작품을 집필하기도 했다. 1962년 파리 시 당국이 이 저택을 매입해 상설 미술관으로 개관할 목표를 세웠고 1985년 피카소 미술관이라는 이름으로 문을 연이래 많은 사랑을 받고 있다.

특징

이 미술관에는 피카소의 회화 250여 점과 조각 160여 점, 콜라주와 부조 200여 점, 스케치 1,200여점 등이 전시되어 있어서 피카소의 생애별 작품 세계를 한눈에 볼 수 있다. 청년기인 '청년 시대'부터 말년의 입체파 작품에 이르기까지 시대별로 작품이 전시되어 있으므로 초보자라도 그의 광범위한 예술 세계를 접할 수 있다. 이곳의 소장품 중에는 한국 전쟁 당

시 미군의 양민 학살을 고발한 '한국에서의 전쟁'이라는 작품도 있었지만 전시되어 있지는 않다.

피카소는 작품의 모델과 사랑에 빠졌던 것으로도 유명하다. 이곳에서 피카소와 함께 했던 여인들의 모습을 그림을 통해 볼 수 있다. 그 외에도 코로, 쿠르베, 마티스, 드렝 등 피카소가 직접 수집한 다양한 회화 컬렉션과 피카소의 모습이 담긴 사진, 편지, 원고 등이 전시되어 있다. 지하

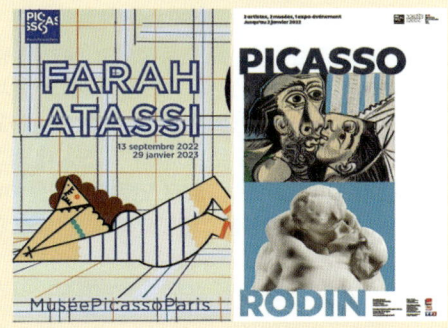

를 포함해 모두 6층이지만 상설 전시는 주로 지하층, 1층, 2층에서 열린다. 먼저 2층으로 올라가 내려오면서 작품을 관람하는 것이 편리하다.

전시 작품

첫 번째 전시실에는 피카소가 작품 활동을 시작한 1895년부터 파리와 바르셀로나를 오가던 1903년까지의 작품이 전시되어 있다. 자살로 생을 마감한 화가이자 친구였던 카사제마스의 옆모습을 그린 '카사제마스의 죽음'은 환하게 불이 켜진 촛불과 대비되면서 더욱 슬픈 느낌을 주는 청색시대의 대표작이다. 그 옆 전시실에는 파리에 완전히 정착한 1904년부터 그린 그림들이 전시되어 있다.

몽마르트로 언덕 주변에서 살면서 많은 시민, 작가, 화가들과의 교류를 시작하며 그림에도 따뜻한 붉은 빛이 등장하게 된다. '핑크시대'라고 불리는 이 무렵을 대표하는 작품은 '자화상', 이다. 각을 연상시키는 구도로 과장해 그린 눈과 목, 어깨와 가슴 등이 미국적인 분위기를 띤다.

5전시실은 피카소의 회화 작품을 모아둔 곳인데 그가 생전에 존경했던 르누아르, 세잔, 루소는 물론 친구이자 동료였던 마티스, 브라크, 드렝 등의 작품이 전시되어 있다. 대표작인 작품으로는 모딜리아니의 '갈색 옷을 입은 젊은 여인의 좌상'이 있는데 꿈꾸는 듯한 눈동자와 긴 목이 피카소의 초기작과 연결되는 느낌을 주어서 관심을 끈다.

회화에 종이를 오려 붙이는 방법을 도입한 브라크의 '기타'는 다양한 소재가 겹쳐져서 입

체감을 드러내 더욱 흥미롭다. 마티스는 피카소의 평생 친구이면서 경쟁자로 1900년대 미술계를 주도해갔던 화가인데 두 사람은 서로의 작품을 열광적으로 수집한 것으로도 유명하다. 피카소가 보유한 마티스의 대표작은 '오렌지가 있는 정물'이다.

피카소의 대표작으로 널리 알려진 '해변을 달리는 여인들'은 작은 크기에도 불구하고 대작을 보는 듯 역동적이고 생기가 넘치는 작품이다. 이 그림은 나중에 발레 공연장의 커튼 디자인으로 사용되기도 했다. 당시 피카소는 '올가'라는 여성과의 결혼을 기점으로 보헤미안적인 생활을 정리하고 안락하고 안정된 생활을 누릴 때로, 추상성에서 탈피해 구체적 인물화를 주로 그려 '고전시대'라고 불린다. 그밖에도 피카소에게 예술적 영감을 준 마리 테레즈를 모델로 만든 '책 읽는 여인'과 '마리 테레즈의 초상', '소가 투우사를 들이받는 극적인 장면을 그린 '코리다', 점토로 만든 조각 작품인 '염소' 등이 있다.

로댕 미술관(Museum Rodin)

앵발리드 동쪽의 작은 골목 안에 사교계의 중심지 역할을 하며 '파리에서 가장 아름다운 저택'으로 사랑받은 저택이 있다. 1788년까지 보룽 공작의 소유였던 이 우아한 저택은 대혁명을 거쳐 제정 시대에 이르러서는 러시아 대사관저로 사용되기도 했다.

1904년부터 이사도라 덩컨, 앙리 마티스, 라이너 마리아 릴케 등 당대 최고 예술가의 창작 공간으로 사용되었는데 그중에는 위대한 조각가인 로댕도 포함된다. 로댕은 이곳에서 자신의 걸작을 제작했고 1911년 프랑스 정부는 이 집을 매입하여 로댕이 세상을 떠날 때까지 이곳에서 작품 활동을 할 수 있도록 지원했다. 그가 사망한 지 2년 후에 이 저택은 로댕 미술관으로 변신했다.

직은 작품은 전시실에, 대작은 정원에 전시되어 있다. 봄이면 장미 정원에서 풍기는 향긋한 꽃냄새가 지나가는 사람들을 불러들인다. 이곳에 전시되어 있는 500여점의 작품은 로댕이 국가에 헌납한 것으로 '생각하는 사람', '지옥의 문', '칼레의 시민', '입맞춤' 등의 대표작을 비롯해 그의 연인이자 제자였던 카미유 클로델의 작품, 모네와 빈센트 반 고흐 등 로댕이 수집한 다른 화가의 작품도 만날 수 있다. 테라스 카페에서는 아름다운 정원을 바라보며 차 한 잔을 마시면서 잠시 쉬어가도 좋다.

Lotre Dame

노트르담

● 코나크 제 박물관

● 카나발레 박물관　Ⓜ Chemin Vert

Ⓜ Richard Lenoir

Ⓜ Saint-Paul　　● 보쥬 광장

● 바스티유 광장
Bastille Ⓜ

● 오페라 바스티유

Ⓜ Ledru-Rollin

Ⓜ Quai de La Rapée

박물관

파리 식물원

Austerlitz Ⓜ

Ⓜ

Bercy
Ⓜ

● 완더러스트

● 파레 옴니스포츠

Ⓜ Saint-Marcel

Ⓜ Quai de La Gare

파리 4구
(4th Arrondissement)

노트르담 대성당이 있는 시테섬으로 대변되는 4구^{4th Arrondissement}는 파리의 중세 중심지이다. 4구의 자유로운 분위기는 파리 중심의 중세의 모습과 대비를 이룬다. 고개를 돌리면 볼 수 있는 거리의 교회, 오래된 주택, 박물관들에서 역사를 발견할 수 있다. 역사적으로 중요한 이 중심지는 '르 마레^{Le Marais}'로 알려져 있다. 이 지역을 산책하면 세계에서 가장 상징적인 건물들을 보면서 기억에 남는 시간을 보낼 수 있다.

시청 근처에는 동성애 문화가 담긴 바, 레스토랑, 상점들이 있다. 이 지역은 애정을 담아 '게이 파리^{Gay Paris}'라고 부른다. 저녁에 이성애자 또는 성소수자 디스코 파티에 참가하여 자유로운 분위기를 알 수 있다.

4구의 관람 포인트는 세계적으로 유명한 노트르담 대성당^{Cathédrale Notre Dame de Paris}으로, 12세기에 건축이 시작되었다. 넓은 광장에서 가까이 다가가면서 매혹적인 고딕 양식의 외관을 감상하고, 지하실을 자세히 살펴보면 강가 쪽에서 로마 시대의 주춧돌도 볼 수 있다.
또 다른 건축학적 보석은 화려한 장식과 하얀색 석조 외관으로 아름다운 파리 시청^{Hôtel de Ville}이다. 동일한 이름의 지하철역을 통해 바스티유^{La Bastille}도 방문할 수 있다. 역사적으로 중요한 요새이자 교도소 건물의 석조 잔해를 살펴보자.

파리의 현대 예술을 감상하고 싶다면 조지 퐁피두 센터^{Centre Georges Pompidou}를 방문하면 된다. 독특하고 흥미로운 건물로, 기계 공학적인 관과 사다리가 있는 건설 현장을 연상시킨다. 박물관 외부의 생기 넘치는 광장에 있는 카페에서 휴식을 취해 보자. 우아한 스트라빈스키 분수^{Stravinsky Fountain} 주변에서 거리 공연과 문화 행사가 열리고 있을 것이다.

쾌적한 보쥬 광장^{Place des Vosges}의 정원도 웅장한 분수와 잘 다듬어진 울타리가 있어 휴식하기 좋은 곳이다. 파리에서 가장 오래된 계획 광장 중 하나로, 역사가 1605년까지 거슬러 올라간다.

직사각형의 지역은 세느 강^{Seine River}과 시테 섬^{Île de la Cité}을 포함하는 도심에 있다. 지하철을 타고 생폴^{Saint-Paul} 또는 퐁 마리^{Pont Marie} 역에서 내리면 이곳의 중심에 닿을 수 있다. 지하철 1, 4, 7, 11호선이 이 지역을 통과한다.

노트르담 대성당
Cathédrale Notre-Dame de Paris

노트르담 대성당^{Cathédrale Notre-Dame de Paris}은 '일드라시테^{Île de la Cité}'라고 불리는 자연 섬 위에 자리 잡고 있다. 이곳은 파리에서 프랑스 다른 지역까지의 거리를 측정할 때 기준이 되는 파리의 중심점이기도 하다. 지금은 안타깝게 화재로 복구 중이지만 노트르담 대성당의 외부는 프랑스 고딕 양식 건축의 기념비적인 작품으로, 내부는 종교와 예술을 사랑하는 사람들의 평화로운 숭배지로 꾸며져 있다.

노트르담 대성당^{Cathédrale Notre-Dame de Paris}은 1163년에 공사가 시작되어 14세기 중반이 되어서야 완공되었을 만큼 엄청난 노력의 산물이다. 대규모 복원 프로젝트가 1845년에 시작되어 20년 동안 계속되었다. 빅토르 위고^{Victor Hugo}의 고전 소실인 노트르담의 꼽추를 통해 세계적으로 유명해진 노트르담 탑은 역사적으로 중요한 보물이다.

대성당을 제대로 보려면 대성당 광장 쪽으로 가는 것이 좋다. 이곳에서 성당을 바라보면 정교한 종교적 장식이 새겨진 3개의 출입구가 있으며 웅장한 분위기를 풍기는 대성당의 서쪽 면을 볼 수 있다. 남쪽의 요한 23세 광장과 대성당 동쪽 면에서는 거대한 플라잉 버트레스^{flying buttress}의 모습이 가장 잘 보인다. 세느강^{Seine River} 역시 대성당의 모습을 감상하기에 아주 좋은 장소이며 파리 보트 투어에 참여하면 바로 이 옆을 지나갈 수 있다.

🌐 www.notredamedeparis.fr
🏠 6 Place du Parvis Notre-Dame (메트로 4호선 Cité역 하차)
€ 무료(성유물관 10~12€)
🕐 8~18시 45분(주말 8~19시 15분)
📞 01-55-42-50-10

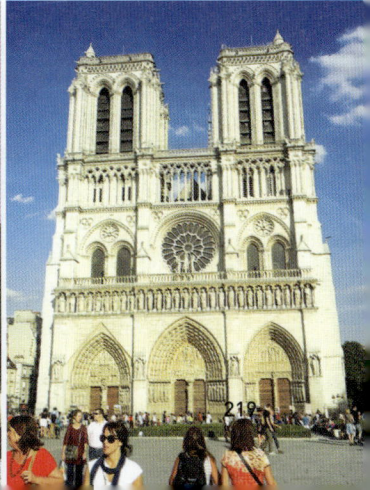

노트르담 대성당

노트르담의 꼽추라는 프랑스 뮤지컬을 본 적이 있다. 빅토르 위고라는 작가가 쓴 유명한 소설을 토대로 만든 뮤지컬이다. 주인공 '카지모도'가 문지기로 일하던 곳이 바로 노트르담 대성당Cathédrale Notre-Dame de Paris이다.

오랜 시간 동안 꾸준히 만든 성당

노트르담 대성당Cathédrale Notre-Dame de Paris은 전체 길이가 130m, 탑의 높이는 69m나 되는 큰 건물이다. 그런데 이렇게 큰 건물이 무려 700년도 더 전에 만들어졌다는 사실이 대단하다. 파리의 대주교 모리스 드 쉴리라는 사람이 건축 계획을 세워 1240년에 완공했다. 그 뒤로도 건물을 보수하고 늘리는

작업이 계속되었고 지금의 모습을 갖춘 것은 1700년대 초였다. 프랑스 혁명 때는 크게 부서지기도 했지만, 1800년대에 다시 보수하였다.

내부

성당 서관의 위층에서 괴물 석상과 13톤이 넘는 에마뉘엘 종mmanuel bell과 13세기에 제작된 북쪽 창을 비롯한 세 개의 오래된 스테인드글라스 창과 인상적인 그랜드 오르간이 있다. 성당의 아래쪽에도 흥미진진한 세상이 펼쳐져 있다. 노트르담 아래쪽으로 79m를 내려가면 으스스한 고대 지하실이 있다. 여기에는 로마 시대 파리를 가리키는 이름인 뤼테스Lutèce의 유물 등 대단히 흥미로운 갈로로만Gallo-Roman 시대의 유물이 있다.

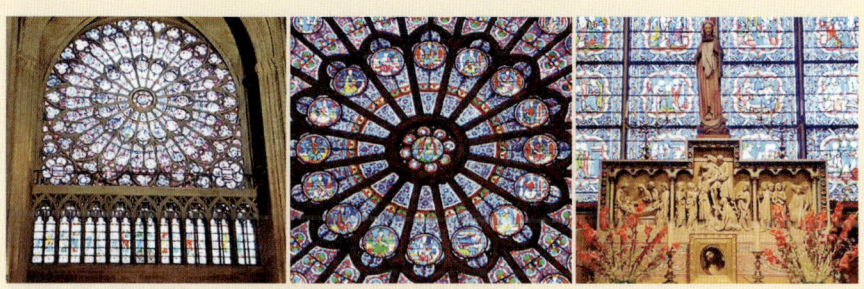

나폴레옹의 대관식을 치른 성당

여러 가지 색깔로 칠한 꽃 모양의 둥근 창문을 장미창이라고 한다. 노트르담 대성당은 아름다운 장미창으로 유명하다. 북쪽 정면에 있는 큰 장미창은 대성당을 처음 지을 때 만든 것으로, 길이가 무려 10m나 된다. 그 밖의 장미창들은 그 뒤에 만든 것으로, 크리스트교 역사의 유명한 장면들을 표현하고 있다.

우리에게 잘 알려진 나폴레옹은 원래 시민들이 나라의 주인인 프랑스 공화국의 장군이었다. 그러다 전쟁 영웅이 되어 스스로를 황제라 부르고, 프랑스를 황제가 다스리는 나라로 바꾸었다. 나폴레옹이 황제가 되는 대관식을 치른 곳도 바로 노트르담 대성당이었다.

첨탑 전망대

422개의 계단을 올라가야 하는 전망대는 힘들게 올라가야 해서 싫기도 하지만 여름에는 땀범벅이 된다. 올라가면 괴물 얼굴을 한 노트르담의 곱추의 배경이 되기도 했다고 전해지는 얼굴이 보인다. 건축가 비올레르뒤크의 재능이 20년간 지속된 지원에 되살아났지만 지난번 화재에 역사속으로 사라졌다. 다시 찾아올 전망대의 모습을 기대한다.

노트르담 대성당 생생하게 관찰하기

종탑
8개의 종이 있는 양쪽의 탑에는 지름 261cm, 13만 톤^{ton}의 대형 종이 2개 있어서 균형을 맞추고 있다.

중앙 서쪽 장미창
지금 9.6m의 정면 장미창은 1225년에부터 제작되었다.

장미창 밑의 천사와 성모 마리아
아기 예수를 안고 있는 성모 마리아가 천사들에게 경배를 받는 장면을 묘사했다.

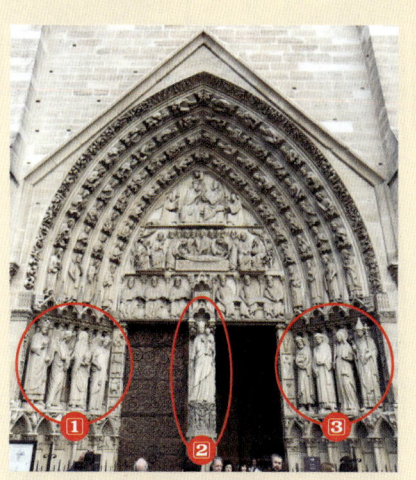

정문 3개의 화려한 조각상들
① 왼쪽 문 | 성모 마리아의 문
② 중앙 | 최후 심판의 문
③ 오른쪽 문 | 성 안나의 문

왕의 회랑
아기 예수가 태어나기 전, 28명의 유대 왕의 조각

223

첨탑
96m의 첨탑은 최초에 5개의 종이 달린
종탑이었지만 19세기에 개축되면서 4복
음서를 상징하기 위해 12사도의 조각으로
채웠다.

버팀벽
지붕과 탑을 지탱하기 위해 만든 외부의
버팀벽은 더 높게 더 넓게 개축할 수 있
었다.

버팀벽 안의 스테인드글라스 ▶

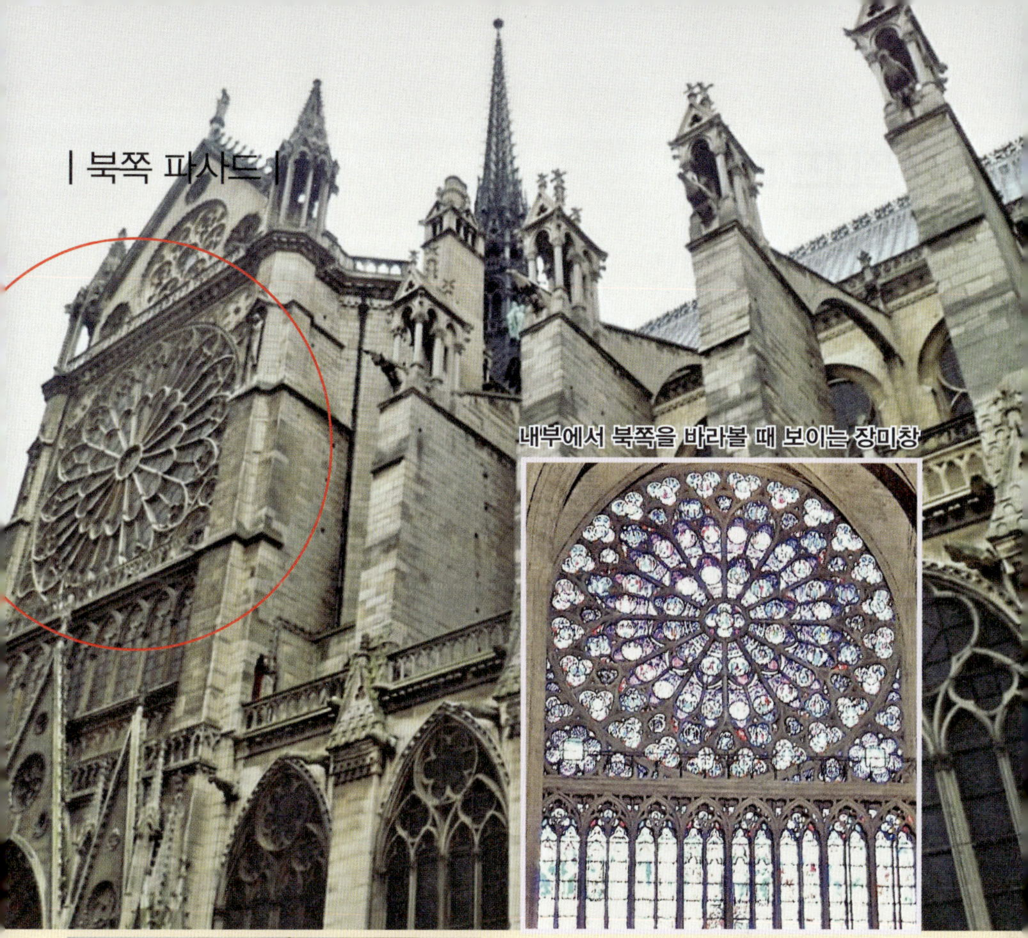

| 북쪽 파사드 |

내부에서 북쪽을 바라볼 때 보이는 장미창

◀2019년 4월의 화재 사진

내부 안내도 ▼

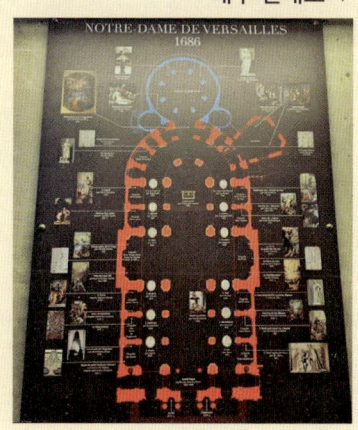

퐁네프 다리
Pont Neuf

퐁네프 다리Pont Neuf는 파리 도심의 센 강 위를 가로지르고 있으며 노트르담 대성당이 서 있는 시테 섬으로 이어져 있다. 퐁네프는 프랑스어로 '새 다리'를 의미하지만 실제로는 매우 오래된 다리이다. 퐁네프 다리Pont Neuf의 건축 공사는 앙리 3세의 명에 따라 1578년에 착수되었지만 막상 다리가 공개된 시기는 앙리 4세의 재위 기간이었던 1607년이다. 높이가 232m, 너비가 22m에 달하는 퐁네프 다리Pont Neuf는 인도를 갖춘 파리 최초의 다리였다.

파리에서 가장 오랜 역사를 자랑하는 매력적인 흰색 돌다리 위에서 산책을 즐겨보자. 4백 년이 넘도록 파리에서 가장 유명하고 아름다운 다리 중 하나인 퐁네프 다리Pont Neuf는 도시의 상징물로 사랑받고 있다. 다리에는 관광객과 산책을 즐기는 현지인들의 발길이 끊이지 않는다.

다리 위를 산책하며 루브르 박물관, 튈르리 궁전과 옛 사마리텐La Samaritaine 백화점의 탁 트인 전망을 즐길 수 있고, 다리와 시테 섬이 만나는 지점에 도착한 후에는 앙리 4세의 청동 기마상을 찾을 수 있다. 이 기마상은 프랑스 혁명 당시에 철거되었던 기존의 조각상의 모습을 재현해 놓은 것이다. 베르갈랑 광장Square du Vert-Galant이라 불리는 도심의 작은 공원에 들러 휴식이나 피크닉을 즐겨보는 것도 좋다.

퐁네프의 가장 아름다운 전망을 즐기고 싶다면?

난간에 걸린 연인들의 자물쇠로 유명한 예술의 다리인 퐁데자르 인도교로 향해 보자. 이 다리는 루브르 박물관 근처에 위치해 있다. 이 다리에서 12개의 아치로 이루어진 퐁네프의 환상적인 자태를 볼 수 있다. 따로 놓여 있는 두 경간을 살펴보면 하나는 시테 섬 왼쪽 기슭과 연결되어 있으며 나머지 하나는 시테 섬에서 센 강 오른쪽 기슭으로 이어져 있다.

부조물

아치에는 기괴한 형상과 괴물 석상으로 이루어진 다수의 부조물이 새겨져 있다. 혹자는 이러한 형상들이 강의 신들을 나타낸다고 주장하는 한편 어떤 이들은 다리 위를 자주 서성대던 일반 사람들을 우스꽝스럽게 묘사한 것이라고도 말한다.

괴물 석상을 자세히 살펴보고 싶다면 센 강을 따라 이동하는 유람선 위에 올라 아치 아래를 통과해 볼 수 있다.

시테 섬
Île de la Cité

파리 안에 있는 두 개의 섬 중 하나인 시테 섬은 프랑스에서 역사적으로 가장 의미가 있으며 빼어난 아름다움을 자랑한다. 작은 배 모양의 시테 섬Île de la Cité에서 세계적으로 유명한 고딕 건축 양식과 스테인드글라스를 감상할 수 있다. 작은 배들이 도시에서 가장 오래된 다리 밑을 지나가는 모습과 마리 앙투아네트Marie Antoinette가 처형되기 전까지 감금되어 있던 위협적인 모습의 궁전도 볼 수 있다.

섬의 유일한 역까지 지하철을 타고 갔다가 육지랑 연결된 섬 왼쪽 끝의 퐁네프 다리를 건너 보는 것도 좋다. 1607년 앙리 4세 때 개통한 하얀색의 석조 다리는 아름다운 단순함이 특징이며 아래로 유유히 흘러가는 강물을 바라볼 수 있다. 다리 위의 청동 기마상은 프랑스 혁명 동안 도난 및 파손 당한 동상을 복제하여 만든 것이다.

동쪽으로 조금만 걸어가면 프랑스 대법원이 있는 최고재판소Palais de Justice가 있다. 강을 따라 길게 늘어서 있는 망루와 탑은 정치범 수용소로 사용되었다. 1793~1795년 사이 라 콩시에르제리La Conciergerie에 감금되어 있던 2,600명 이상이 단두대에서 처형되었다.

궁전 부지에 있는 아름다운 건물은 생 샤펠 성당Sainte-Chapelle이다. 13세기 중반에 완공된 이곳에는 아름다운 스테인드글라스 작품이 있다. 맑은 날 안으로 들어가서 빨간색과 파란색의 유리로 빛이 통과하면서 나타나는 기독교의 탄생부터 십자가 수난까지의 이야기가 담긴 작품을 감상할 수 있다.

성당의 훌륭한 디자인과 함께 최고의 관람 포인트는 섬 동쪽 끝에 있는 노트르담 대성당 Notre-Dame Cathedral이다. 1163년과 1345년 사이에 지어진 대성당은 고딕 건축양식으로 유명하다. 서쪽 외관에 있는 여러 왕들의 동상 그리고 93m 높이의 중앙 첨탑을 구경하고 미사를 진행하는 모습도 추천한다.

예술의 다리
Ponde Jare

파리 심장부에 위치한 아름다운 예술의 다리를 향해 산책하며 웅장한 프랑스 학사원^{Institut} de France과 에펠탑을 바라보거나 세느 강의 풍경을 감상하며 여유를 즐길 수 있다. 벤치에 앉아 거리 공연을 즐기거나 연인과 함께 피크닉과 와인을 즐기며 낭만적인 파리의 저녁노을을 감상하는 시민들도 많다.

원래의 예술의 다리는 1800년대 초반에 건축된 파리 최초의 철교였다. 하지만 제1, 2차 세계대전의 공습으로 인해 심한 피해를 입고 나서 1979년에 바지선과 충돌하여 거의 붕괴되다시피 했다. 다행히 몇 년 후에 다리가 다시 복원되었으며 9개의 철제 아치는 새로운 7개의 아치로 바뀌었다. 루브르 박물관에서 강 맞은편의 프랑스 학사원까지 넓은 인도교를 건너 걸어갈 경우 10분 정도가 소요되는 짧은 다리이다.

나무데크를 따라 산책하며 유유히 흐르는 센 강을 내려다보면서 강 위를 천천히 가르는 유람선을 구경하거나 혼잡한 도시 경관 속에서 가장 좋아하는 랜드마크를 찾는 것도 좋다. 프랑스 학사원의 커다란 돔 지붕과 서쪽에 우뚝 솟은 에펠탑은 쉽게 눈에 띈다. 강 양 옆으로 늘어선 가판대에서 기념품을 구입하거나 예술가들의 활기 넘치는 공연도 구경거리이다.

날이 저물고 인적이 뜸해지면 근처 카페에서 와인을 곁들인 코스 요리를 즐기며 강의 다채로운 빛깔과 거리 예술가의 바이올린 연주를 즐기며 휴식을 취하며 하루를 마무리하는 것도 좋을 것이다.

자물쇠의 운명

몇 년 간 연인들이 영원한 사랑의 징표로 다리 난간에 자물쇠를 매달아 놓기도 했다. 하지만 20마리의 코끼리에 버금가는 추가적인 중량에 우려를 느낀 시정부에서는 철제 난간을 유리 난간으로 교체했다. 이제 자물쇠를 매달 수는 없지만 대신 연인과 함께 낭만적인 장소를 찾아 함께 셀카를 찍어보는 것도 나쁘지 않다.

🌐 www.paris.fr
🏠 Place de l'Hôtel de Ville(메트로 1, 11호선 Hôtel de Ville 하차)
📞 01-42-76-40-40

파리 시청
Hôtel de Ville

건축적으로 경이로운 시청은 파리의 풍부한 역사를 간직하고 있다. 파리 시청 외벽을 둘러보며 정교한 조각상과 어둡고 웅장한 시계탑을 구경해 보자. 시청 안으로 들어가 화려한 샹들리에 아래를 거닐어 보면 천장의 아름다운 그림과 프랑스 유명 화가들의 작품을 볼 수 있다.

원래 16세기 프랑수아 1세King Francois I의 명으로 건축된 파리 시청은 1871년의 파리 코뮌으로 인해 상당 부분이 파괴되었다. 건축가 테오도르 발뤼Theodore Ballu와 에두아르 뒤펠트Edouard Deperthes는 몇 년 후에 이 건축물을 예전의 찬란한 모습을 복원해 내었으며 신 르네상스 양식으로 장식했다. 지금은 시의회 건물과 현지 전시회를 위한 공간으로 사용되고 있다.

시청 앞의 광장에 서서 길게 늘어선 정면을 살펴보면 크림색 외벽을 따라 아치형 입구들 위로 사각의 창문들이 나란히 나 있다. 좀 더 가까이 다가가 파리의 역사적인 유명 인사들을 묘사한 108개의 석상들을 구경해 보자. 그 위로는 검은색의 상징적인 시계탑이 솟아 있고, 시계 주변에 배치된 여러 개의 여성상은 센 강과 파리 시를 상징한다.

시청 안에서 넓은 계단을 따라 위로 올라가면 연회장이 나온다. 베르사유 궁전에 있는 거울의 전당을 재현한 연회장에는 커다란 크리스털 샹들리에가 걸려 있다. 연중 내내 열리는 정기 전시회에서는 프랑스와 세계 각지의 미술품과 만날 수 있다.

시청 광장 활용
겨울에는 시청 정면의 광장에서 아이스링크를 이용할 수 있으며 여름에는 인공 해변에서 일광욕, 발리볼과 축구를 즐길 수 있다.

퐁피두 국립현대미술관
Centre National d'Art et de Culture Georges-Pompidou

전 세계의 작품이 모여 있는 조르주 퐁피두 박물관은 세계에서 2번째로 큰 현대 예술관이다. 파리 4군에 위치한 퐁피두 국립현대미술관(MOMA)에는 1905년부터 현재까지의 60,000점 넘는 예술품이 소장되어 있다. 야수파, 입체파, 초현실주의, 추상표현주의 등 미술 사조를 대표하는 현대 작품이 한데 모여 있는 유럽 최고의 미술관이다.

보부르 광장Beaubourg Square의 흥미로운 건축물인 퐁피두 센터Pompidou Centre 안에 있어 한층 더 많은 사람들이 찾는다. 이 유명한 광장에서는 마임, 음악 등의 무료 공연이 종종 벌어진다. 렌조 피아노Renzo Piano와 리차드 로저스Richard Rodgers가 설계한 퐁피두 센터Pompidou Centre는 역사적으로 유명한 루브르의 석조 외관과 달리 강철과 유리로 만들어진 포스트모던 양식의 건축물이다. 1977년 처음 문을 열었을 때에는 많은 비판을 받았다. 파리 사람들은 퐁피두 센터Pompidou Centre의 "안과 밖이 뒤바뀐" 외관을 마음에 들어 하지 않았다. 건물 내부의 공간을 확보하기 위해 에스컬레이터 등의 시설이나 수도관, 에어컨 등은 모두 건물 외관에 설치한 뒤 각기 색을 칠했다. 오늘날 퐁피두 센터Pompidou Centre는 새로운 것을 수용하는 문화 중심지 파리의 상징이 되었다.

🌐 www.centrepompidou.fr
🏠 Place Georges Pompidou(메트로 4, 11호선 Chäte-Les-Halles 역 하차)
🕐 11〜21시(목요일 23시까지 / 화요일, 5/1일 휴무) / 브랑쿠시 아틀리에 14〜18시(도서관 12〜22시)
€ 11〜15€(도서관 무료 / 전망대 3€ / 매달 첫째 일요일 무료) 📞 01-44-78-12-33

퐁피두 센터Pompidou Centre 1층부터 3층까지는 도서관이고 4층과 5층은 국립현대미술관이 운영되고 있다. 마티스, 달리, 미로, 칸딘스키, 피카소, 폴락 등 1905년부터 1965년까지의 근대 작품은 5층에 전시되어 있으며, 4층에는 60년대 중반부터 현재까지의 현대 작품이 있다. 1년에 30회 정도 진행되는 임시 전시회가 박물관 전체 일정의 주된 부분이다. 오직 850여 점 정도만 계속 전시되며 6개월마다 교체된다.

계속 전시되는 작품으로는 피카소의 작품 65점이 있으며, 이 작품들을 통해 국립현대미술관이 파리에 있는 국립피카소박물관과 어깨를 나란히 할 수 있다. 전설적인 사진작가 맨 레이Man Ray의 밀착 인화와 사진 원판이 대규모로 소장되어 있으며, 이전에 발표되지 않은 맨 레이의 작품도 포함되어 있다.

퐁피두 센터Pompidou Centre에는 어린이 전용 전시 공간뿐만 아니라 공공 도서관, IRCAM(음향/음악 연구 센터), 극장, 공연장이 마련되어 있고, 6층에서는 파노라마처럼 펼쳐진 파리의 모습을 감상할 수 있다.

퐁피두센터(Muse'e National d'Art Moderne)

퐁피두센터는 미술, 음악, 영화 등 현대 예술에 조예가 깊었던 퐁피두 대통령의 제안으로 만든 초현대식 건물이다. 세계적인 건축가인 리처드 로저스와 렌조 피아노가 설계한 이 건물이 1977년 모습을 드러내기 전까지 파리의 중심인 포럼 데 알과 마레 지구 사이에 위치한 보부르 지역은 그저 센 강변의 작은 동네에 지나지 않았다. 우아하고 고색창연한 파리의 고전적인 건축물 사이로 짓다 만 공장 같은 건물이 모습을 드러내자 파리 시민들은 놀라움을 넘어서 충격을 받을 정도였다.

이 건물은 문화부장관을 역임한 앙드레 말로가 주창한 '문화의 집'에 그 기원을 두고 있지만, 규모나 현대 예술에 대한 신뢰, 국제적인 위상, 건축 등 거의 모든 분야에서 '문화의 집' 구상을 훨씬 뛰어넘는다.
1층 한쪽 구석에는 일반 개봉관에서 접하기 힘든 세계 각국의 영화가 상영되고 도서관에서는 남녀노소 누구나 다양한 인종의 사람들이 독서를 할 수 있다. 지금까지 서로 분리되어 있던 조형 예술, 독서, 디자인과 음악 등의 예술 활동을 연계시킬 수 있는 '총체적 문화 공간'이 되도록 극장, 전시장, 서점, 영사실과 컨퍼런스 룸, 미술관 전망대, 식당 등을 골고루 갖추고 있다.

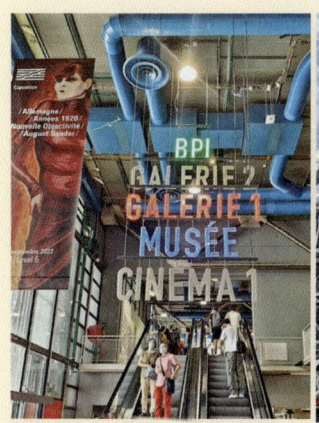

특징

퐁피두센터가 유명한 것은 건물 자체의 특별한 매력 때문이기도 하다. 한마디로 '안과 밖이 바뀐' 모습을 하고 있기 때문이다. 엘리베이터와 에스컬레이터는 물론 가능한 한 눈에 보이지 않게 감추는 수도관, 가스관, 환기 관과 대들보가 모두 바깥으로 드러나 있다. 멀리서 보면 마치 고철더미 같기도 하고 공장처럼 보이기도 한다. 안과 밖은 명확하게 구분되어야 한다는 기존 건축의 상식을 파괴한 이 건물은 20세기 현대 건축을 대표하는 빼놓을 수 없는 사례로 꼽힌다. 방문객이나 관광객의 70%는 건물 자체를 보기 위해 찾기도 할 정도이다.

미술관 뒤로 돌아가면 바깥으로 노출된 파이프에 알록달록한 색이 칠해져 있다. 이는 미적인 측면을 고려한 것은 물론 기능상 구분이 가능하도록 해놓은 것이다. 노란색은 승강기를, 녹색은 수도관을, 푸른색은 환기구를 의미한다. 에스컬레이터의 경사면은 붉은색으로 칠해져 있다. 건물 안에 자리 잡아야 할 것들이 모두 밖으로 드러나게 설계한 덕분에 퐁피두센터 내의 전시 공간은 다른 미술관보다 더 넓다. 그 진가를 확인하려면 건물 안으로 들어가 보아야 한다. 시선을 가로막는 기둥이나 배관이 없기 때문에 대작이 많은 현대 미술 전시에는 더할 나위 없이 적절한 공간이다.

이렇게 넉넉한 면적이지만 관람객이 폭증하고 수장품과 기능이 확대되면서 협소하다는 지적이 나왔고 2001년 1월 1일까지 2년간 개조 공사가 계속되었다. 그 덕에 창고에서 잠자고 있던 퐁피두센터의 현대 미술품들이 빛을 보게 되었다. 루브르 미술관이 고대, 중세, 르네상스 미술품으로 유명하고 오르세 미술관이 인상파 작품으로 유명하다면 이곳은 가장 최근의 작품이 전시된다.

퐁피두센터가 다른 미술관과 구분되는 점은 뛰어난 기획력과 문화 행정이다. 이곳 현대미술관에서 전시가 열리면 그 기간 동안 도서관 한쪽 구석에 위치한 컨퍼런스 룸에서는 관련 전문가들을 초청해 강연회를 열고 영사실에는 관련 영화를 상영한다. 또 직접 작가의 도록을 발간하고 다양한 매체로 홍보를 해준다.

전시 작품

퐁피두센터에서 가장 유명한 국립현대미술관^{Musèe National d'art Moderne}은 4~5층을 차지하고 있다. 칸딘스키의 작품 200여점, 마티스 작품 250여점, 피카소 작품 150여점을 비롯해 루오, 샤갈, 브라크, 브랑쿠시, 레제, 만 레이 등의 작품 45,000여점을 보유하고 있다. 특히 이곳에는 피카소가 발레 메르퀴어^{Merkure}를 위해 1924년에 제작한 대형 극장 커튼도 전시되고 있다.

이외에도 퐁피두센터는 외부로부터 많은 작품들을 선사받았다. 초현실주의 작가 앙드레 브레통의 작품들도 영구 임대형식으로 이곳에 전시 중이고 한 개인이 소장하고 있던 막스 에른스트의 작품 40여 점도 기증되었다. 4층에서는 좀 더 혁명적인 미술 작품과 현대 미술의 총아로 떠오르고 있는 사진 작품들이 전시된다.

퐁피두센터 본관을 뒤로 하고 오른쪽으로 돌아가면 '아틀리에 브랑쿠시'가 자리잡고 있다. 이 특별 전시실은 1876년 루마니아에서 태어나 1904년 프랑스로 건너온 이래 죽을 때까지 파리에 머물며 20세기를 대표하는 조각가로 인정받은 브랑쿠시의 작업실을 원래 모습 그대로 복원해 놓았다. 그가 작업하는 모습을 담은 사진과 작업에 사용하던 도구들이 함께 전시되는데 전시실 안으로는 들어갈 수 없고 투명한 유리로 만들어진 벽을 통해 복도에서 안쪽을 들여다보는 식으로 관람하게 된다. 이 아틀리에도 렌조 피아노가 설계하였다.

237

Eiffel Tower

에펠탑

과학박물관

오랑주리 미술관

레지옹 도뇌르

케 브랑리 박물관

Maison de la Chimie

Assemblee Nationale

오르세

에펠탑

La Tour-Maubourg

Varenne

M Solferino

샹드마르스 공원

군사박물관

앵발리드

입체모형 박물관

루이데쟁발리드 교회당

로댕 미술관

M Bir-Hakeim

M Ecole Militaire

나룡레옹 1세 묘

Maubert - Mutualité

M Saint-Francois-Xavier

La Motte-Picquet
Grenelle
M

Vaneau
M

Cambronne
M

M Metro Segur

Duroc
M

M Sevres-Lecourbe

파리 7구
(7th Arrondissement)

아름다운 예술품과 디자인 그리고 다양하고 맛있는 음식과 음료가 있는 7구^{7th Arrondissement}에서 파리의 정수를 경험할 수 있다. 유명한 관광명소인 상징적인 에펠탑과 그 밖의 훌륭한 역사적인 건축물, 박물관을 방문할 수 있는 지구이다. 유럽에서 가장 재능 있는 화가들의 작품들을 감상하고 세느 강^{Seine River}의 고요한 물가에서 도시의 새로운 모습을 발견할 수 있나.

7구 서쪽에서 에펠탑을 만나보자. 1층과 2층을 연결하는 엘리베이터를 타고 풍경을 감상한 뒤 꼭대기까지 엘리베이터를 타거나 걸어 올라가면 된다. 줄은 상당히 길 수 있다는 점을 생각해야 한다. 해가 진 후 매시간 몇 분간 빛이 깜박거리며 장식되는 에펠탑의 모습은 항상 설레인다.

1층으로 내려와 동쪽으로 20분 거리에 있는 앵 발리드^{Hôtel National des Invalides}를 방문해 보자. 거대한 공원 단지는 상이용사들을 수용하기 위해 17세기 루이 14세 때 건설되었다. 파리 군사 박물관^{Musée de l'Armee}에서 여러 군사 유물들의 살펴보고 반짝이는 둥근 황금 지붕 아래 나폴레옹의 무덤이 조성되어 있는 돔 교회^{Église du Dôme}를 둘러보면 좋다.

근처의 매력적인 여러 미술관 중에 특히 중요한 미술관은 동쪽에 있는 로댕 미술관^{Musée Rodin}으로, 조각가 오귀스트 로댕^{Auguste Rodin}의 작품들이 소장되어 있다. 튈르리 정원^{Jardin des Tuileries} 건너편 강둑에 있는 오르세 미술관^{Musée d'Orsay}에는 모네와 반 고흐의 작품들이 있으며 콰이 브랜리 박물관^{Musée du Quai Branly}에는 프랑스의 영토였거나 현재 영토인 오세아니아와 아프리카 대륙에서 나온 부족 미술을 전시하고 있다.

강기슭을 따라 에펠탑, 오르세 미술관, 그 밖의 여러 장소에서 자유롭게 승하차할 수 있는 유람선을 타고 강변을 유람하며 다양한 파리의 모습을 느낄 수 있는 최고의 장소가 있다.

에펠탑
La Tour Eiffel

격자 모양의 철제 탑인 에펠탑은 빛의 도시인 파리를 상징하는 가장 유명한 건축물이다. 높이가 323m에 달하는 에펠탑은 샹드마르스 공원^{Champ de Mars park} 내의 세느 강^{Seine River} 근처에 위치해 있으며, 매년 7백만 명이 넘는 관광객이 몰려들고 있다. 귀스타브 에펠^{Gustave Eiffel}의 설계로 1889년 만국박람회 때 세워진 에펠탑은 실험을 통해 무선 송신에 적합하다는 것이 입증되면서 철거 위기를 넘겼다.

그림처럼 아름다운 정원에 앉아 에펠탑을 올려다보는 것으로는 만족할 수 없다면 입장권을 구입하여 탑 내부에 들어가 보자. 탑에는 총 3개의 관람 층이 있으며, 2층에는 그 유명한 르 쥘 베른^{Le Jules Verne}을 포함하여 2개의 레스토랑이 있다.

아름다운 에펠탑 관람하기

강풍, 폭우, 폭설 등의 날씨가 아주 좋지 않을 때를 제외하고 매일 문을 열지만 성수기에는 혼잡 상황이 해소될 때까지 일부 층 이용이 일시 중단되기도 한다. 줄이 길어 늦게 올라갈 수 있으므로 에펠탑을 다 둘러보는 데 최소한 3시간은 계획해야 한다.

에펠탑에 올라가든 안 올라가든 밤에 펼쳐지는 빛의 쇼는 장관이다. 20,000개의 전구에 불이 들어오면서 에펠탑이 반짝이는 아름다운 모습은 환상적인 파리를 연상시키는 동의어

🌐 www.toureiffel.paris/en.html
🏠 Champ-de-Mars € 17€(2층 / 계단이용 10€), 26€(3층 / 계단 2층+승강기 3층 20€)
🕐 9~24시 45분(폐장 45분 전까지 입장 가능, 전망대는 23시 / 9~다음해 6월 23시45분까지)
📞 08-92-70-12-39

나 마찬가지이다. 레이저 빛 쇼는 해가 질 무렵에 시작되며 밤새도록 5분 간격으로 불빛이 들어온다.

에펠탑 구경하기
엘리베이터와 계단을 이용할 수 있으며 2층에 가려면 704개의 계단을 올라가야 한다. 입장권 가격은 방문하려는 층과 이동 방법에 따라 달라진다. 1층은 엘리베이터를 타거나 지상에서 300개의 계단을 올라가야 하는데, 1층에는 에펠탑 관련 정보 전시관, 에펠탑의 역사에 대한 영상물을 볼 수 있는 상영관, 에펠탑에서 영감을 받은 예술품들을 볼 수 있는 전시관 등이 있다.

2층에 올라가려면 계단을 더 올라가거나 엘리베이터를 타야 한다. 2층에는 기념품 가게도 있고 에펠탑의 건설과 구식 유압 승강기에 관한 '스토리 창' 등이 있으며, 아찔한 경치를 즐길 수 있는 전망 통로도 있다.

전망대
약 275m의 꼭대기 전망대는 엘리베이터로만 올라갈 수 있는데, 이곳에서 파리의 경치를 360도로 감상할 수 있다. 샴페인 바에서 샴페인 한 잔을 즐기며 에펠탑 관광을 마무리하는 연인들도 볼 수 있다. 처음에는 임시 건물로 지어졌던 상징적인 건축물에 사용된 공학 기술을 살펴보고 주변 경치도 감상할 수 있다.

파리의 상징,
에펠탑 & 에펠탑을 보는 5가지 방법

1889년은 프랑스 대혁명이 일어난 지 백주년이 되는 해로 만국박람회까지 열린 프랑스에서는 뜻 깊은 한해였다. 프랑스는 특별히 기념할 수 있는 기념물을 공모했다. 알다시피 에펠이 제출한 철탑이 선정되었고 1만 2천개의 쇠를 이어 붙여 조립한 300미터의 거대한 철탑이 세워졌다.

에펠탑이 세워진 초창기에 비판하는 목소리가 많았다. 특히 저런 쇳조각을 세워서 어떻게 하냐는 비판이 가장 많았다. 소설가인 모파상은 에펠탑이 보기 싫어 안 보이는 1층 식당에서 식사를 한다고 이야기했다고도 한다.

에펠탑을 보는 5가지 방법
에펠탑 인기는 높았고 특히 높은 에펠탑에서 파리의 시내를 내려다볼 수 있다는 장점이 그 당시의 파리시민들을 에펠탑으로 올라가게 만들었다고 한다.

처음에는 만국박람회가 끝나면 철거하기로 했지만 인기가 많아 파리시는 에펠탑을 그대로 두기로 했고 지금도 에펠탑은 파리의 상징이 되었다.

1. 샤이요궁에서 바라보는 해질녘부터 밤 늦게까지 보기

처음 유럽여행으로 파리에 갔다면 누구나 샤이요궁에서 에펠탑을 볼 것이다. 해질녘부터 밤 늦은 11시 넘어 레이져쇼를 보고 지하철을 많은 관광객들과 힘들게 타고 숙소로 가던지 아니면 샤이요궁부터 에펠탑까지 걸어가면서 에펠탑을 보며 사진을 찍는 모습이 일반적인 에펠탑을 보는 모습이다. 샤이요 궁은 에펠탑을 가장 아름답게 볼 수 있는 곳이다.

2. 에펠탑 밑에서 위로 바라보기 / 탑에 올라가서 파리 시내보기

아름다운 에펠탑을 보면 올라가고 싶은 생각이 들게 한다. 샤이요 궁부터 보고 에펠탑을 밑에서부터 올라가 보기에는 시간이 촉박하기도 하니 시간을 2일에 나누어 샤이요궁에서 보고 에펠탑은 다른 날에 올라가는 게 피로가 덜하다. 올라가면 여름에도 의외로 추우니까 긴옷을 가지고 가자.

3. 해질녘에 몽빠르나스 타워 전망대에서 에펠탑 보기

파리의 남부역인 몽빠르나스역에서 내린 후 파리에서 제일 높은 빌딩인 몽빠르나스에서 볼 수도 있다. 몽빠르나스에서 보는 에펠탑은 편안히 볼 수 있는 장점이 있다. 이정도로 에펠탑을 보면 지겨울 수도 있지만 "나중에 언제 보겠니?"하고 아름다운 에펠탑을 실컷 보는 것도 좋을 것이다.

커피 한 잔을 마시면서 보는 에펠탑은 연인과 같이 본다면 더욱 좋다. 하지만 처음 파리를 방문한다면 일정이 빠듯해 못 볼 수도 있을 거 같다.

4. 개선문에서 화창한 낮에 에펠탑 보기

샹들리제 거리에 도착하면 제일 위쪽에 개선문이 보인다. 개선문을 올라가면 여기에서도 에펠탑을 볼 수 있다. 개선문은 걸어서 올라가는 데 올라갈 때 힘이 들기도 하지만 올라가면 시원하니 조금 참고 올라가자. 햇빛이 창창한 날에는 햇빛을 피할 곳이 없고 더워서 오래 있기는 힘들것이다. 해가 없는 날이 더 보기는 좋지만 사진은 잘 찍을 수 없다는 단점이 있다.

5. 라데팡스(신 개선문)에서 에펠탑 보기

신개선문인 라데팡스 위에서도 에펠탑을 볼 수 있다. 다른 장소에 비해서는 멋진 장면은 아닌 것 같다. 하지만 모든 파리의 흐름을 에펠탑에 맞추어 낭만이 흐르는 파리라는 도시를 평생 간직하게 하는 에펠탑은 꼭 가봐야 하는 파리의 필수코스인 것 같다.

앵발리드
Hôtel National des Invalides

앵발리드는 여러 박물관, 기념물과 성당이 포함되어 있는 역사적인 군사 건물 단지이다. 3개의 박물관을 둘러보며 프랑스의 군대사에 대해 알아보거나, 앵발리드 산책로의 넓은 정원을 따라 거닐면서, 프랑스의 유명한 나폴레옹 보나파르트의 호사스러운 묘지를 볼 수 있다.

루이 14세의 명으로 1670~1676년 사이에 건축된 건물은 원래 군사 병원의 용도로 세워졌다. 프랑스 혁명 당시 성난 군중들은 바스티유로 향하는 길에 이곳에 들러 무기를 약탈했다. 오늘날에도 건물 일부에 프랑스 전쟁 참전 용사를 위한 병원과 퇴역 군인 거주지가 마련되어 있다. 앵발리드 안으로 들어가기 전에 정문 앞쪽으로 500m에 걸쳐 펼쳐진 앵발리드 산책로의 정원을 따라 거닐어보자. 이 공간은 피크닉과 일광욕 장소로 인기가 많다.

나폴레옹 보나파르트의 무덤을 비롯한 여러 박물관과 군사 기념물이 모여 있는 바로크 건물에서 프랑스의 군대 역사에 대해 알 수 있다. 건물 안에는 독자적으로 운영되는 3개의 박물관인 프랑스 육군 박물관Musée de l'Armée, 군사 입체모형 박물관Musée des Plans-Reliefs, 근대사

박물관^{Musée d'Histoire Contemporain}이 있다. 특히 셋 중에서 가장 크고 포괄적인 프랑스 육군 박물 관을 위주로 둘러본다. 나폴레옹의 화려한 권총과 조제프 파로셀^{Joseph Parrocel}이 그린 카셀 전투^{Battle of Cassel}를 비롯한 과거와 현재의 군사 관련 장비와 미술품을 구경할 수 있다.

시간을 내어 건물 뒤편에 위치한 돔 성당^{Église du Dôme}에도 들러보자. 이곳의 화려한 금색 돔 지붕은 미국국회의사당의 모태가 되었다. 성당 안에 있는 나폴레옹 보나파르트의 화려한 묘지인 황제의 유해는 녹색 화강암 바닥에 놓인 빨간색의 규암 석관 안의 러시아 인형의 관에 안치되어 있다.
앵발리드는 7구에 위치해 있으며 드 라 투르 모부르^{La Tour Maubourg}, 앵발리드^{Invalides}, 바렌 ^{Varenne}, 세인트-프란시스 사비에르^{Saint-Françoise-Xavier} 지하철 역에서 내려 조금만 걸으면 도착 할 수 있다.

🌐 www.musee-armee.fr/accueil.html 🏠 129 Rue de Grenelle
€ 13€(군사 박물관, 돔 포함), 전망대는 23시 / 9~다음해 6월 23시 45분까지) 📞 01-44-42-38-77

앵발리드(Hotel national des Invalides)

1670년 루이 14세는 갈 곳 없는 전쟁 부상자들을 위한 요양원을 세웠다. 1676년 완성된 앵발리드Hôtel national des Invalides는 파리를 상징하는 가장 대표적인 기념물 중 하나로 꼽힌다. 특히 앵발리드Hôtel national des Invalides의 황금빛 돔은 에펠탑만큼이나 인상적이다. 건물 앞에 넓게 펼쳐진 앵발리드 기념관 광장Esplanade des Invalides은 1900년 세계박람회 당시 전시장으로 쓰이기도 하였으며 같은 해 개통된 알렉산드르 3세 다리와 이어지며 멋진 풍경을 만들어낸다.

오늘날 프랑스 국방부 산하 건물인 앵발리드Hôtel national des Invalides에는 국방부 외에도 여러 정부 기관들이 밀집되어 있으며 군사병원, 다양한 박물관, 성당과 돔 교회 등이 자리하고 있다. 군사 입체 모형 박물관le musée des plans-reliefs, 해방훈장 박물관le musée de l'Ordre de la Libération과 더불어 앵발리드Hôtel national des Invalides에 위치한 군사 박물관le Musée de l'Armée은 옛 포병 박물관과 군 역사박물관이 통합된 기관으로 잘 보존된 유물과 다양한 전시를 통해 프랑스를 비롯한 전 세계의 군 역사와 군 정신에 대해 알리는 역할을 수행하고 있다.

생 루이 데 앵발리드 성당Cathédrale Saint Louis des Invalides과 돔 교회église du Dôme는 거대한 프랜치 바로크 양식 건축물에 아름다움을 더한다. 1861년, 돔 교회의 지하 중앙에 마련된 묘지에는 세인트 헬레나 섬에서 삶을 마감한 나폴레옹 1세의 시신이 안치되었다. 이외에도 1차, 2차 세계대전에 참전했던 군사령관들이나 프랑스의 군역사상 중요한 인물들이 이곳에 잠들어 있다.

샹드 마르 공원
Parc du Champs-de-Mars

에펠탑의 그늘이 드리워진 녹색 공원은 파리에서 가장 평화로운 분위기 느껴볼 수 있는 곳에 속한다. 샹드 마르 공원^{Parc du Champs-de-Mars}의 잔디밭에 누워 프랑스의 대표적인 랜드마크인 에펠탑의 멋진 모습을 감상할 수 있다. 공원 끝자락에 서 있는 평화의 벽이 품고 있는 사연에 대해 알아보는 것도 좋다.

프랑스의 수도, 파리에는 수많은 박물관과 아름다운 건축물들이 많이 있지만 드넓은 녹지 공간은 특히 더 아름답다. 관광에 지친 몸을 이끌고 공원에 들러 잠시 휴식을 취하는 관광객도 쉽게 볼 수 있다. 1780년에 문을 연 이곳은 원래 사관생도들을 위한 연병장으로 이용되었지만 지금은 파리 시민들이 즐겨 찾는 일광욕 장소가 되었다.

도시락을 챙겨 가 맛있는 현지 치즈와 와인을 즐기며 경이로운 에펠탑의 자태를 감상해 보고, 멋진 풍경을 사진에 담아 보거나 근처 가판대에서 엽서를 구입해 보는 것도 좋다. 에펠탑의 전경을 배경으로 셀카를 찍는 사람들이 어디에나 있다. 날이 저물면 에펠탑 전체가 찬란한 조명으로 뒤덮인다.

공원 저쪽 끝을 향해 걷다 보면 평화의 탑과 마주하게 된다. 예루살렘의 통곡의 벽에서 영감을 얻어 2000년에 지어진 이곳은 '클라라 알테르^{Clara Halter}'라는 예술가가 설계를 하고 건축가 장 미셸 빌모트^{Jean-Michel Wilmotte}가 건축했다. 평화의 벽은 3개로 이루어진 트리오 기념물 중 하나로, 비슷한 나머지 두 기념물은 상트페테르부르크와 히로시마에 위치해 있다. 높은 철강 구조물의 정면에 사용된 유리판에는 '평화'라는 단어가 49개의 언어와 18개의 알파벳으로 새겨져 있다. 유리판 앞에서 자리를 바꾸면 반투명 단어도 찾아볼 수 있다.

샹드 마르 공원은 에펠탑 바로 앞에 위치해 있어 쉽게 찾아갈 수 있다. 세느 강^{Seine River} 부두를 따라 이곳으로 걸어오거나 RER을 타고 샹드 마르 공원^{Champ de Mars} 역에서 하차해 걸어온다.

🏠 2 Allée Adrienne-Lecouvreur

집중 탐구 | 세느 강(Seine River)

아마도 세계에서 가장 유명한 강인 파리의 세느 강$^{Seine River}$은 전 세계 관광객이 가고 싶은 곳 중 하나이다. 파리의 세느 강은 에펠 탑 근처의 퐁 드 랄마, 퐁 데 아트, 퐁네프를 포함하여 총 37개의 다리로 연결되어 있다.

파리시를 왼쪽과 오른쪽 강둑으로 나누고 있는 세느 강$^{Seine River}$은 기원전 3세기에 켈트족 어부들이 처음으로 정착하였다. 나중에 로마인에 의해 루테티아^{Lutetia}로 명명 된 초기 정착지는 결국 파리로 성장하게 되었다. 19세기 초부터 개선작업이 이루어진 세느 강$^{Seine River}$은 항해를 개선하기 위해 댐과 강 유역의 저수지를 통해 수위를 높여 홍수를 줄이고 지속적인 물 공급을 보장할 수 있었다. 1991년에 유네스코 세계 문화유산으로 지정되어 문화 유적지로 인정받고 있다.

바캉스 하면
파리 플라쥬

프랑스인들은 내용을 중시하는 실용적인 사람들로 남에게 자신이 어떻게 보일까를 신경 쓰지 않고 자신의 개성을 표현하며 사는 생활을 좋아한다고 한다. 파리시민들이 멋쟁이이기는 하지만 남들을 따라하는 유행이 아니고 자신의 개성을 살리는 수수한 옷차림이 많다. 평상시에는 매우 검소하게 생활하지만 휴가비용을 마련하기 위해 저축을 할 정도로 마음의 여유를 가지고 살려고 노력하고 있다.

프랑스 사람들의 여유가 여름철 바캉스 휴가기간에 폭발하면서 남부해안이 바캉스를 즐기는 사람들로 북적이게 된다. '바캉스'라는 뜻은 피서나 휴양을 가기 위한 휴가의 프랑스어이다. 대부분 1~2개월씩 장기 휴가를 즐기고 와서 다시 열심히 일하며 내년의 바캉스를 즐기는 것이 프랑스 사람들의 일상이다.

지금도 여름에는 남부 해안의 니스같은 휴양지에는 바캉스를 즐기는 프랑스인들이 많다. 하지만 2008년 금융위기 이후에는 많은 프랑스인들이 경제적인 사정으로 바캉스를 즐기지 못하게 되어 우울해지기도 했다.

파리 플라쥬(인공해변)

세계에서 가장 아름다운 도시인 파리에는 7월에서 8월사이, 한달동안 여름마다 파리 플라주(파리해변)이 열린다. 올해로 15회째인데 해변으로 바캉스를 즐기지 못하는 파리 시민들을 위한 행사로, 파리를 여행간다면 이제는 꼭 인공해변에서 즐기고 와야 할 것 같다.

너무나 더운 날씨에 걷기가 힘든 파리를 가다가 시테섬 근처 인공해변에서 쉬는데 햇빛이 너무 강렬해 모래에는 조금밖에 있지 못했다. 오히려 약간 구름이 있을때가 즐기기에는 더 좋다. 하지만 현지 시민들은 구름이 긴 날씨를 좋아하지 않는다.

퐁뇌프다리에서 파리시청을 지나는 3.5㎞거리정도에 약 6,000톤의 모래와 1,500개의 비치체어, 잔디와 야자수를 만들어 놓은 인공해변이다. 수영장, 피크닉 공간, 콘서트 등등 다양하게 즐길 수 있다.

인공해변이 좋기는 하지만 인공해변을 만든 취지는 좀 서글프다. 프랑스의 경기가 좋지않아 바캉스를 가지 못하는 시민이 많아 부득이하게 세느강에 만든거라 파리의 경제가 안좋다는 사실을 알려준다고 할 수 있다. 해가 갈수록 인공해변은 더욱 화려해지고 있으니 경제가 안좋을 때 여자들의 립스틱색깔이 짙어진다는 속설과도 닮아 있다고 생각이 든다.

간단한 요기거리를 할 수 있는 카페와 스낵바도 있지만 시민들도 잘 사용하지 않는다. 파리의 인공해변이 성공하면서 유럽 내 베를린, 프라하 등의 다른 도시들도 인공해변을 선보인다고 한다. 시테섬 밑에서 인공해변을 즐기며 아이스커피를 마시고 즐겨보자.

파리 세느 강변 공원
le Parc Rives de Seine

총 7km 길이에 10ha 가량의 면적을 자랑하는 세느 강변 공원le Parc Rives de Seine은 다양한 친환경적 시설을 제공하며 시민들의 사랑을 받고 있다. 자동차 전용도로로 인해 걸어서 다가가기 힘든 점을 바꾸기 위해 나무와 잔디를 심어 보행자와 자전거 전용 산책로로 탈바꿈시켰다. 또한 아이들을 위한 놀이터와 성인들을 위한 쉼터, 암벽등반을 위한 인공 벽, 간단한 운동시설 등이 제공되고 있다.

루브르 박물관, 에펠탑, 콩코드 광장과, 그랑팔레, 노트르담 대성당, 파리의 주요 관광 명소가 한눈에 들어오는 세느 강변은 1991년 유엔(UN) 산하 교육문화과학 전문기구인 유네스코(UNESCO)에 의해 세계 유산으로 지정되었다. 파리의 중심을 가로지르며 트루와, 르아브르, 루앙 등 여러 도시를 거쳐 영국해협에 흘러드는 세느 강Rives de Seine의 길이는 총 776km을 달한다.

시민을 위한 서비스 강화
카페, 레스토랑, 상점은 유기농 식재료를 사용하거나, 헌 자전거를 수리하거나 팔고 중고 자전거도 구입할 수 있는 친환경주의 서비스를 제공하고, 소외 계층의 일자리를 창출하는 사회적 경제활동 위주의 운영 등 파리시의 취지에 맞게 공간을 가꾸어 나가고 있다. 세느 강변 공원의 향후 계획은 더 많은 양의 꽃과 식물을 심어 도심 지역에 부족한 녹지를 더 생성하는 것이라고 한다.

세계문화유산 지정

세느 강^{Rives de Seine}을 수놓는 아름다운 다리들과 일렬로 늘어선 부키니스트^{Bouquiniste}들, 강 주변 오스만 양식의 옛 건물들은 산책을 즐기는 사람들에게 프랑스의 문화와 역사를 대표하는 다양한 볼거리를 선사하며 세느 강^{Rives de Seine}의 낭만적인 풍경을 만들어낸다. 유네스코는 세느 강을 비롯해 주변 건축물, 강 위로 지어진 다리들, 생루이섬과 시테섬까지 세계 유산으로 지정하였다.

공원화를 통한 산책로 확대

파리시는 파리를 친환경적인 도시로 만들겠다는 목표를 가지고 좌안^{Rive gauche}과 우안^{Rive droite}으로 나누어진 세느 강^{Rives de Seine}의 강변도로의 차량 통행을 영구적으로 폐쇄하고 보행자 전용으로 지정하였다. 프로젝트를 통해 강변도로를 시민들을 위한 친환경적 공간으로 만드는 것이 취지였다.

반대를 환호로

파리시의 프로젝트는 교통체증을 심화시킨다는 이유로 진행과정에서 수많은 자동차운전자협회가 반대하기도 했다. 그러나 파리시는 2010년부터 2013년까지는 오르세 박물관부터 알마 다리까지 이어지는 총 2.3km 길이의 세느 강^{Rives de Seine} 좌안을 개조하자 반대는 인기로 바뀌어 퐁뇌프 다리에서 시작해 노트르담 대성당을 지나 쉴리 다리까지 이어지는 세느강 우안도로도 산책로로 변화시켰다. 2017년 4월, 개조된 세느^{Rives de Seine}강의 좌안과 우안을 통틀어 하나의 공원으로 지정하며 '세느 강변 공원^{Parc Rives de Seine}'이 탄생하였다.

파리 세느강 유람선,
바토무슈에서 추억 남기기

파리를 여행하면서 세느강 유람선을 안 타보는 사람은 아마 별로 없을 것이다. 그만큼 세느강 유람선은 멋진 추억을 남기는데, 세느강 유람선은 바토무슈, 바토파리지앵, 바토뷔스의 3가지 종류가 있다. 그 중에서 우리나라 관광객은 압도적으로 바토무슈 유람선을 탄다. 한국어 음성서비스를 제공하기 때문이다.

운항경로 : 알마교 → 알렉산더 3세교 → 루브르박물관 → 노트르담성당
→ 퐁네프다리 →오르세미술관 → 에펠탑 → 샤이요궁

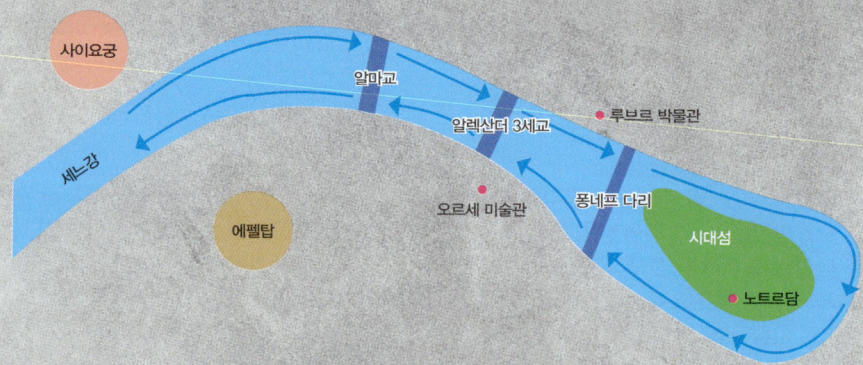

바토무슈 유람선은 에펠탑 바로 옆에 있는 세느강의 두 번째 다리인 알마 다리(Pont de l'Alma)에 승선장이 있다. 타면 오른편에 자리를 잡는 게 좋다. 에펠탑부터 사진을 찍고 옆의 건물들을 열심히 찍다보면 내가 무엇을 찍는지도 모르고 찍기는 하지만, 찍어놓으면 나중에 좋은 추억이 된다. 유람선이 지나가는 순서를 알면 옆의 건축물을 볼 때 어떤 건축물인지 알 수 있다.

해질 때와 야간에 많이 탑승하는데. 해질 때가 더 멋진 풍경을 보게 해준다. 겨울에는 추워서 일찍 도착해 1층의 안에 자리를 잡는 게 춥지 않게 타는 방법이다. 바깥은 겨울바람 때문에 엄청 춥다. 파리에서 유럽여행일정을 마치는 경우가 많은데 마지막 날에 타면 파리의 멋진 추억을 안고 돌아갈 수 있어 추천한다.

바토무슈 유람선 운행시간
(바토무슈 유람선 소요시간 1시간 10분)

성수기 4/1~9/30	비수기 10/1~3/31
10:15	10:15
11:00, 11:30	11:00
13:00, 13:45	12:00
14:30	13:30, 13:45
15:00, 15:30	14:30
16:00, 16:30	15:15
18:00, 18:30	16:00, 16:45
19:20	18:15
20:20	19:00, 9:45
21:20	20:30
22:20	21:30
23:00	비고 : 빨간색 주말운행 시작

개선문에서 바라본 에펠탑

몽파르나스에서 바라본 에펠탑

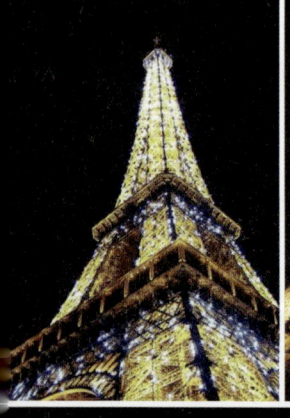

밑에서 바라본 에펠탑

샤이여 궁에서 바라본 에펠탑

선착장에서 바라본 에펠탑

유람선에서 바라본 해질 때의 에펠탑

Montmartre

몽마르트르

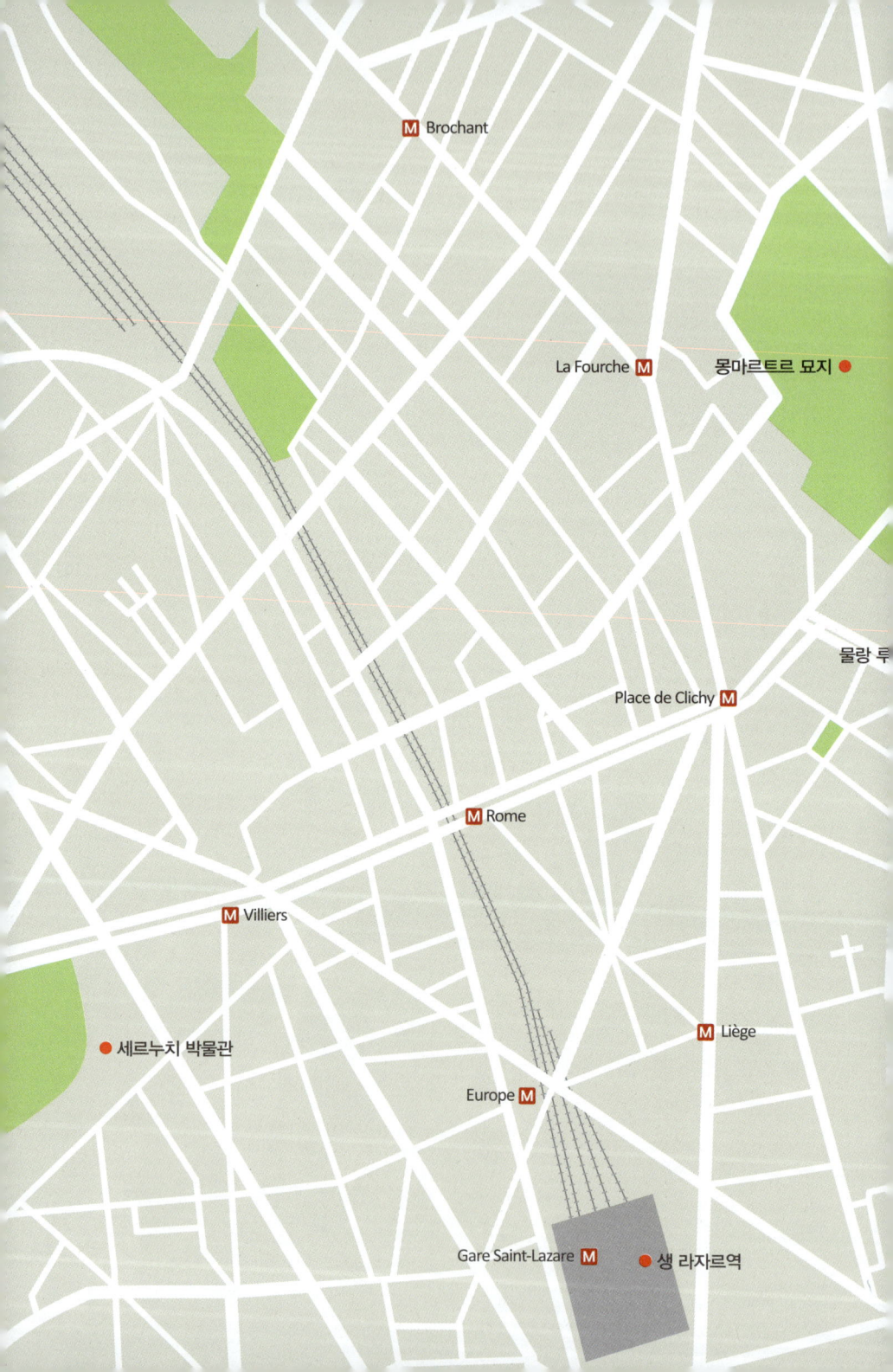

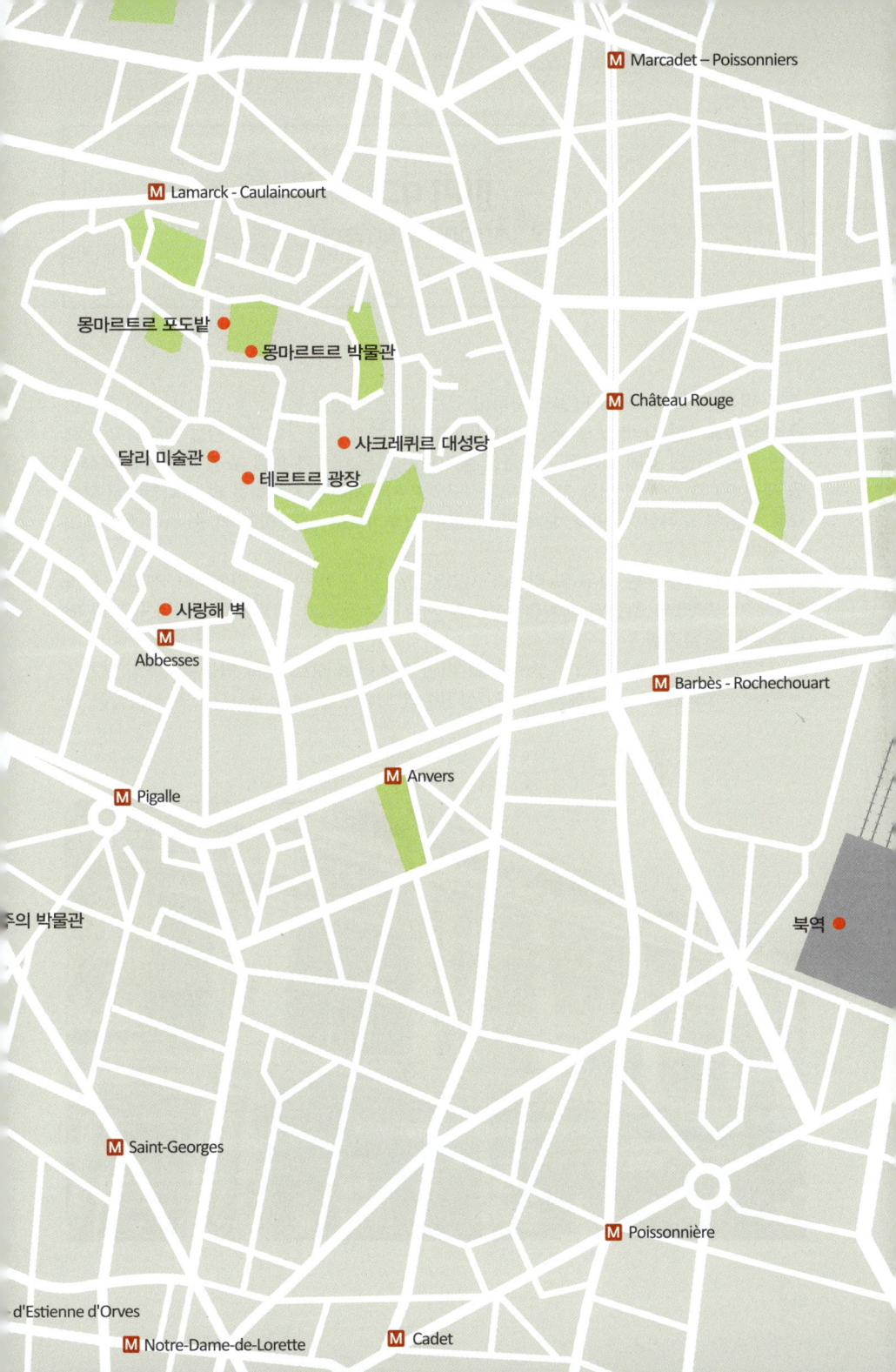

M Marcadet – Poissonniers

M Lamarck - Caulaincourt

몽마르트르 포도밭 ●

● 몽마르트르 박물관

M Château Rouge

● 사크레쾨르 대성당

달리 미술관 ●

● 테르트르 광장

● 사랑해 벽

M
Abbesses

M Barbès - Rochechouart

M Anvers

M Pigalle

주의 박물관

북역 ●

M Saint-Georges

M Poissonnière

d'Estienne d'Orves

M Notre-Dame-de-Lorette   M Cadet

파리 9구
(9th Arrondissement)

궁전, 박물관, 보헤미안 스타일의 골목이 있는 9구는 도심과 몽마르트 언덕 사이의 훌륭한 다리 역할을 해왔다. 바로크 궁전에서 발레를 관람하고 밀랍인형 박물관을 구경하고 보헤미안 홍등가였던 곳에 펼쳐진 가판들을 살펴보면 넓은 대로가 호텔, 쇼핑 갤러리와 백화점을 갖춘 9구9th Arrondissement를 가로지른다. 1구와 2구를 지나는 지하철을 타고 시청에서 북쪽으로 이동해 도착할 수 있다. 오페라Opéra 그랑 블루바르와 같은 여러 역 중 하나에서 내리면 된다.

파리 오페라Paris Opera는 업무 및 부유층 지역인 이곳의 문화 관람 포인트이다. 갤러리 라파예트Galeries Lafayette와 쁘렝땅 백화점Printemps의 지붕으로 올라가 에펠탑이 보이는 파리의 탁 트인 전망을 즐겨볼 수도 있다.

이 지역은 예전에 홍등가였다. 서쪽으로 가면 귀스타브 모로 국립 박물관National Museum of Gustave Moreau이 있으며 이곳에서 19세기 상징주의 화가였던 귀스타브 모로의 작품들을 볼 수 있다.

남쪽 구역에는 여러 즐길 거리가 있다. 파리 오페라가 있는 우아한 19세기 팰리스 가르니에^{Palace Garnier}를 올려다 보면 1,979석 규모의 홀에서 발레 공연을 볼 수 있다. 파리 오페라 도서 박물관^{Paris Opera Library and Museum}에서 오페라의 역사와 관련된 수천 부의 문서, 프로그램, 디자인을 살펴보자. 조금 떨어진 곳에는 사람들이 콘서트를 보게 유혹하는 커다란 네온사인이 있는 또 다른 유명 극장, 올림피아 홀^{Olympia Hall}이 있다.

남동쪽의 그랑 블루바르^{Grands Boulevards}를 따라 걸으면 19세기 건축물 앞으로 백화점들이 있는 거리를 만날 수 있다. 쇼핑을 하면서 비를 피할 수 있는 지붕이 있는 통로를 여유 있게 걸어보자. 근처의 그레빈 뮤지엄^{Musée Grévin}에는 실물과 똑같은 밀랍 동상이 있다.

북쪽은 사우스 피갈^{South Pigalle} 지역으로, 편안하면서 보헤미안 같은 분위기의 레스토랑과 바가 있다. 유명한 뤼 데 마르티르^{Rue des Martyrs}를 따라 즐비한 베이커리와 케이크 전문점에서 바게트와 여러 프랑스 빵, 패스트리를 구입해 보는 것도 좋다.

북쪽 경계 지역으로 계속 가면 여러 프랑스 영화에 나와 유명해진 예술가의 거리인 몽마르트르^{Montmartre} 지역이 있다. 예술가들이 눈앞에서 이상적인 작품들을 완성하고 있는 시장을 산책하고, 언덕 위로 올라가 상징적인 사크레쾨르 대성당^{Sacré Coeur Cathedral}을 방문해 보자.

파리 18구
(18th Arrondissement)

18구의 매혹적인 기념물과 독특한 예술 시장 덕분에 파리가 세계에서 가장 매력적인 관광지가 되었다. 파리 북부에 있는 예술품 상점 언덕 위로 우뚝 솟아 있는 프랑스의 가장 상징적인 대성당을 볼 수 있다. 18구^{18th Arrondissement}의 언덕 위에 있는 몽마르트르^{Montmartre}의 예술가 공동체를 방문해 보자. 정치적인 봉기가 일어났던 지역이기도 했던 이곳인 20세기 초 피카소, 달리와 같은 예술가들이 모이면서 창조적인 공간이 되었다.

언덕 아래에서 꼭대기까지 몽마르트르 케이블카^{Montmartre Funicular}를 타면 2분 안에 샤크레쾨르 대성당^{Sacré-Coeur Basilica}에 도착할 수 있다. 좀 더 도전적인 여행을 원한다면 근처 뤼 포야티어^{Rue Foyatier}의 220개 계단을 걸어 올라가 다양한 외부 계단을 통해 파리의 언덕 아래에서 몽마르트까지 닿게 된다.

꼭대기에서 도시 전체를 볼 수 있는 하얀색 샤크레쾨르 대성당^{Sacré-Coeur Basilica}을 찾아보면, 교회지만 이슬람 사원을 닮은 양파형 돔과 탑이 특징으로, 19세기 말 로마–비잔틴 양식으로 건

축되었다. 파리의 가장 높은 지점인 이곳에서 파리의 전경을 감상할 수 있다. 안쪽에 들어가면 거대한 장엄한 그리스도^{Christ in Glory} 모자이크, 명상의 정원, 대형 오르간 등을 볼 수 있다.

성당 바로 서쪽에는 "예술가들의 광장"으로 알려진 테르트르 광장^{Place du Tertre}이 있다. 길가에 있는 화가들이 눈앞에서 완성하는 모습을 구경할 수 있다. 비 오는 날에도 우산 속이라도 개의치 않고 그림을 그리는 모습을 보면 예술을 향한 그들의 열정을 느낄 수 있다. 훌륭한 여행 기념품으로 예술가의 고유한 스타일로 완성한 초상화를 가져가는 것도 좋은 경험이다.

2001년 상영된 영화로 인기를 얻게 된 물랑 루즈^{Moulin Rouge}만큼 상징적인 장소도 세계에 그리 많지 않다. 훌륭한 안무, 코미디언, 마술사들이 참여하는 익살스러운 댄스 공연을 관람하면서 식사도 같이 즐길 수 있다. 유명한 풍차와 네온사인이 있는 외부에 서서 가족사진을 남기는 것도 좋다.

예전에는 홍등가였지만 지금은 사라졌다. 피갈 광장^{Place Pigalle}을 걸으며 스트립 클럽이 가득한 광장에서 파리의 또 다른 면을 발견할 수 있다. 지하철 2, 4, 12호선을 타면 이 지역 근처의 역 중 한 곳에 닿을 수 있다. 파리의 중앙 북쪽 지역으로, 9구와 10구 바로 북쪽이다.

몽마르트르
Montmartre

몽마르트르는 파리 북단에 위치한 약 130m 높이의 언덕 꼭대기에 자리 잡고 있다. 가파른 언덕을 계단으로 걸어 올라갈 수도 있고, 차를 이용해도 좋다. 이곳은 길을 잃기가 쉬우므로, 방문하는 동안 지도를 휴대하고 다니면서 좁은 자갈길 등을 눈에 익혀두는 것이 좋다. 사크레쾨르 성당의 관할인 이곳은 세계에서 가장 위대한 예술가들이 살았던 시절의 모습을 여전히 그대로 간직하고 있는 매력적이고도 아름다운 곳이다.

아멜리에Amelie, 물랑 루즈Moulin Rouge, 에디트 피아프Édith Piaf의 생애를 다룬 '라 비 앙 로즈La Vie En Rose' 등 많은 영화들의 영감이 되었던 순교자의 언덕이라는 뜻의 몽마르트르는 오래전부터 파리 예술계와 깊은 관련을 맺고 있는 곳이다. 원래 파리의 공식적인 경계선 밖에 위치한 몽마르트르 마을은 19세기 중반 달리, 모딜리아니, 툴루즈 로트렉, 모네, 피카소, 반 고흐 등 많은 예술가들이 창조적 활동을 위한 안식처로서 머물던 곳이다.
유명한 예술가들이 자주 찾던 수많은 곳들이 지금도 그대로 보존되고 있기에 더욱 관광객들의 사랑을 받고 있다. 몽마르트르 박물관은 르누아르가 살면서 작업을 했던 곳으로, 지금은 역사적인 원고, 편지, 포스터, 사진, 고고학 유물 등이 전시되어 있다.

1889년 문을 연 물랑 루즈Moulin Rouge가 있는 이 지역에는 나이트클럽, 카바레, 사창가 등도 자리를 잡게 되었는데, 지금도 클리쉬 대로Boulevard de Clichy를 따라 시설이 남아 있으며 지금 보면 약간 조잡한 분위기가 느껴지기도 한다. 오늘날에도 매일 밤 정교한 의상, 드라마틱한 음악, 예전의 캉캉 춤 등을 볼 수 있는 두 차례의 쇼가 펼쳐진다.

몽마르트르에서 가장 유명한 건축물은 사크레쾨르 성당Basilique du Sacré-Cœur(성심 성당이라고도 함)이다. 이 성당은 파리에서 가장 높은 언덕인 몽마르트르 언덕 꼭대기에 자리 잡고 있다. 성당 안에는 세계에서 가장 큰 모자이크 중 하나인 '우주의 지배자이신 그리스도Christ in Majesty'가 있다. 성당에 있는 웅장한 파이프 오르간은 노트르담의 오르간 설계자이기도 한 아리스티드 카바이예 콜Aristide Cavaille-Coll의 작품이다.

예술을 사랑하는 사람이라면 성당에서 서쪽으로 불과 몇 블록 떨어진 곳에 위치한 달리 미술관Espace Dalí에 들러보자. 이곳은 살바도르 달리Salvador Dalí의 작품을 진시하기 위한 미술관으로, 조각품을 비롯하여 300여 점에 달하는 달리의 작품이 전시되어 있어 프랑스에서는 달리의 작품을 모아 둔 전시회 중 단연 최고라고 평가받고 있다.

몽마르트르는 보통 사람들이 덜 붐비는 평일, 낮에 방문하는 것이 좋다. 그러나 10월에는 오히려 사람이 많을 때 방문하는 것이 더 좋을 때도 있다. 이른바 포도 수확 축제Fetes de Vendanges라고 불리는 행사 기간에 몽마르트르에서는 작은 포도밭의 수확을 축하하는 행사가 열리는데, 이때만큼은 붐비는 사람들 속에서 마음껏 축제를 즐겨볼 수 있어 관광객으로 꽉 차게 된다. 며칠 동안 춤과 음악의 퍼레이드가 이어지고, 지역 농산물을 판매하기 위한 시장이 펼쳐지며 밤에는 불꽃놀이도 벌어진다.

작은 기차(Little Train)

경사가 너무 심해 이동하기 힘들다면 몽마르트르의 '작은 기차(Little Train)'를 이용해보자. 이 기차는 마을의 주요 장소들을 지나간다. 왕복하는 데 약 35분이 걸리며 승차권을 구입해야 탑승이 가능하다. 하루 종일 운행되며 블랑슈 광장(Place Blanche)에서 정기적으로 출발한다.

사크레쾨르 성당
Basilique du Sacré-Coeur

1919년에 헌정된 사크레쾨르 성당이 서 있는 비탈진 공원의 잔디밭에 앉아 중앙의 돔 지붕을 올려다보자. 순백색 성당은 파리에서 가장 아름다운 건축물 중 하나로 손꼽힌다. 앙베르^{Anvers}로 향하는 지하철을 이용하여 여기서 걸어가거나 케이블카를 타고 몽마르트르 언덕 정상으로 올라가면 성당이 나온다. 사크레쾨르 성당에서는 거대한 돔 지붕, 시계탑과 세계에서 가장 큰 모자이크화 중 하나를 만날 수 있다.

성당 외관이 은은하게 빛나는 이유는 건축 당시 사용된 트래버틴석 때문이다. 비가 내리면 돌에서 방해석이 침출되고, 이로 인해 하얀 외관이 계속해서 유지되는 것이다. 안으로 들어가기 전에 성당 한쪽에 위치한 높이가 83m에 달하는 이 시계탑은 1884년에 사망한 원래의 건축가 폴 아바^{Paul Abadie}의 뒤를 이어 뤼시앙 마뉴^{Lucien Magne}가 증축했다.

금고와 십여 개의 작은 예배당이 있는 지하실로 내려가면 그리스도의 청동 와상, 성모 마리아상과 제1, 2차 세계대전에서 목숨을 잃은 사제들의 기념비를 비롯한 흥미로운 종교 예술품을 구경할 수 있다.

2개의 청동 기마상이 위로 보이는 성당의 아치형 정문 아래를 지나가면 애프스 천장을 덮고 있는 '영광의 그리스도^{Christ in Glory}'라는 이름의 황금빛 모자이크화를 볼 수 있다. 총면적이 475㎡에 달하는 영광의 그리스도는 세계에서 가장 큰 모자이크화 중 하나이다. 비록 크기는 작지만 이에 못지않은 깊은 인상을 주는 파란색과 빨간색의 두 조각상도 있다. 이 조각상들은 잔 다르크와 대천사 미카엘을 묘사하고 있다.

나선형 계단을 따라 돔 꼭대기까지 올라가면 여기서는 파리의 가장 환상적인 전망을 감상할 수 있다. 머리 바로 위로 보이는 종은 프랑스에서 가장 큰 종 중 하나로, 무게가 19톤에 달한다.

🌐 www.sacre-coeur-momtmartre.fr 🏠 35 Rue du Chevalier de la Barre (2호선 Anvers 역 하차)
€ 전망대 8€(지하 예배당 4€, 동시 구입 10€) ⏱ 6~22시 30분(연중 무휴) 📞 01-53-41-89-00

피갈
Pigalle

활기 넘치는 이 지역은 파리의 유흥 중심지로 알려져 있으며 유명한 카바레 스타일의 식당들과 에로티시즘 박물관이 있다. 피갈^{Pigalle}에서 물랭 루즈^{Moulin Rouge}를 방문하고 프랑스 정통 카바레 쇼를 관람하려고 찾는 관광객이 많다. 지하철을 타고 피갈 역^{Pigalle Station}에서 내리면 생기 넘치는 중심가가 보인다. 피갈 남쪽에서 맛있는 음식과 쇼핑을 즐기고, 유흥을 위한 저녁 외출로 바, 나이트클럽, 음악 클럽에 방문하는 것도 좋다.

바^{Bar}나 음악 클럽에서 휴식을 취하거나 파리의 활기찬 홍등가 지역을 구경하는 것도 재미가 있다. 한때 있었던 좋지 못한 평판이 사라진 현재의 피갈은 카바레 쇼를 관람하고 파리의 생동감 있는 분위기를 느낄 수 있는 인기 높은 밤 관광명소이다.

고대부터 현대까지 성에 초점을 맞춘 예술품들을 소장하고 있는 에로티시즘 박물관^{Museum of Eroticism}의 전시를 감상할 수 있다. 컨템퍼러리 미술관에는 매혹적인 현대 조각과 그림이 전시되어 있다. 인간 생명의 정수를 기념하는 고대 종교 유물들을 주의 깊게 살펴봐도 된다. 7층 규모인 이 박물관의 2층에서는 19세기와 20세기의 윤락업소와 관련된 사진, 그림, 희귀 문서들을 전시하고 있다.

유명한 물랭 루즈에서 프랑스 전통 카바레식 식당을 체험하면서 댄서들이 프랑스의 캉캉 춤을 공연하는 모습을 볼 수 있다. 건물 지붕에 있는 특징적인 빨간 풍차의 사진을 찍어보고 퇴폐적인 장식의 원조인 내부를 감상한다. 물랭 루즈는 19세기말에 개장한 이후 영화, 다큐멘터리 소설 등 여러 작품의 소재가 되었다.

피갈 남쪽^{South Pigalle}의 멋진 레스토랑에서 훌륭한 식사를 즐기는 파리지앵이 많다. 원래는 파리에서 조용한 지역이었으나 커피 전문점과 우아한 식당, 소매점들이 들어서며 활기를 찾았다. 피갈 메트로^{Pigalle Metro} 역에서 5분 정도 걸어가면 뤼 데 마르티르^{Rue des Martyrs}에 닿을 수 있다. 번화한 거리에는 훌륭한 와인, 치즈, 맛있는 패스트리를 파는 가게들이 즐비하다.

유명한 블루바르 드 클리시^{Boulevard de Clichy} 거리에는 파블로 피카소^{Pablo Picasso}, 장 레옹 제롬 ^{Jean-Léon Gérôme}과 같은 유명한 예술가들이 살았던 유서 깊은 건물 등 유명한 건축물들이 많이 있다.

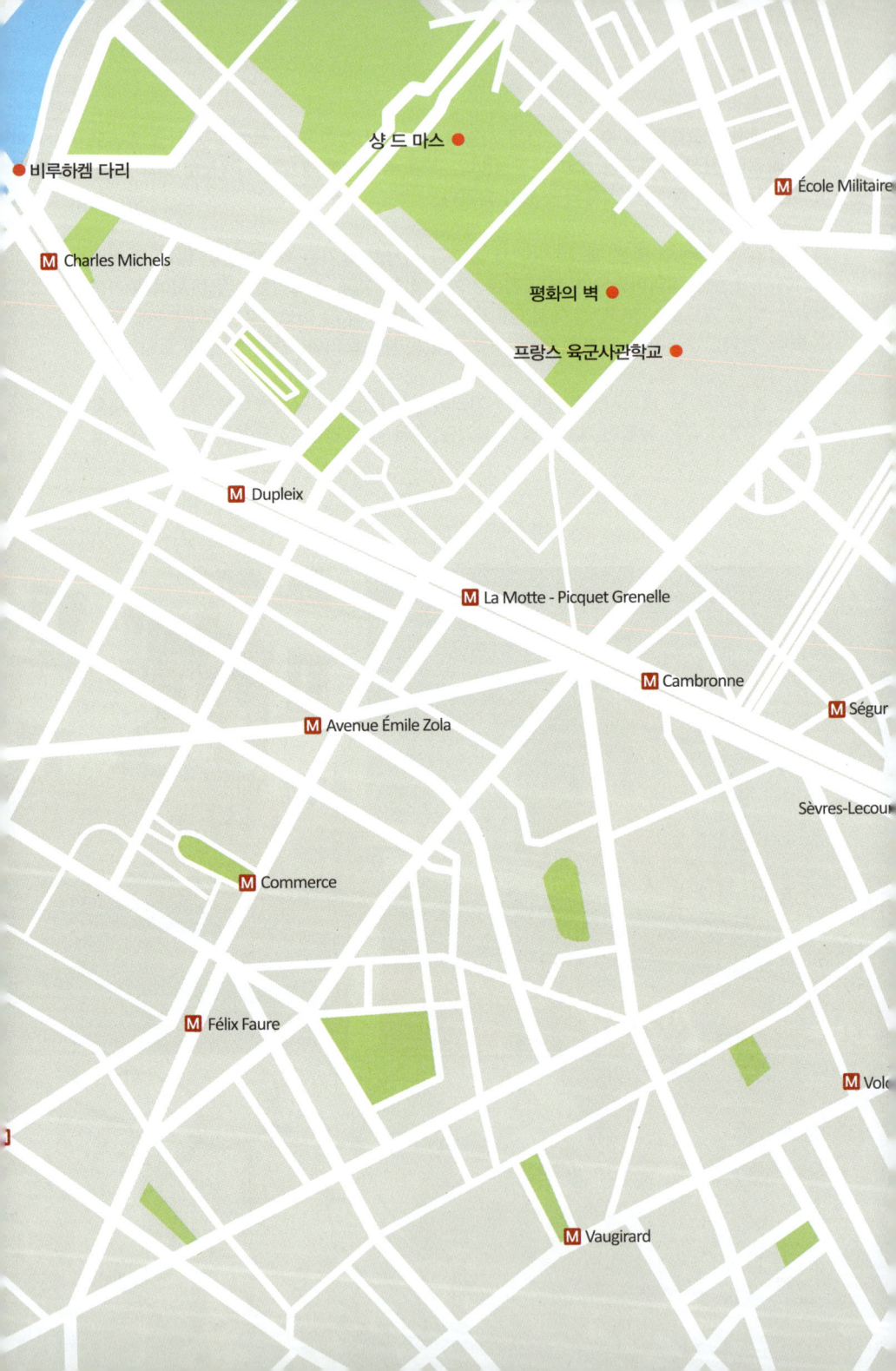

비루하켐 다리

샹 드 마스 ●

École Militaire

Ⓜ Charles Michels

평화의 벽 ●

프랑스 육군사관학교 ●

Ⓜ Dupleix

Ⓜ La Motte - Picquet Grenelle

Ⓜ Cambronne

Ⓜ Ségur

Ⓜ Avenue Émile Zola

Sèvres-Lecour

Ⓜ Commerce

Ⓜ Félix Faure

Ⓜ Vol

Ⓜ Vaugirard

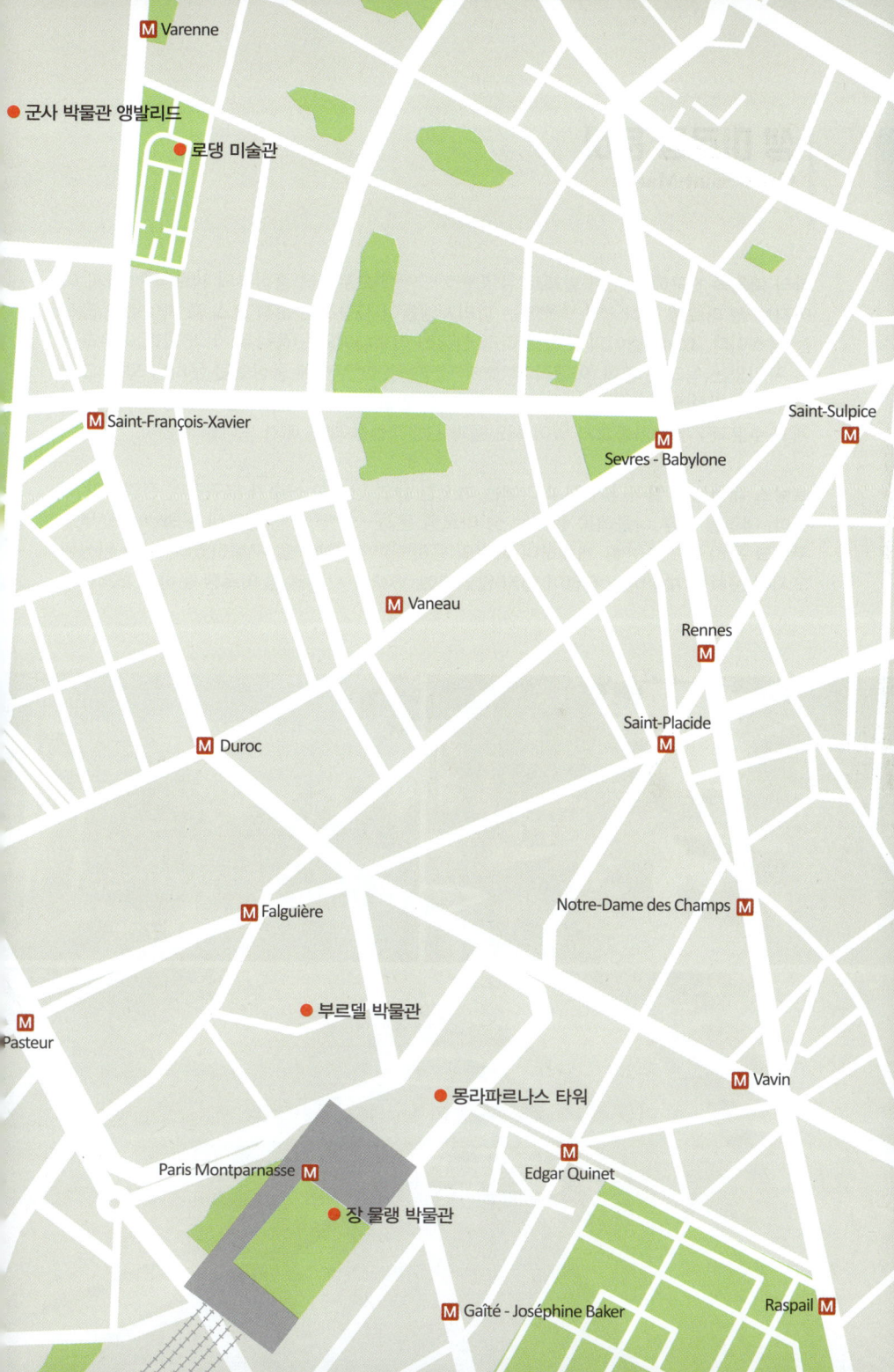

군사 박물관 앵발리드

로댕 미술관

M Varenne

M Saint-François-Xavier

M Sevres - Babylone

Saint-Sulpice
M

M Vaneau

Rennes
M

Saint-Placide
M

M Duroc

M Falguière

Notre-Dame des Champs M

M Pasteur

부르델 박물관

몽라파르나스 타워

M Vavin

Paris Montparnasse M

Edgar Quinet
M

장 물랭 박물관

M Gaîté - Joséphine Baker

Raspail M

생 마르탱 운하
Canal Saint-Martin

파리 북동쪽 19구에 위치한 빌레트 유역^{Bassin de la Villette}으로부터 중심부의 세느강^{Seine}까지 이어지는 생 마르탱 운하^{Canal Saint-Martin}는 파리지앵들이 사랑하는 산책 코스 중 하나로 손꼽히는 장소이다. 4.5km 길이의 운하를 따라 심어진 마로니에와 단풍나무, 이와 함께 어우러지는 꾸밈없는 육교는 영화 '아멜리에^{Le Fabuleux Destin d'AméliePoulain}'에 등장했던 운하의 모습 그대로 아기자기하면서 로맨틱한 특유의 분위기를 연출한다. 이외에도 생 마르탱 운하에는 9개의 수문과 2개의 가동교가 있어 시민들과 관광객들을 태운 배가 드나들게 한다.

프랑스 대혁명이 일어나기 전 파리에는 깨끗한 물과 안전한 식수가 부족하여 전염병이 잦았다. 대혁명 이후 나폴레옹 황제는 생 마르탱 운하^{Canal Saint-Martin}, 생드니 운하^{Canal Saint-Denis}, 우르크 운하^{Canal de l'Ourq}를 개설하며 파리의 운하^{Les caneaux parisiens}을 구축하였다. 이미 완성된 도시에 운하를 개설하는 작업이 쉽지 않았기에, 1802년 시공된 생 마르탱 운하는 1825년에

야 완공되었다. 개설된 생 마르탱 운하 주변으로는 19세기 산업혁명의 영향으로 공장지대가 들어섰다.

같은 시기 운하 주변에는 오스만 도시개발계획Travauxhaussmaniens의 일환으로 넓은 대로도 생겨났는데, 리샤르 르누아르 대로Boulevard Richard Lenoir와 쥘 페리 대로Boulevard Jules Ferry를 건설하기 위해 생 마르탱 운하의 일부 부분을 덮어버렸다. 세월이 흘러 생 마르탱 운하와 운하 주변의 풍경이 변하고 현재의 모습으로 거듭나게 되었다. 긴 역사를 지닌 생 마르탱 운하는 없어서는 안 될 파리의 유산이다. 그리고 이런 유산을 보존하는 것은 어렵고도 중요한 일이다.

2016년 1월부터 4월까지 생 마르탱 운하는 정비를 시작했다. 운하를 비운 뒤 정화된 물로 다시 채우고, 운하에 사는 물고기들을 옮겼다가 다시 가져오고, 전체적인 외관도 수리하는 등 총체적인 관리를 하고 다시 운하 운행을 시작했다. 휴식 기간 동안에는 운하의 양 옆으로 벽을 세워 생 마르뱅 운하의 역사와 수리 후의 모습에 대해 사진 전시회를 열었다. 오늘날 재정비된 생 마르탱 운하에는 시민과 관광객의 발길이 끊이지 않고 있다. 운하 주변으로 늘어진 아늑한 분위기의 카페와 레스토랑, 다양한 상점과 편집샵은 생 마르탱 운하의 매력을 더 돋보이게 한다.

베르샤유 궁전
Palace of Versailles

태양왕 루이14세의 절대권력을 상징하는 베르샤유 궁전은 아버지 루이 13세의 사냥터가 있던 곳에 궁전을 지었다. 파리의 권력다툼이 싫었던 루이14세는 사냥터인 성을 화려하게 개조해 2만명이 머무를 수 있는 유럽 최대의 궁정을 만들었다.

1676년 망사르가 궁전 건축에 참여하면서 2개의 거대한 건물을 남과 북에 추가로 짓고 루이르보가 테라스를 거울의 방으로 개조하기도 했다. 1710년에 왕실 예배당을 완성하고 1770년에 오페라 극장을 지어 마무리되었다. 루이16세와 마리 앙투아네트의 결혼식 때문에 새롭게 완공한 오페라 극장과 베르사유 조약으로 유명한 거울의 방을 꼭 자세히 보자.

베르사유 궁전 앞 전경

베르사유 궁전 정문 안의 전경

베르사유 궁전 (Palace of Versailles)

여름에 늦게 베르사유 궁전에 도착하면 1시간 이상을 기다려야 들어갈 수 있기 때문에 9시 정도에는 궁전앞에 도착하여 기다리는 것이 기다리지 않고 가장 빨리 관람할 수 있다. 베르사유 궁전안에는 화장실이 없기 때문에 미리 화장실에 다녀오고 점심때가 되었다면 안에는 먹을 수 있는 장소가 없으니 간단한 요기거리를 미리 준비하는 것이 좋다.

보통 1~2시간사이로 관람하고 대정원을 보러간다. 대정원은 매우 커서 코리끼 열차로 둘러보는 것이 일반적이다. 여러명이 관람을 한다면 한명은 줄을 서서 기다리고 다른 인원은 티켓을 구입하여 기다리는 시간을 줄여야 빨리 입장할 수 있다.

왕실 예배당
루이 14세가 베르사유 궁전에 마지막으로 만들라고 지시한 왕실 예배당은 바로크 양식의 2층으로 이루어져 있다. 내부가 하얀 대리석으로 호화롭게 장식되어 있어 더 아름답다.

왕의 거처
2층으로 올라오면 헤라클레스의 방이 나온다. 이어서 북쪽 정원 쪽으로 풍요의 방, 비너스의 방, 다이애나의 방, 마르스의 방, 머큐리의 방, 아폴로의 방, 전쟁의 방 7개가 이어서 나온다.

현재의 모습은 1671년부터 10년 동안 샤를 르 브렝이 그리스 로마 신화에서 태양을 상징하는 아폴론을 중심으로 회전하는 태양을 태양왕 루이 14세를 상징하는 방으로 꾸며놓았다. 왕의 궁정 연회 시 식사, 놀이, 춤, 당구 등 각각 다른 용도로 사용하였다. 1684년부터 왕의 거처는 국왕의 행사에만 사용하고 있다.

헤라클레스의 방
루이 14세는 프랑소와즈 룸완느에게 헤라클레스가 신의 모습에 다가가는 모습으로 자신을 상징하는 모습이 이탈리아 회화적인 작품으로 그려지길 바라고 만든 방이다.

다이애나의 방
루이 14세의 동상과 8개의 흉상이 있는 방으로 베르니니가 만들었다. 벽화는 찰스 드 라 포세가 제물로 바쳐진 이피제니아를 그렸다. 천장은 블랑샤르가 항해와 사냥의 여신인 다이애나의 하루를 묘사해 놓았다.

군신의 방
다윗 왕이 하프를 켜는 모습과 루이 15세와 왕비인 마리 레진스카가 양쪽 벽에 그려져 있는데 군신인 마르스에게 바쳐진 방이다.

마큐리의 방
왕의 침실 중 하나로 사용하였으나 상업의 신 머큐리에게 바쳐진 방이다. 천장화는 샴파이 그네의 작품으로 새벽별과 함께 수레에 오른 머큐리의 모습이 그려져 있고 찰스 드 라 포세가 태양 수레를 끄는 아폴로 신으로 그렸다. 벽화는 대관식 복장의 루이 15세를 그린 작품이다.

아폴로의 방
화려하고 장엄하게 장식된 방으로 절대 권력을 반영하여 라포세의 천장화와 리고의 루이 14세 그림이 있다.

전쟁의 방

1837년 루이 필립은 루브르의 회화 전시실을 기초로 만들었다. 루이 14세가 승리를 향해 말을 달리는 모습을 전쟁이라는 주제로 극적인 모습을 연출한 작품이다. 프랑스 군대의 승전을 축하하기 위해 496년 톨비악 전투부터 와그램 전투까지를 묘사한 33개의 작품이 전시되어 있다.

"나폴레옹 황제 대관식"이 가장 인기 있는 그림으로 루브르 박물관 회화 진시실에 있는 동일한 작품이 있어 비교해 보는 것도 좋다. 가끔 루브르박물관에 있는 작품과 베르사유 궁전에 있는 작품 중 어느 것이 가짜 작품인지를 이야기하는 관광객도 가끔 있기도 하다. 또한 1830년 부르봉 왕조의 후예 루이 필립이 권좌에 오르는 7월 혁명을 그린 "영광의 3일"도 유명하다. 82점의 왕족 출신으로 대원수 이상의 지위를 가진 군인 흉상과 프랑스를 위해 죽어간 영웅에게 경의를 표하는 16개의 청동 각관이 전시되어 있다.

거울의 방

수많은 거울로 70m를 장식해 놓은 방으로 국가의 주요 행사가 열린 방으로 베르사유 궁전 내에서 가장 유명한 방이다. 제1차 세계대전이 끝났다는 베르사유 조약도 이곳에서 체결되었다. 둥근 천장의 그림이 루이 14세가 아니라 어머니인 마리로부터 권력을 되찾아 1661년부터 니베르 평화조약이 체결된 1678년까지의 상황을 묘사하는 그림으로 이루어져 있다. 거울의 방은 왕이 예배당으로 향하거나 왕과 왕비의 거처를 연결하는 통로로, 궁중 연회와 왕의 결혼식 등으로 사용하였다. 화려한 거울의 방을 보다가 창문으로 아름다운 대정원을 보면서 감상하면 좋다.

왕비의 거처

4개의 방으로 마리 앙투아네트가 마지막으로 사용한 방으로 유명하다. 왕비들은 공개적인 생활을 하고 대침실에서 많은 사람들이 지켜보는 상황에서 아이를 분만했다는 사실이 놀랍기도 하다. 이것은 왕손이 바뀌는 것을 막기 위해 많은 이들이 지켜보도록 했다고 한다. 하지만 나중에는 사생활을 간섭받아 빛이 잘 드는 정원 방향으로 소규모 방을 새로 만들었다.

오페라 극장

21개월에 걸쳐 루이 15세가 만들어 미래의 왕인 루이 16세에게 기증한 방이다. 천장화와 기둥 장식 등이 모두 화려하게 만들어졌고 공연이 이루어질 때는 3천 개 정도의 촛불을 켜서 공연을 했다고 한다.

파리에서 다녀올 당일 여행지
몽생미쉘

켈트족 신화에는 죽은 자의 영혼이 전달되는 바다 무덤이라는 뜻의 몽생미쉘^{Mont Saint-Michel}은 708년, 주교 오베르^{Aubert}에게 성 미셸^{Saint-Michel}이 나타나 산꼭대기에 성당을 지으라고 전했다는 이야기에서 기원한다. 966년 노르망디의 공작인 리차드 1세가 몽생미쉘^{Mont Saint-Michel}을 베네딕트 수도원에 넘겨주면서 베네딕투스교의 중심지가 되었으나 11세기에는 군대의 강력한 요새로 쓰이기도 했다.

15세기 초 100년 전쟁 동안 영국군은 몽생미쉘^{Mont Saint-Michel}을 3번이나 포위했지만 사원은 어떤 공격에도 끄떡없었고, 영국 통치하에 넘어가지 않은 북서 프랑스의 유일한 지역이기도 했다. 프랑스 혁명 이후는 감옥으로도 쓰였으나 1966년 베네딕트수도회에 환원되었다.

몽생미쉘^{Mont Saint-Michel}을 처음 방문하는 사람들은 그 분위기에 반하게 된다. 아래지역은 고대 성벽과 아직도 100여명 정도 살고 있는 혼잡한 건물들로 둘러져 있고, 꼭대기 부분은 거대한 사원지구가 장악하고 있다.

몽생미쉘Mont Saint-Michel은 조수간만의 차가 큰 것으로도 유명한데, 밀물과 썰물 때 해수면의 차이가 15m까지 생긴다. 썰물 때는 수 km까지 펼쳐진 모래 바닥을 볼 수 있지만 약 6시간 정도 지나 밀물 때가 되면 주변이 모두 물에 잠기므로 조심해야 한다. 아주 심할 때는 섬과 본토를 잇는 900m 도로가 모두 물에 잠기기도 한다고 한다.

언덕에서 가장 볼만한 몽생미쉘 사원Abbaye du Mont Saint-Michel은 계단으로 되어 있는 그랑데 루 Grande Rue 꼭대기에 있다.

몽생미쉘(Mont Saint-Michel)

켈트족 신화에는 죽은 자의 영혼이 전달되는 바다 무덤이라는 뜻의 몽생미쉘^{Mont Saint-Michel}은 708년, 주교 오베르^{Aubert}에게 성 미셸^{Saint-Michel}이 나타나 산꼭대기에 성당을 지으라고 전했다는 이야기에서 기원한다. 966년 노르망디의 공작인 리차드 1세가 몽생미쉘^{Mont Saint-Michel}을 베네딕트 수도원에 넘겨주면서 베네딕트수교의 중심지가 되었으나 11세기에는 군대의 강력한 요새로 쓰이기도 했다.

15세기 초 100년 전쟁 동안 영국군은 몽생미쉘^{Mont Saint-Michel}을 3번이나 포위했지만 사원은 어떤 공격에도 끄떡없었고, 영국 통치하에 넘어가지 않은 북서 프랑스의 유일한 지역이기도 했다. 프랑스 혁명 이후는 감옥으로도 쓰였으나 1966년 베네딕트수도회에 환원되었다.

몽생미셸

정류장에서 입구까지 약 350m ──●─ **섬 입구**
　　　　　(도보 약 6분)　　　 **무료 셔틀 버스 & 퐁토르송 왕복 버스 기/종점**

●── **댐에서 입구까지 약 1.1km(도보 약 25분)**

무료 셔틀버스 정류장
●
　●─ **르 를레 생미셸**

정류장 사이 약 350m(도보 약 6분) ──●
　　　　　　　　　　　　　　　　　● **오텔 가브리엘**
　　　　　　　　　　　　　　　　　●─ **쉬페르 마르셰**
　　　　　　　　　　　　　　　　　●─ **무료 셔틀버스 & 퐁토르송 왕복 버스 정류장**

●─ **머큐어 몽생미셸**　　　　　　　●─ **라 자코티에르**

●─ **일반 장거리 버스 정류방**

댐

P　　P

P

몽생미쉘Mont Saint-Michel을 처음 방문하는 사람들은 그 분위기에 반하게 된다. 아래지역은 고대 성벽과 아직도 100여명 정도 살고 있는 혼잡한 건물들로 둘러져 있고, 꼭대기 부분은 거대한 사원지구가 장악하고 있다.

몽생미쉘Mont Saint-Michel은 조수간만의 차가 큰 것으로도 유명한데, 밀물과 썰물 때 해수면의 차이가 15m까지 생긴다. 썰물 때는 수킬로미터까지 펼쳐진 모래 바닥을 볼 수 있지만 약 6시간 정도 지나 밀물 때가 되면 주변이 모두 물에 잠기므로 조심해야 한다. 아주 심할 때는 섬과 본토를 잇는 900m 도로가 모두 물에 잠기기도 한다고 한다.

언덕에서 가장 볼만한 몽생미쉘 사원Abbaye du Mont Saint-Michel은 계단으로 되어 있는 그랑데루Grande Rue 꼭대기에 있다.

몽생미셸 수도원(Abbaye du Mont Saint-Michel)

멀리서 해안선에 거대하게 보이는 몽생미셸 수도원^{Abbaye du Mont Saint-Michel}은 지하, 중간, 상층의 3개 층으로 이루어져 있다. 상층의 입구에 들어가면 본당이 나오는데, 높은 천장과 기하학적인 무늬로 장식되어 있는 본당의 첨탑 꼭대기를 장식하고 있는 주인공은 대천사 미카엘이다.

본당을 나와 회랑을 들어서면 큰 식당이 보이고 계단을 따라 내려가면 손님의 방에 도달한다. 손님의 방 옆에는 고딕 양식으로 지어진 기사의 방이 있는데, 필사본의 방으로 들어가는 인원은 정해져 있었다고 한다.

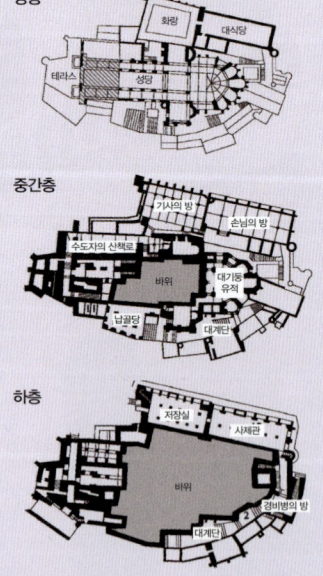

상층

중간층

하층

292

계단을 따라가면 지하층에는 자선의 방이 있다. 이 방에는 걸인들이 있었는데 방 한쪽에 두레박을 설치해 상층에 있는 식당에서 음식을 내리면 받아서 먹도록 되어 있었다.

몽생미셸은 섬 자체만으로 사람들의 상상을 자극하여 많은 이야기가 만들어져 내려오고 있다. 커다란 용이 밤에 마을에 나타나 마을 사람들을 잡아먹는 이야기도 있다.
마을 사람들은 두려움에 왕에게 용을 잡거나 죽여 달라고 간청했고, 왕은 몽생미셸에 군대를 보냈지만 용은 이미 죽어있었다. 이 소식을 들은 사람들은 천사 미카엘이 용을 죽였다고 하면서 몽생미셸의 가장 높은 곳에 천사 미카엘의 동상을 세우고 발밑에 죽은 용의 잔해를 놓았다고 전해진다. 칼과 방패를 들고 있는 미카엘 천사 밑에 용이 있는 동상을 누구나 볼 수 있다.

수도원 뒷문에는 지평선 아래에 하얀 모래밭에 맑은 물이 흐르는 백사장이 나오는데, 먼 수평선을 보면서 쉬어가는 휴식 장소이자 멋진 방면을 볼 수 있는 뷰 포인트^{View Point}이기도 하다.

루아르 고성(Loire)

프랑스 중앙부를 가로지르는 루아르^{Loire}강은 프랑스에서 가장 긴 강으로, 그 길이는 1,006 km에 이른다. 루아르 지방의 주요 도시는 오를레앙^{Orléans}, 블루아^{Blois}, 앙제^{Angers}, 투르^{Tours} 이다. 발 드 루아르^{Val de Loire} 지역 일대는 유네스코의 세계유산으로 지정된 강변을 따라 14~16세기에 세워진 수많은 고성들과 다양한 역사유적지, 아름다운 포도밭을 볼 수 있다.

루아르^{Loire} 고성은 중세시대의 요새와 이탈리아에서부터 발달한 르네상스 양식의 고성은 프랑스의 역사를 한눈에 보여준다. 루아르 계곡에 고성이 많은 이유는 먼저, 루아르 계곡 은 예로부터 중요한 요지 역할을 하였는데, 1337~1453년에 영국과 프랑스 사이에 벌어진 백년전쟁이 주요 전선이 되었다.

프랑스의 정원(Jardin de la France)

'프랑스의 정원^{Jardin de la France}'이라고 불리우는 루아르 강 주변의 고성 중에는 당시 귀족들 이 만들었던 큰 규모의 요새들이 많다. 루아르 지방은 기후가 온화하고 비옥한 토양에 평 지로 이루어져 있어 강을 통해 무역과 문화의 교류가 활발했다. 당연히 국왕과 영주들은 많은 성을 짓고 자신들의 세력을 과시하기 위해 거대한 요새를 만들기 시작했던 것이다. 절대 왕정이 시작되기 전에 프랑스 왕족은 왕실의 주거지가 불안정하여 따로 두지 않고 침

대와 식기 등 성안의 살림을 전부 수레에 싣고 성을 옮겨 다녔다. 그래서 온화한 기후에 거대한 성이 많은 루아르 지방에서 많은 시간을 보냈다고 한다.

루아르 고성 중 세계적으로 잘 알려진 곳은 20여 개인데, 왕족들이 임시 거처로 사용하였던 블루아Château de Blois 고성, 화가 레오나르도 다빈치가 머무르다 생애를 마감한 앙부와즈 끌로 뤼세Château du Clos Lucé 고성, 프랑수와 1세의 사냥터 별장이자 가장 큰 규모를 자랑하는 샹보르Château de Chambord 고성, 탐정 만화 틴틴Tintin을 그린 에르제Hergé가 캐릭터를 구상하는 데 영감을 받았다고 하는 슈베르니Château de Cheverny 고성, 신의 계시를 받은 잔 다르크가 황태자 샤를 7세를 찾아와 호소했던 시농Château de Chinon 고성, 물 위에 떠있는 듯한 다제 르리도Château d'Azay-le-rideau 고성 등을 예로 들 수 있다. 경이로운 역사 유적지와 멋진 자연 풍경, 맛있기로 알려진 음식과 지역 특유의 와인은 매년 수많은 관광객을 사로잡는다.

지베르니 (Giverny)

클로드 모네Claud Monet를 들어본 적이 없어서 망설일 수도 있지만 지베르니Giverny에 있는 모네의 정원을 본다면 아름다움에 놀라고 친숙함에 넋을 잃을 수도 있다. 관광객들은 7~8월 수련이 핀 장면을 보기 위해 가장 많이 찾는다. 19세기의 걸작으로 일컬어지는 모네의 작품들이 있는 수련 연못에서 영감을 받아 탄생한 실제의 모네 작품을 볼 수 있기 때문이다. 단순한 연못을 소재로 보는 사람의 마음을 진정하게 하는 작품을 본 적이 없다.

개인적으로 삶이 힘들 때 바라본 오랑주리 미술관의 수련 작품은 멍 때리면서 오랜 시간을 서서, 의자에 앉아서 본 적이 있다. 그래서 더욱 실제로 보고 싶었다. 이 작품은 실제로 보는 모습만 옮긴 것이라 정원이 위대한지, 모네가 재해석해 모네가 위대한지 알고 싶었다. 결론은 둘 다 위대하다는 것이었다. 자연을 본 따 정원을 만들 사람들도, 그것을 작품으로 승화시킨 모네도 위대했다. 달리 다른 말로 표현하기 힘들다.

모네는 기차를 타고 지나가다 유리창 너머로 지베르니Giverny를 보았다고 전해진다. 1883년 모네는 지베르니로 이사를 했고 정원을 만들었다. 모네는 지베르니의 정원이 자신이 만든 최고의 작품이라고 했으니 정원이나 수련 작품이나 모네의 것이다.

모네의 정원에는 빛과 그림자가 있는 공간이다. 노르망디의 변덕스러운 날씨 때문에 지속적으로 흔들리면서 변화하는 빛과 그 물 위에 떠 있는 수련 꽃과 잎사귀들은 반사되면서 묘하게 변화한다. 이 변화는 자연이 만들었다.

정원에는 서로 교차하는 많은 자갈길이 놓였는데, 전체적으로 수련 연못을 향해 완만하게 기울어져 있다. 수련 연못은 작지만 분위기가 있다. 정원을 둘러싼 길은 걸어가면 갈수록 빛 속에서 변화하는 다양한 정원의 풍경을 관찰할 수 있다. 눈에서 보이는 느낌이 잘 보이기도 하지만 버드나무에 가려져 보이지 않는 곳도 있다.

지베르니에 있는 모네의 집은 넓은 정원이 있는 저택이다. 관광객들은 집을 둘러보면서 모네에게 강렬한 영감을 주었던 풍경을 느껴볼 수 있다. 모네는 아침 일찍 침대에서 일어나 정원을 바라보면서 하루를 시작했다고 한다. 정원을 보면서 계절에 따라 변화하는 다양한 빛깔을 관찰할 수 있었다.

정원의 넓은 길은 집에서 연못 위에 있는 일본식 다리까지 이어져 있다. 모네의 작품에 자주 등장해서 유명해진 다리는 길을 사이에 두고 나누어 있지만, 터널을 통해 연결해 놓았다. 모네는 그림을 그리던 초창기부터 작업실보다 열린 공간인 야외에서 작업을 했고, 빛의 변화를 포착해 자신의 작품 속에 담으려고 순간적으로 눈에 들어오는 느낌을 빠르게 그려냈다.

지베르니에 있는 동안 세잔Cezanne, 르누아르Renoir, 마티스Matisse, 피사로Pissarro 등 동시대의 유명한 화가들이 이곳에 방문하기도 했다. 이들은 평생 동안 교류를 지속하지는 않았다. 웬만하면 모이기가 힘들었던 쟁쟁한 화가들이 작은 집에 함께 모이기는 힘들었기 때문일 것이다.

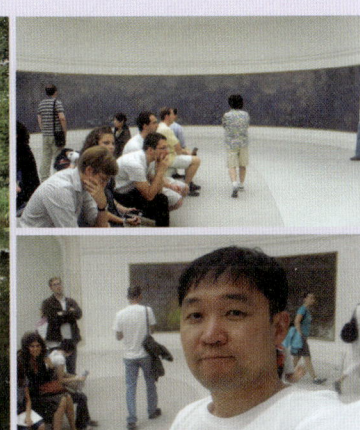

Pyrénées
피레네 산맥

생장 피에드포르

ST JEAN PIED DE PORT

산티아고 순례길은 스페인으로 복음을 전하러 갔던 예수 그리스도의 제자 성 야고보, 프랑스에서는 '생 자크Saint Jacques'라고 부른다. 9세기 스페인 산티아고 데 콤포스텔라Saint-Jacques-de-Compostelle에서 성 야고보의 유해가 발견되어 성 야고보는 스페인의 수호성인이 되었다. 12세기 교황 알렉산더 3세가 산티아고 데 콤포스텔라Saint-Jacques-de-Compostelle를 가톨릭의 성지로 선언하며 순례길이 탄생할 수 있었다.

산티아고 순례길은 현재 다양한 길이 있지만 가장 잘 알려진 길은 프랑스 남부에서 시작해 피레네 산맥을 통해 스페인 국경을 넘는 '까미노 프란세스Camino Francés'라고 부르는 프랑스 길이다. 파리Paris에서 출발해 기차를 타고 남서부 생장 피에드포르St Jean Pied de Port에 도착해 산티아고 순례길이 시작된다. 그런데 산티아고 순례길을 걷기 위해 방문하기도 하지만 피레네 산맥의 아름다운 풍경을 보기 위해 찾는 관광객도 많다. 산티아고 순례길 주변에는 다른 프랑스지방에서는 볼 수 없는 피레네 산맥에서 보는 다양한 풍경을 즐길 수 있기 때문이다. 이들은 피레네 산맥을 둘러보면서 산책이나 트레킹을 하게 된다.

프랑스 길의 시작점인 생장 피에드포르^{St Jean Pied de Port}는 아름다운 경치와 문화유산, 지역 특산물과 요리, 전통 축제 등이 특색이 있다. 1년 내내 찾아오는 순례자들이 피레네 산맥에 입성하기 전 휴식을 취하며 준비하는 마을로 알려져 있지만 주변 지역은 순례자뿐만 아니라 무역상, 군인들도 전략적으로 이용했던 역사가 있다. 1807년 나폴레옹이 스페인의 이베리아 반도를 침공하기 위해 프랑스 루트를 이용하였다고 알려져 있다.

산티아고 순례길은 생장 피에드포르^{St Jean Pied de Port}부터 산티아고 데 콤포스텔라^{Saint-Jacques-de-Compostelle}까지 800㎞가 넘는 약 33일 정도의 기간 동안 걸어가면서 다양한 풍경을 즐길 수 있다. 1990년대에 파울로 코엘료의 소설 '연금술사'가 인기를 끌면서 연금술사의 배경으로 등장한 산티아고 순례길이 유명세를 타 시작했고, 유네스코 세계문화유산으로 지정되면서 지속적으로 사람들의 관심을 가지게 되었다.

생장 피에드포르St Jean Pied de Port를 처음 찾는 순례자들은 이곳의 순례자 사무실에 찾아가 '크레덴시알credencial'이라고 부르는 여권을 신청한다. 순례자들의 여권인 크레덴시알 credencial은 순례자가 되어 순례자 숙소인 알베르게를 사용할 때 순례자로서의 신분을 증명하기 위해 만들어졌다.

여권을 소지해야 산티아고 순례길을 걸어가면서 전용 숙박시설인 알베르게를 이용할 수 있다. 순례길을 걸으면서 자신이 다녀간 숙소, 카페, 성당, 상점 등에서 여권에 스탬프를 받아야 한다. 자신이 걸었던 기록을 마지막 도시인 산티아고 데 콤포스텔라에 도착하여 산티아고 순례길을 완주했다는 증명서를 받아야하기 때문이다.

로카마두르

ROCAMADOUR

스페인의 몬세라트와 비슷한 분위기의 작은 마을이 프랑스에도 있다. 프랑스 남부 미디 피레네 (Midi-Pyrénées) 지방 로트(Lot)의 작은 마을 로카마두르(Rocamadour)는 알주 협곡(Vallée de l'Alzou)의 가파른 석회암 절벽 위로 층층이 지어진 작은 중세 마을이다. 절벽 최정상에 높게 솟은 성채 그리고 경사면을 수놓은 작은 집들이 이루는 절경은 감탄을 금치 못할 정도도 아름답다.

로카마두르(Rocamadour)의 이름의 유래

'아마두르의 바위'라는 뜻의 로카마두르^{Rocamadour}는 협곡에서 홀로 수도를 하다가 생을 마감한 성인 아마두르의 유골이 발견되며 생긴 이름이다. 유골이 발견된 이후 로카마두르^{Rocamadour}는 유명한 기독교 성지가 되었다.

성지로도 유명한 로카마두르^{Rocamadour}는 바다 위의 수도원, 몽생미셸과 함께 프랑스의 가장 인기 있는 순례지로 꼽힌다. 마을의 유명한 순례자의 계단인 '그랑 에스칼리에'는 순례자들이 헌신과 참회의 뜻으로 총 233개의 가파른 계단을 올라가야 했다. 스스로 몸을 쇠사슬로 묶고 무릎으로 기어 올라갔던 고행 길로 아직도 직접 보여주는 순례자도 있기는 하다고 한다.

검은 성모
Vierge Noire

신성한 '종교 도시'로도 불리는 로카마두르^{Rocamadour}에는 총 8개의 성당이 있다. 가장 잘 알려진 성당은 노트르담 드 로카마두르 성당^{Notre-Dame de Rocamadour}으로, 성당 안 작은 목제 조각상인 '검은 성모^{Vierge Noire}'가 병을 치유하고 기적을 행한다고 알려져 순례지로 유명세를 타게 되었다. 1172년에는 '검은 성모'가 행한 기적들을 담은 책이 발간되기도 했다고 한다.

'검은 성모'는 성당 안의 작은 종을 울려 거친 바다를 항해하는 선원들의 목숨을 구하고, 죄수들의 죄를 사하고 구원하는 것으로도 알려져 있다. 성당 내부에 선원들이 감사의 뜻으로 바친 배의 모형, 그리고 전쟁에서 포로로 잡혔다가 자유의 몸이 된 죄수들이 바친 쇠사슬 등이 전시되어 있다.

Bretagne
브르타뉴

브르타뉴

BRETAGNE

프랑스 가장 서쪽 지역으로, 거친 해안과 황무지가 펼쳐진 시골풍경이 인
상적이며 화려한 종교 행사로도 잘 알려져 있다. 종교행사나 지방 민속
축제는 이 지방 여성들이 전통 의상을 입고 행사에 참가해 관광객은 재미
를 느낀다. 프랑스의 서쪽 지방이지만 파리에서 당일치기 여행으로도 다
녀올 수 있어서 관광객이 상당히 많이 찾는 지역이다.

아름다운 풍경

프랑스 북서부 끝 대서양과 맞닿은 브르타뉴Bretagne 지방은 전통과 현대 그리고 아름다운 자연이 어우러진 해안 지방으로 프랑스인들을 비롯해 전 세계 관광객들에게 많은 사랑을 받는 여행지로 꼽힌다. 오래된 역사와 이색적인 도시들 그리고 매력적인 전통 문화는 브르타뉴 지방을 한층 더 돋보이게 한다.

브르타뉴 지방의 독립적 성격

브르타뉴 사람들은 원래 영국에 살고 있었으나 5~6세기경에 앵글로 색슨족의 침입으로 그곳에서 쫓겨나 영국 해협을 건너 현재의 이 지방으로 왔다. 이들은 자신들의 전통과 언어를 지켜가며 수세기 동안 부유하고 강한 브르타뉴 공국을 유지했으나 1532년 프랑스의 일부로 편입되었다. 지금도 프랑스로부터의 독립과 가치성의 쟁취를 포기하지 않고 있다.

브르타뉴
이름의 유래

켈트족과 라틴족, 앵글로색슨족 등 여러 민족의 영향을 받은 브르타뉴는 16세기까지 프랑스와는 분리된 하나의 공국이였으나 1532년에 프랑스 왕국에 병합되었다. 브르타뉴라는 이름은 그레이트브리튼에서 이주한 '브리타니아 족'으로부터 유래한 것이라고 한다. 프랑스의 지방이 된 이후로도 다양한 전통 문화를 보존하고 물려받은 브르타뉴는 오늘날까지 프랑스에서 가장 뚜렷한 정체성과 자치성향을 지닌 지방으로 인식되고 있다.

겐하 두(Gwenn ha du)
브르타뉴 지방은 프랑스 국기인 삼색기 외에도 브르타뉴를 상징하는 국기를 따로 쓰고 있다. '겐하 두(Gwenn ha du)'라고 불리는 이 국기에는 흰 바탕에 검은 줄무늬와 전통 문장이 그려져 있다. 검은 줄무늬와 흰 줄무늬는 브르타뉴 지방의 고유 언어를 사용하는 지역과 사용하지 않는 지역을 구분하였다고 한다.

공식 언어

브르타뉴 지방에서는 프랑스어 외에도 켈트어의 계열인 브르타뉴 지방의 사투리가 공식 언어로 인정된다. 프랑스 정부는 프랑스의 소수지방어이자 유네스코의 소멸위기 언어로 등록되어 있는 브르타뉴어 일명 '브르통breton', 브르통은 브르타뉴 지역 주민을 뜻하기도 한다)을 보존하기 위한 노력을 거듭하고 있다. 브르타뉴의 몇몇 도시에서는 브르통을 실제로도 사용하며 교육을 제공하고 있다.

페스트 노즈 축제

브르타뉴의 유명한 축제로는 '페스트 노즈Fest Noz'를 꼽을 수 있다. '페스트 노즈'는 브르타뉴의 전통 의상과 음악, 춤 등을 한눈에 보고 즐길 수 있는 거대한 축제이다. 백파이프와 피리를 기본으로 다양한 악기가 어우러져 연주하는 켈틱 전통 음악을 비롯해 락, 포크, EDM 등 다양한 현대 음악을 감상할 수 있다.
전통 의상을 입은 마을 주민들은 집단 전통 무용을 선보이기도 한다. 다양한 세대와 전세계 방문객이 공동체 의식을 갖고 함께 즐기며 전통을 전수받아 이어가는 데에 의미를 둔 '페스트 노즈' 축제는 2012년 유네스코 무형문화유산으로 등재되기도 하였다.

Nantes

낭트

낭트

NANTES

루아르Loire 강과 대서양에 인한 낭트Nantes는 중세부터 무역과 상업으로 번성했지만 제2차 세계 대전으로 인해 도시 전체가 파괴되었다. 전후에 은행, 광장 주변, 병원 등 건축물은 이제 이전의 모습을 되찾았다. 다양한 상점들을 한 눈에 둘러볼 수 있는 파사쥬 포므레 Passage Pommeraye를 가면 낭트의 매력을 쉽게 알 수 있다.

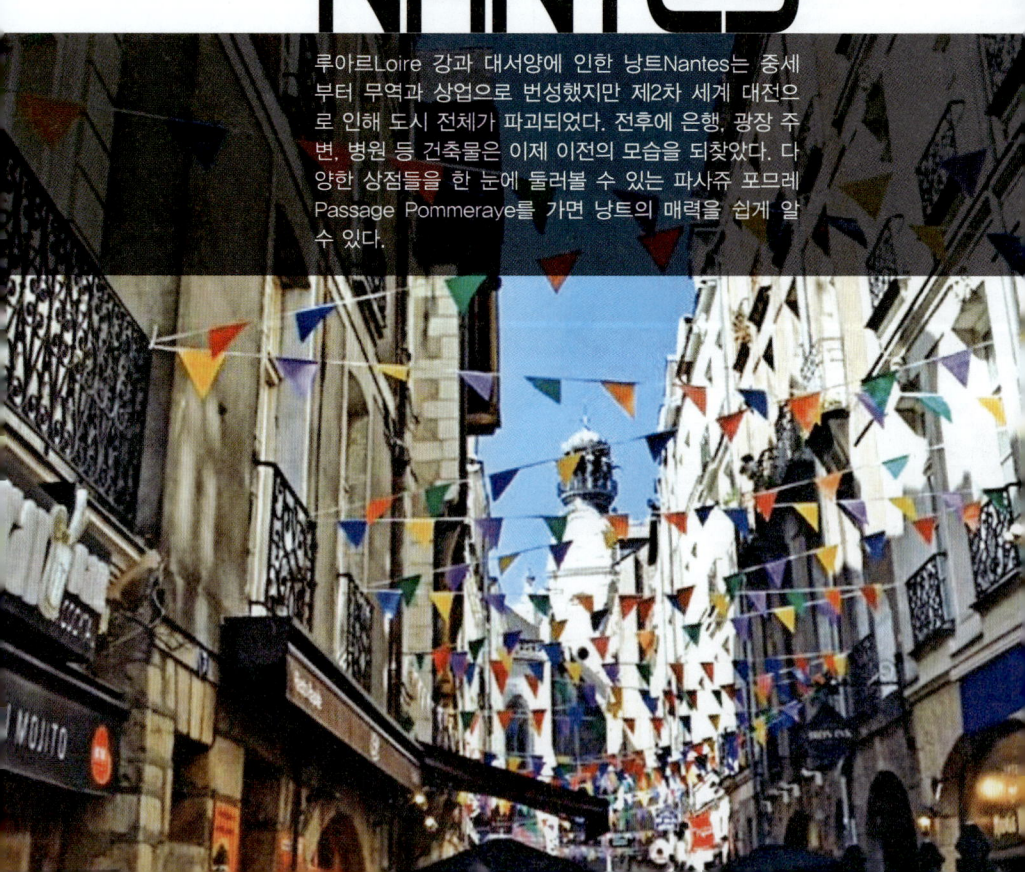

최근 도시의 재생 작업

70년대부터 아시아 국가들의 조선과 철강업이 활성화되자 낭트의 조선업 등 주력 산업이 쇠퇴하게 되었다. 미래 기술 산업과 녹색성장, 혁신 위주의 사업을 통해 경제를 활성화하 겠다는 계획을 세우고, 기반 시설을 재활용하면서 도시기능을 회복하고, 도시재정비 프로 젝트를 통해 중심지와 부도심을 개발하면서 도시는 점차 활력이 생겨났다.
이외에도 강어귀와 도시 곳곳에 전시된 현대 설치 예술, 계절 축제, 테마공원 등 다양한 문 화상품을 통해 관광객의 눈길을 끌며 오늘날의 다이내믹한 도시로 거듭나게 되었다.

꼭 봐야 할
관광지

13~15세기 브르타뉴 지방을 거느리던 공작의 거주지를 낭트 역사에 대해 알 수 있는 박물관으로 탈바꿈시킨 브르타뉴 공작의 성^{Château des ducs de Bretagne}이 유명하다. 오랜 기간 공사가 연기된 탓에 457년 만에 지어졌다는 생 피에르와 생 폴 대성당^{Cathédrale Saint-Pierre et Saint-Paul}은 꼭 봐야 할 관광지이다.

레 마쉰 드 릴
Les Machines de l'île

폐쇄된 조선소를 거대한 테마공원, 레 마쉰 드 릴^{Les Machines de l'île}으로 탈바꿈 시켜 낭트에서 가장 유명한 관광지로 만들었다. 레 마쉰 드 릴은 프랑스의 유명한 과학 소설가 쥘 베른이 꿈꿔왔던 상상의 세계에서 시작해 천재 발명가 레오나르도 다빈치의 기계를 현실에 보여 주는 시간 여행을 테마로 한 공원이다.

건물 4층 높이에 달하는 거대한 움직이는 코끼리가 가장 인상적이며 해저여행을 모티브로 만들어진 높이 25m, 지름 20m의 회전목마, 해양 카루젤도 유명하다.

쥘 베른(Jules Verne)

태어나 유년기를 보낸 도시이기도 하다. 쥘 베른은 '지구 속 여행(Voyage au centre de la Terre)', '해저 2만리(Vingt mille lieues sous les mers)', '80일간의 세계 일주(Le Tour du monde en quatre-vingts jours)' 등 풍부한 상상력이 돋보이는 과학 소설로 유명한 작가이다.

비행기, 잠수함, 우주선이 만들어지고 상용화되기 전 이미 우주, 하늘, 해저 여행에 대해 글을 썼던 쥘 베른의 작품은 전 세계에 번역되었고 영화화되기도 하였다. 과거 한 인터뷰에서 쥘 베른은 어디서 영감을 얻는가에 대한 질문에 "상업적 교류가 잦고 수많은 여행의 출발점이자 도착점이기도 한 낭트에서 어린 시절을 보낸 기억이 내게 영감을 주는 것들 중 하나"라고 말했다고 한다. 낭트에서 태어난 쥘 베른의 생가는 오늘날 그의 문학 세계와 과학 지식, 그가 남긴 발명품을 들여다 볼 수 있는 박물관으로 운영되고 있다.

Normandy

노르망디

노르망디

NORMANDY

70년이 지났지만 제2차 세계대전을 종식시키기 위해 당시 아이젠하워가 이끄는 연합군이 상륙작전을 감행한 역사적인 장소이다. 노르망디 해안은 수도인 파리에서 기차로 약 2시간이면 도착할 수 있다.

여름에는 휴양지들이 해변을 따라 늘어서 있는 것을 볼 수 있는 마을이다. 프랑스 북부 해안은 여름인 6~9월까지가 가장 여행하기가 좋다.

에트르타(Étretat)나 페캉(Fécamp) 중에 한 곳을 보고 몽생미셸로 이동해 1박을 하고 파리로 이동하는 것이 가장 일반적인 여행 루트이다.

간략한

역사적 의미

노르망디^{Normandy}라는 지명은 10세기 초, 이 곳에 바이킹의 한 종족인 노르만 족이 이주하여 노르망디 공국을 세운 데에서 유래한 이름이다. 후에 노르망디 공국은 영국으로 진출하고 프랑스와 영국의 영토 분쟁에 휘말리기도 했으나, 지금은 완전히 프랑스로 변했다. 현재 노르망디는 산림지대로 보호받고 있다.

노르망디
개념 잡기

노르망디의 수도인 루앙Rouen에는 성당 건물을 비롯해 중세 건축물들이 많이 남아 있고, 바이유Bayeux는 11세기부터 번창한 마을이지만 2차 세계대전, 노르망디 상륙작전에서 연합군이 상륙한 해변에서 가장 가까운 마을로 인기를 끌고 있다.

유타 해변Utah Beach 뒤쪽에 위치한 생−메르−에글리즈Ste-Mère-Église에 있는 교회의 스테인드글라스 유리창 중에 교회의 첨탑에 착륙한 낙하산병 존 스틸John Steele을 기념하고 있다. 영화 지상 최대의 작전The Longest Day은 이 사건을 기초로 만든 영화이다.

노르망디 상륙 작업

평화로운 노르망디 해안을 거닐다보면 핏 비린내 나는 전투가 발발했다는 사실을 알기가 어렵다. 1944년 6월 6일에 히틀러의 제3제국이 세웠던 '대서양 방벽'의 무너진 콘크리트 벙커와 대포를 쏘는 설치물에서부터 많은 연합군 병사들의 묘에 이르기까지 '노르망디 상륙 작전'의 흔적이 남아 있다.

미군 3개 사단, 영국군 2개 사단, 캐나다군 1개 사단의 연합군 대부분은 영국의 포츠머스 Portsmouth에서 배로 항해하여 쉘부르Cherbourg와 르 아브르Le Haavre 사이에 위치한 지금의 칼바 도스 해안Côte du Calvados이라고 불리는 해변에 상륙했다.

연합군은 유타, 오마하, 골드, 주노, 스워드 등의 교두보에서 출발하여 노르망디를 지나 내 륙으로 파리까지 진격할 계획이었다. 칼바도스 해안 중간 정도에 위치한 작은 마을 아로망 세Arromanches에서는 가장 격렬한 전투가 벌어졌다.

이곳에는 지금 노르망디 전투를 기념하는 박물관이 2곳에 있다. 아로망셰 박물관은 연합 군이 교두보들로부터 돌파해 나오는 데 결정적인 역할을 한 2개의 멀베리 항구Mulberry Harbors 가운데 하나가 있던 자리 옆에 세워져 있다. 그러나 상륙작전 당일의 진정한 의미를 알기 위해서는 콜빌-쉬르-메르Colleville-sur-Mer에 위치한 미군 묘지를 방문해야 한다. 이곳에 잠들어 있는 병사들은 거의 모두 젊은 나이였고, 많은 수가 십대였다. 그들은 해방된 파리 에서 샴페인을 들며 축배를 나누지 못한 채 어린 나이에 죽어갔다.

노르망디의
작은 마을들

루앙(Rouen)

노르망디 공국의 수도인 루앙^{Rouen}은 1431년 잔다르크가 화형을 당하기도 한 곳으로 역사적인 도시이다. 19세의 나이로 프랑스를 구원했지만 마녀로 화형을 당한 곳에 지어진 잔 다르크 교회^{Eglisa St. Jeanne}는 올드 타운 중앙에 박물관과 함께 있다.

그녀가 죽임을 당하고 25년이 지난 후에 교황청은 성인으로 추대하면서 광장 중앙에 십자가를 세우며 교회의 건설이 시작되었다고 알려져 있다. 파리의 생 라자르^{St. Lazar} 역에서 기차를 타고 70분 정도면 도착할 수 있다.

노트르담 대성당 (Cathedrale Notre Dame)

역사적인 도시인만큼 노트르담 대성당^{Cathedrale} ^{Notre Dame}이 도시 중앙에 하늘 높이 솟아있다. 12세기 중반에 로마 시대의 교회 터에 짓기 시작했지만 화재로 소실된 후 잊혀져갔다. 영국의 왕이었던 존의 기부로 다시 성당이 건설되어 지금의 형태를 이루었다.

노르망디 상륙작전으로 훼손이 심했지만 다시 복구한 상태이다. 성당은 서쪽의 파사드가 가장 아름답다. 그래서 모네도 루앙 성당을 30점 넘도록 연작으로 그리기도 했나보다.

바이유(Bayeux)

인구 약 15,000명의 작은 마을인 바이유^{Bayeux}는 2가지 전장으로 유명하다. 1066년 노르망디 공국의 윌리암이 이곳을 거쳐 영국을 점령했고, 1944년 6월6일, 연합군의 노르망디 상륙작전 당시 가장 먼저 이곳으로 들어왔기에 나치 점령하의 프랑스에서 가장 먼저 해방된 도시이기도 하기 때문이다.
현재는 너무 관광지화가 되기는 했지만 그만큼 매력이 있는 곳으로 아직까지 관광객이 많이 찾고 있다. 세계적으로 유명한 '바이유 데피스트'는 거친 린넨으로 길이 70m나 되고 순모로 수놓아져 있다.

지베르니
Giverny

지베르니^{Giverny}에 있는 모네가 살던 집과 정원은 미국 미술관이 개관하는 4~10월 사이에 가장 관광하기에 좋다. 봄과 초여름에 꽃이 가장 아름답다고 알려져 있다. 지베르니^{Giverny}에 있는 미국 미술관은 메리 카사트, 윈슬로우 호머, 제임스 맥닐 휘슬러 등 1750년부터 현재까지의 미국 화가들의 작품을 전시하고 있다.

옹플뢰르에서 르아브르를 경유하여 디에프 해안을 지나 파리까지 322km를 다니는 하루 투어가 진행 중이다. 하지만 프랑스 사람들은 3~5일 정도를 여행하는 것이 일반적이다. 지베르니를 제대로 감상하려면 카페이자 B&B인 르 봉 마레샬^{Le Bon Maréchal}에 찾아가도록 하자. 모네와 친구들이 모여서 이야기를 나누던 곳으로 방은 3개뿐이다.

혼자 여행하는 사람은 센 강 계곡을 따라 기차나 자동차로 이 루트를 다니는 것을 추천한다. 루앙이나 파리에서 지베르니^{Giverny}로 기차를 타고 가려면 베르농^{Vernon}에서 내려 갈아타야 한다. 노르망디의 센마리팀^{Seine-Maritime} 행정구에서는 해안을 따라 인상주의를 주제로 한 여행을 홍보하고 있다.

인상파 찾아가기

인상주의 화가들은 클로드 모네의 그림을 통해 '인상주의'라는 이름을 얻게 되었다. 그림의 제목은 인상, 해돋이Impression, Sunrise로 노르망디 해안의 르아브르Le Havre시의 안개 낀 풍경을 묘사한 것이었다. 모네는 르아브르Le Havre에서 화가, 외젠 부댕과 함께 야외에서 그림을 그리면서 빛과 대기를 화폭에 잡아내는 재능을 찾아낼 수 있었다. 바로 이 르아브르Le Havre에서 프랑스 인상주의 화가들의 자취를 찾아 떠나는 여행을 시작한다.

르아브르에서 출발하여 도빌Deauville 해안과 트루빌Trouville 해안, 옹플뢰르Honfleur 어촌을 둘러본다. 그 다음 이름처럼 하얀 석고 해안Alabaster Coast을 따라 동쪽으로 디에프Dieppe로 가서 에트르타Étretat와 페캉Fécamp의 절벽을 찾는다.

모두 모네의 동료인 피사로, 마네, 드가, 르누아르, 베르트 모리조 등의 인상주의 화가들을 매혹시킨 장소이다. 다음으로 이곳을 떠나 내륙의 루앙Rouen으로 이동한다. 루앙에서 모네는 성당 정면의 풍경을 담은 연작을 그렸다. 강을 따라 올라가면 센 강 동쪽에 지베르니Giverny가 있다. 지베르니는 모네가 인생의 후반기를 보낸 곳으로 모네의 수련 시리즈에 영감을 준 아름다운 정원을 방문할 수 있다.

파리에 도착하면 인상주의 화가들이 도시와 관련한 주제들을 좋아했음을 생각해볼 수 있다. 당시 파리는 현대화가 진행 중이었기 때문에, 르누아르의 퐁네프Pont Neuf나 드가의 콩코르드 광장Place de lu Concorde 등 인상주의 화가들이 그렸던 파리는 지금과 거의 비슷한 모습이다.

Auvers-Sur-Oise

오베르 쉬르 우아즈

오베르 쉬르 우아즈

AUVERS-SUR-OISE

의외로 파리와 같은 대도시에서 여행을 하다보면 많은 사람과 차량에서 나오는 소음으로 지치게 되기도 한다. 우아즈 강에 있는 오베르라는 뜻의 작은 마을은 대부분 빈센트 반 고흐 때문에 방문하는 마을이다. 오베르 쉬르 우아즈(Auvers-Sur-Oise)는 역장도 역무원도 없는 작은 마을이지만 여행자의 마음을 훔칠 수도 있을 것이다. 그만큼 오베르 쉬르 우아즈(Auvers-Sur-Oise)는 누구도 관심을 가질만한 마을은 아니다.

불멸의 화가
빈센트 반 고흐

고흐는 자신의 마지막 70일 정도를 머물면서 70점이 넘는 그림을 그렸다. 특히 가을이 깊어가는 어두운 날에 방문하면 우울한 고흐의 심정을 느껴볼 수도 있을 것이다. 그는 라부 여관에 지내면서 여관부터 교회, 시청, 까마귀가 날아다니는 밀밭을 그려냈다. 자신의 인생을 비관하고 나아지지 않았던 그의 삶은 이곳에서 아무리 그림을 그려도 좋아지지 않았다. 역설적이게도 그의 그림은 죽은 이후 동생 테오에 의해 알려지기 시작해 이제는 천재라는 평가를 받고 있다.

깨끗하고 조용한 마을은 역에도 사람이 없고 역을 지나가는 차량이 보일 뿐이지만 관광객들은 오베르의 교회를 보기 위해 찾아온다. 고흐가 그린 그림과 같은지, 어떤 느낌일지 100년이 지났지만 알고 싶은 여행자의 관심을 자아낸다.

가는 방법
파리의 북역 30~36번 플랫폼에서 출발하는 퐁투아즈^{Pontoise} 행 기차를 타고 1시간 정도 타고 내려서 다시 오베르 쉬르 우아즈^{Auvers-Sur-Oise} 행 기차를 11번 플랫폼에서 갈아타고 20분 정도 가면 도착한다.

고흐와 함께하는
오베르쉬르우아즈 투어

고흐는 고요하고 목가적인 이 마을을 좋아했던 것 같다. 교회와 시청, 정원, 밀밭의 짚더미도 그림을 그려 작품을 만들었다. 덕분에 지금은 오베르 쉬르 우아즈^{Auvers-Sur-Oise} 마을 전체가 미술관이나 마찬가지이다.

역을 나와 오른쪽으로 돌아 걸어가면 작은 횡단보도가 있다. 조금 고개를 올리면 언덕길이 나오는 데, 누구나 그 길을 따라 올라가고 얼마 있으면 작은 오베르 교회를 볼 수 있다. 시골의 교회이기에 단촐한 교회이지만 정면에는 정원이 보이고 그 정원 안에 교회가 서 있다. 관광지에서 보이는 웅장한 교회가 아닌 소박한 교회는 교회의 경건함보다는 관광객의 소리로 관광지화 되는 것이 안타깝기는 하지만 고흐의 그림이 그려진 안내판이 보이고 누구나 사진을 찍으면서 각자의 느낌을 가진다. 다행히 너무 많지 않은 관광객이기에 각자의 오베르 교회에 대한 느낌은 나쁘지 않다.

고흐의 작품을 직접 보면 그리지 않고 끌고 긁으면서 두껍고 얇은 물감이 입체감을 느끼게 만들어서 생동감이 느껴진다. 화려한 색상으로 그려진 그림은 오르세 미술관에서 볼 수 있

다. 사람들은 고흐의 천재성을 느낄 수 있다고 말하는 데, 마치 실제 오베르 교회에서도 그 느낌을 그대로 받으려고 노력한다. 고흐가 아니었다면 평범했을 교회가 새로운 생명을 부여받아 살아 숨 쉬는 듯, 눈으로 받아들여 온 몸에 느낌을 받으면 생동감이 넘칠 수 있다.

오베르 교회를 지나 작은 오솔길을 따라가면 고흐가 마지막으로 그린 '밀밭 위의 길가마귀 떼'의 장면이 있는 밀밭을 볼 수 있다. 마지막 그의 대표작 '까마귀가 있는 밀밭'은 자살 직전인 7월에 그린 그림이다. 어두워 낮게 보이는 하늘을 짙게 표현하고 아래에는 대조적인 황금빛 밀밭을 그리고 밀밭만 있다면 단조로웠을 밑부분에 까마귀 떼로 3부분으로 나누어져 있다. 마지막 작품은 고흐의 불안한 심리를 반영했을 것 같다.

그림의 상황과 같으려면 가을이 좋겠지만 여름도 나쁘지는 않다. 밀밭 길을 걸어가면 고흐가 그린 장소에 안내판이 있다. 고흐의 죽음을 알 수 있을 것 같은 코발트 색상의 하늘에 길가마귀 때가 나는 밀밭을 볼 수 있다.

흐린 날에는 죽음을 앞둔 아픈 고흐의 심정을 느낄 수 있을 것 같다. 밀밭을 지나가면 마을의 공동묘지가 나오는 데, 묘지 안에 들어가면 고흐와 그의 동생 테오의 무덤, 작은 무덤 2개가 나온다. 초라한 무덤, 누구에게도 인정받지 못한 자신의 인생을 슬퍼했을지, 그런 세상에서 외로움에 지쳐 세상에 울분이 쌓여 있었을 수도 있겠지만 죽고 난 후에 고흐는 천재성을 인정받고 그림은 사람들에게 영감을 주고 있다.

335

오베르 시청사
La Mairie of Auvers

고흐가 죽기 마지막 1년, 그가 그린 작품 중에서 가장 밝은 분위기의 작품이다. 오베르 시청을 배경으로 그린 작품은 지금도 그대로 서 있다. 그는 라부 여관의 주인에게 선물로 주었고 주인은 그림을 전혀 모르는 인물이었다. 안타깝게도 고흐가 죽고 나서 다른 화가들이 그 그림을 팔라고 설득하는 와중에 그림을 헐값에 파는 실수를 저지른다.

가셰 박사의 초상화
Portrait du Dr Gacher

빈센트 반 고흐가 죽기 전 완성한 마지막 초상화이다. 정신과 의사였던 가셰 박사를 만나고 마음의 안정은 이루어졌는지 고흐는 마지막 7개월 정도 많은 작품을 남겼다.
가셰 박사는 그림을 그리도록 도와주었던 인물이지만 자신은 아내와 사별하고 우울증에 시달렸다고 알려진다. 손에 있는 식물은 디기탈리스라는 정신병에 사용된 약초라고 전해진다.

이 작품은 고흐가 죽고 그 이후 무려 13명의 소장자를 전전하며 여러 나라를 떠돌았다고 한다.

라부 여관(반 고흐의 집)
Auberge Ravoux

라부 여관과 고흐가 머문 방이 그대로 보존돼있다. 고흐가 2층에서 하숙을 하면서 많은 작품들을 남겼지만 자신의 상황을 비관해 권총 자살한 장소이다.

1층은 레스토랑으로, 고흐가 마지막 삶과 가셰 박사의 도움으로 안식을 얻고 죽음의 강을 건넜던 2층 방은 박물관으로 운영되고 있다. 박물관으로 사용되는 고흐의 방에는 고흐가 사용했던 철제 침대만 놓여 있다. 라부 여관 1층에 있는 식당에는 고흐, 세잔 등 많은 예술가들이 드나들던 때인 19세기 말의 분위기를 그대로 유지하고 있기도 하다. 생전 고흐가 자주 먹었다고 하는 음식이 메뉴로 있어 관광객이 식사를 하는 레스토랑이다.

반 고흐 공원
Le Parc Van Gogh

라부 여관을 나와 왼쪽으로 돌아가면 자트킨이 제작한 고흐 동상이 서 있는 반 고흐 공원Le Parc Van Gogh이 있다. 공원의 정면에는 작은 빵집이 있어서 크루아상과 바게트를 먹으면서 이전의 느낌을 받을 수 있다.

오베르 쉬르 우아즈Auvers-Sur-Oise에 레스토랑이 별로 없기 때문에 관광객은 대부분 이곳에서 빵과 크루아상을 구입해 점심을 먹게 된다. 공원에서 식사나 간단하게 먹으면서 여유롭게 공원에서 즐기면 기분이 좋아질 것이다.

아들린 라부의 초상화 (Portrait du Adeline Ravoux)

아들린 라부의 초상화는 빈센트 반 고흐의 1890년도 작품이다. 여관 주인의 딸, 아들린(Adeline)을 그린 그림은 3개이다. 푸른색 드레스를 입고 다소곳하게 앉아 있는 그림이다. 아들린(Adeline)은 13세였다고 알려져 있는데, 그림은 상당히 성숙한 여인의 그림으로 묘사되어 있다. 그래서 당사자 아들린은 좋아하지 않았다고 알려져 있다.

ABOUT
빈센트 반 고흐

빈센트 반 고흐는 풍경화와 초상화를 그린 네덜란드의 후기 인상주의 화가이다. 아마도 전 세계에서 가장 유명한 화가 중 한 명일 것이다. '불멸의 예술가', '태양의 화가'로 불리는 그는 아트 딜러, 교사, 전도사 등의 직업을 거쳐 다소 늦은 나이인 28살부터 그림을 그리기 시작했다. 손이 부지런한 화가였던 그는 약 9년간 879점의 작품을 남겼다. 그러나 살아생전 판매된 그림은 '아를의 붉은 포도밭'이 유일했다.

세상이 몰라주는 화가였던 고흐는 가난했고, 불운했다. 죽어서야 명성을 떨친 데다 생에 말기 정신 질환으로 기행을 일삼는 등 파격적인 스토리까지 더해져 그의 일대기는 수차례 영화로 만들어졌다.

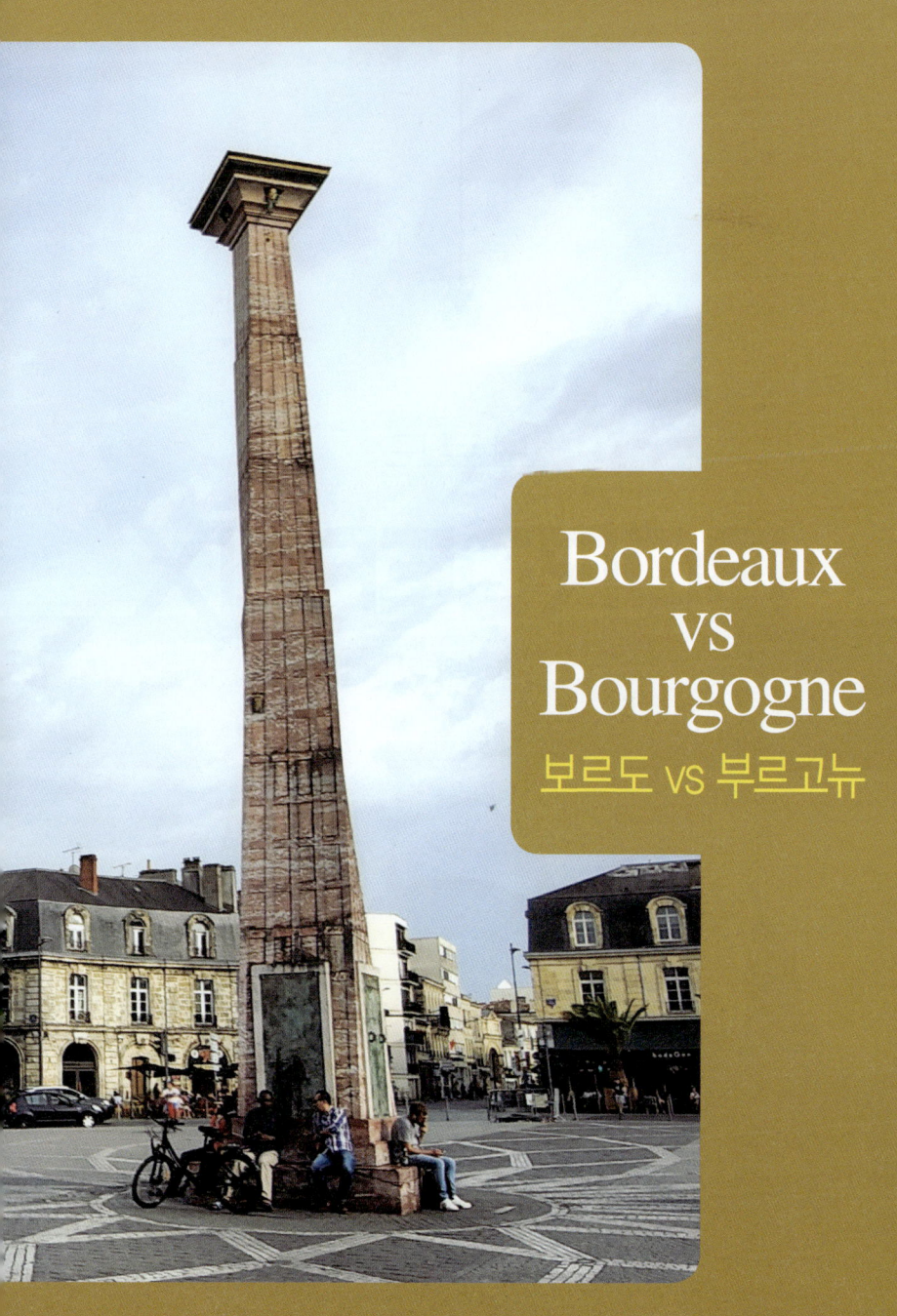

Bordeaux
vs
Bourgogne

보르도 vs 부르고뉴

보르도

BORDEAUX

보르도Bordeaux는 신고전주의 양식의 건축물, 넓은 가로수길, 잘 가꿔진 광장과 공원으로 유명하다. 중요한 3개 대학이 있는 보르도는 6만 명으로 다양한 국적의 학생들이 모여 있다. 볼만한 박물관도 많으며 파리에서 스페인으로 가는 길에 쉽게 찾아갈 수 있는 관광도시로 성장했다.

보르도의
관광 시기

3~4월, 바르삭^{Barsac}과 소테른에서 포도를 수확하는 10~11월이 가장 보르도 관광의 하이라이트 시즌이다. 샤토^{Château}와 대부분의 역사 유적지는 부활절부터 11월 초까지 개방을 하고 있다.

방문하는 방법

보르도^{Bordeaux} 와인 생산 지역은 57개 지역으로 분류되는데, 재배지의 기후와 토양에 따라 분류된다. 보르도^{Bordeaux}의 5,000여 포도원에서는 고품질의 레드 와인이 생산되며, 작은 규모의 샤토^{Château}들은 쉽게 찾아갈 수 있기도 하다.

11월 초 그라브의 와인저장고^{Graves Cais Ouvert}는 주말에 방문이 가능하다. 포도를 수확하고 그 이후에는 1주일 정도를 머물면서 샤토^{Château}를 둘러보며 시음을 하는 와인 관광객도 상당히 많다. 대부분 시음을 하고 나면 와인을 구입한다. 사전에 와인을 준비하고 직원이 설명을 하기 때문에 사전에 예약을 해야 하는 경우가 많으므로 미리 샤토의 웹사이트를 확인하면 편리하다.

보르도^{Bordeaux}는 와인의 대표적인 산지로 와인을 맛보기 위해 방문하는 관광객이 한해 100만 명이 넘어간다. 그 만큼 보르도는 와인의 주 생산지로 프랑스를 넘어 전 세계의 와인을 대표하는 단어가 되었다. 레드와인부터 꽃향기가 감도는 화이트 와인, 달콤한 소테른 와인까지 맛볼 수 있다. 가을이 깊어가는 10월 말에는 지롱드^{Gironde}를 지나면 회색 두루미들도 볼 수 있다.

▶참고 사이트 : www.vins-graves.com / www.otmontesquieu.com / www.activegourmetholidays.com

보루도 역사

파리 다음으로 법적 보호를 받는 건축물이 많은 프랑스의 도시로 다양한 시대의 역사적으로 다양한 문화유적이 보존되어 있으며 도시 전체가 유네스코 문화유산으로 등재되어있다.

로마시대에는 '부르디갈라Burdigala'라고 불리며 상업 중심지로 발달하기 시작했다. 초승달 모양의 지형 때문에 '달의 항구Port de la lune'라는 별명을 얻은 보드로의 항구에는 프랑스 북부 도시, 그리스, 스페인, 지중해 국가들과의 무역이 이루어지는 장소로 자리매김했다. 번화한 도시였다는 사실은 극장, 신전, 등의 흔적이 지금도 남아있는 것을 보고 알 수 있다.

로마 제국이 물러난 보르도는 12세기 아키텐Aquitaine 지역의 왕비 알리에노르Aliénor d'Aquitaine와 헨리 2세Henry II의 재혼으로 영국의 지배를 받으며 크게 발전하였다. 로마시대에 이미 포도를 재배하였지만 중세시대부터 본격적으로 와인을 만들기 시작했다. 당시 왕실의 와인 소비량이 증가하면서 보르도는 유럽의 와인을 대표하는 장소로 자리매김하게 되었다.

18세기에는 당시 유럽에서 유행했던 고전주의와 신고전주의 양식의 건축물로 도시 전체가 재정비되었는데 보르도의 우아하고 균형이 잡힌 건물들은 파리와도 비슷한 느낌을 주어 '리틀 파리petit Paris'라고도 불리기도 했다. 대표적인 18세기 건축물로는 팔레 로앙Palais Rohan과 팔레 드 라 부르스Palais de la Bourse를 꼽을 수 있다.

프랑스의
와인 등급 제도의 역사

보르도 와인이라면 전 세계에 모르는 사람이 없을 정도이다. 프랑스에서 가장 넓은 면적의 포도밭을 보유한 보르도에서 생산되는 포도주의 양은 엄청나다. 온난한 기후조건과 자갈이 섞인 토양 덕분에 유명한 레드 와인을 많이 생산한다. 보르도 와인은 1855년 나폴레옹 3세의 요구로 자체 분류되고 등급을 매기게 되었다.

프랑스의 와인 등급

4단계로 분류되는 프랑스 와인 등급은 피라미드의 가장 상위에 있는 AOC등급이 가장 우수한 품질의 와인이다.

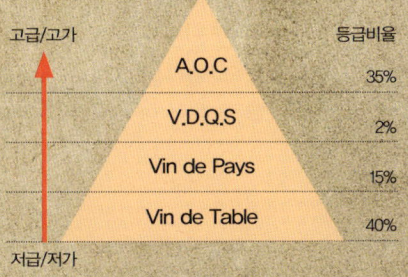

1등급 프르미에 크뤼(Premier cru)
보르도 지역 내 5개의 샤토^{Château}에서 만들어지는 와인으로 샤토 라피트 로쉴드^{Château Lafite Rothschild}, 샤토 마르고^{Château Margaux}, 샤토 라투르^{Château Latour}, 샤토 무통 로쉴드^{Château Mouton Rothschild}, 샤토 오브리옹^{Château Haut-Brion} 이 있다.

아펠라시옹 도리진 콩트롤레(Appellation d'Origine Controlee : A.O.C)
원산지 통제명칭 와인인 'AOC'라고 불리는 와인 등급은 정말 까다로운 규칙을 적용하는 것으로 알려져 있다. 'AOC' 표기를 하기 위해서는 의무적으로 따라야 하는 규칙이 있다.
품종 선별로 와이너리에 맞는 고급 품종들로 구성한 것은 기본이고 재배나 포도주의 양조기술에서 사람의 수작업을 거쳐야만 해 직접 하나하

345

나 확인해야 한다. 또한 수확량이 식목시의 밀도, 최소 알코올 도수, 원산지 통제명칭 위원회의 관할 하에 전문가들에 의해 엄격히 통제된다. 마지막으로 당연히 AOC를 생산할 수 있도록 엄격히 지정된 떼루아를 지켜야 한다.(떼루아 : 지방명, 면단위 마을명, 한 마을명, 크뤼(포도원)명, 몇 헥타에만 포도나무에서 생산된 포도주)

뱅 데리미테 드 칼리테 슈페리어
(Vin Delimite de Qualite Superieure : V.D.Q.S)

2등급 와인 등급으로 뱅 드 페이와 AOC등급의 중간 단계인데 3등급과 2등급의 차이는 본격적인 규제가 시작되는 것과 아닌 것과의 차이이다. 3등급 와인의 일부도 2등급 못지않은 와인이 생산될 수 있지만 시간이 지나 규제에서 살아남아야 2등급 와인이라 할 수 있다.

뱅 드 페이(Les Vins de Pay : V.D.P)

뱅 드 따브르에 비해 조금 더 질이 좋은, 지방의 와이너리의 이름을 가진 와인들은 원산지를 표기 할 수 있다는 점에서 테이블 와인과 구별된다. 랑그독 지방의 와인인 경우 뱅 드 페이 독^{Vins de Pays d'Oc} 라고 표기된다.

뱅 드 따블르(Les Vins de Table : V.D.T)

테이블 와인(VDT)의 포도주들은 원산지 표시를 전혀 할 수 없다. 만약에 프랑스 여러 지역의 포도주를 섞었을 경우에는 'Vins de Table de France(French Table Wine)'이라 표기하고 유럽 여러 지역에서 온 포도주를 조합했을 경우에는 'Melange de vins de differents pays de 1'Union Europeenne'라고 표기한다. 여기에는 수확연도를 적을 수 없게 되어 있다. 흔히 상품명으로 판매되는 테이블 와인들은 일반적으로 늘 같은 품질을 유지하고 있다.

와인 투어 (Wine Tour)

프랑스는 어디서나 우수한 와인이 생산되지만 보르도는 프랑스 와인의 수도로 간주된다. 보르도에 가는 것은 와인 세계로 여행을 하기위해서이다. 케 뒤 바칼랑의 와인 시티로 가면 보르도의 샤토와 포도주 라벨에 관한 내용을 배울 수 있다. 생 에밀리옹, 생 줄리앙, 마르고, 메독 같이 가장 유명한 샤토에서 와인 시음 투어도 예약할 수 있다.

캥콩스 광장
Esplanade des Quinconces

유럽에서 가장 큰 광장으로 파리 콩코르드 광장의 1.5배로 입구에 프랑스의 유명한 사상가인 몽테뉴와 몽테스키외 2명의 조각상이 있다.

몽테뉴는 1581년부터 보르도의 시장을 맡았고, 몽테스키외는 미국의 헌법과 프랑스 헌법에 큰 영향을 미쳤다. 광장 중앙에 있는 오벨리스크는 1895년 프랑스 혁명에 큰 역할을 한 지롱드 당의 당원들에게 바쳐진 선물이었다.

대극장
Grande Theatre de Bordeaux

파리 오페라 극장을 설계한 가르니에가 설계 당시부터 계획하고 만든 극장이다. 신전과 같이 원기둥이 극장의 바깥을 둘러싸고, 정면에는 12개의 조각상이 배치되어 있는데 모두 음악과 시를 담당하고 있는 신화에 나오는 여신들로 채웠다.
외부의 웅장함과 섬세한 조각상을 보면 아름다움에 다시 한 번 보게 만들 정도로 웅장하다. 내부에는 로비 정면에 있는 양쪽으로 올라가는 계단은 우아하게 균형을 맞추어 지성의 극치를 표현해 두었다.

🏠 2 Place de la Comedie, 33024 🕐 12~18시 30분

부르스 광장
Place de la Bourse

보르도에 왔다면 꼭 봐야하는 부르스 광장은 보르도의 시내 중심인 생 피에르 지구에 위치한 유서 깊은 장소이다. 18세기에 세워진 광장은 옛 성벽을 넘어 도시를 확장해 나간 중세 말의 보르도를 보여준다. 보르도의 유서 깊은 지구인 부르스 광장은 '물의 거울'이라고 알려진 미후아 도를 추가하며 2006년에 새 단장을 했다. 물속에 유서 깊은 건물들이 비치는 모습은 밤에 아름답다.

⌂ Place de la Bourse, 33000

샤토 라 브레드 성
Château La Brède

라 브레드 성은 18세기 프랑스의 철학자
이자 작가, 와인 제조자였던 몽테스키외
의 저택이었다.
몽테스키외는 계몽사상의 대표자 중 한
사람이다. 샤토 라 브레드 성^{Château La Brède}
은 라 브레드시를 지나는 D108 도로에서
벗어난 곳에 있다.

그라브
Graves

와인 산지의 1등급 포도로, 현재는 페삭-레오냥^{Pessac-Léognun} 포도를 생산하는 완만한 자갈 덮인 산비탈을 볼 수 있다. 보르도에서 남쪽으로 가론느 골짜기를 따라 이어지는 그라브 지역은 오래전부터 레드 와인과 화이트 와인, 쇼비뇽 화이트 와인으로 유명세를 탔다.

보르도 외곽 지역인 페삭에 있는 샤토 오-브리옹^{Château Haut-Brion}의 문들과 샤토 파페-클레 망^{Château Pape-Clément}의 뾰족하게 튀어 나온 지붕을 지나 달리다 보면 고급 와인의 집과 정원 이 눈에 띈다.
길은 더 목가적인 풍경을 지나 포덴삭^{Podensac}의 샤토 드 샹트그리브^{Château de Chantegrive}로 이어 지는데, 우아한 향의 레드 와인과 꽃향기가 감도는 화이트 와인을 즐겨볼 수 있다. 그 다음 남쪽으로 방향을 돌려 프레냑^{Preignac}에 도착하면, 그라브와 소테른^{Sauternes}의 가장자리에 위 치한 샤토드 드 말^{Château de Malles}에서 담백한 화이트 와인과 달콤한 소테른을 만날 수 있다. 17세기에 지어진 이 성의 이탈리아 스타일의 정원은 고급 와인을 맛보기에 이상적이다.

포도를 수확할 때가 되면 농부들은 보트리티스 시네레아^{Botrytis Cinerea}의 마지막 단계에서 손 으로 포도를 직접 딴다. 보트리티스 시네네레아는 특정 한 기후 조건에서 만드는 곰팡이다. 포도껍질에 이 곰팡 이가 자라면 포도내의 수분을 증발시켜 당도를 높이고, 특별한 향을 만든다. 소테른 와인에 특유의 부드러운 단 맛을 주는 것이 바로 이 곰팡이이다. 거기에 시롱 강^{Ciron} ^{River}을 따라 펼쳐지는 포도밭을 감싸는 가을 안개가 힘을 보탠다.

페이 베르란드 광장 & 보르도 성당
Place Pey Berland & Cathédrale Saint-André de Bordeaux

성당 앞의 페이 베르란드 광장Place Pey Berland은 성당과 시청이 있는 중심지이다. 11세기 초 로마 양식으로 지어진 보르도 대성당은 프랑스의 격동의 역사를 거친 후 14세기 중에 고딕 양식으로 완전히 재건되었다. 프랑스 국립기념물로 지정된 대성당은 동상, 그림, 종교 공예품 등을 비롯한 14~17세기 사이의 예술품을 소장하고 있다.

⌂ Place Pey Berland   ⏱14시 30분~17시 30분(수, 토요일)   ☎+33 (0)5 56 52 68 10

루이 상 캐터린
Rue Sainte Catherine

유럽에서 가장 긴 보행자 거리인 루이상 캐터린은 보르도 시내에서 가장 유명한 쇼핑가이다. 코메디 광장에서 빅투아 광장까지 1㎞가 넘게 뻗은 거리는 유럽에서 가장 긴 보행자 거리가 있다. 많은 부티크, 매장, 쇼핑몰에서 쇼핑을 즐기고 매장 사이에 흩어져 있는 바와 레스토랑에서 휴식을 취하면서 사람 구경하기도 좋다.

🏠 25 Rue Sainte Catherine

353

아키텐 박물관
Musée d'Aquitaine

프랑스 최대 규모의 역사박물관인 아키텐 박물관은 석기 시대부터 19세기까지 보르도의 역사와 주변 지역을 보여주고 있다.
프랑스 식민주의나 보르도와 노예무역의 관계에 대한 전시물도 있어 논란이 있기도 하지만 화려한 모형선부터 몽테뉴의 무덤까지 전시해 놓았다. 재구성된 20세기 초 식료품 가게 뿐만 아니라 희귀한 공예품과 물건들이 전시되어 있다.

🏠 20 Cours Pasteur　🕐 11~18시(월요일 휴무)　📞 +33 (0)5 56 01 51 00

🏠 In Blanquefort   🕐 8~20시 30분

마졸란 공원
Parc de Majolan

보르도 시내에서 차로 1시간 정도 걸리는 블랑크포르에 위치한 마졸란 공원은 아름다운 자연 환경에서 산책하기 좋은 고요한 장소이다. 19세기 말에 설계된 공원에는 4ha의 호수, 인공 동굴, 바로크 양식으로 디자인된 분수와 간헐천이 있다. 가족이 함께 가면 좋은 공원에는 큰 어린이 놀이터가 있고, 백조, 공작새, 뉴트리아 같은 동물들이 자유롭게 돌아다닌다.

보르도 와인 vs 부르고뉴 와인

보르도 와인

보르도에는 약 57개의 와인 생산지가 있고 약 5천여개의 샤토^{Château}가 있다. 대서양 연안의 지롱드^{Gironde} 강 연안에 있는 보르도의 와인 산지는 온화한 해양성 기후가 강줄기에서 만나는 기후가 매년 달라짐에 따라 결정된다.

가장 많이 생산되는 품종은 보르도 우안에서 재배되는 매를로Merlot 품종이고 매독Mèdoc과 그라브Graves에서 생산되는 강렬한 느낌의 카베르네 소비뇽Cabernet Sauvignon 품종이 대표적이다.

부르고뉴 와인

부르고뉴 와인은 대부분 단일 품종 와인을 생산하는데 포도밭의 구획별, 각각의 빈티지별로 특징이 부여된다. 부르고뉴 대표 와인 품종은 샤르도네Chardonnay와 피노 누아Pinot Noir이다. 독특한 꽃향, 과일향은 물론 향신료향을 연상시키는 풍성한 이로미를 가진다. 부르고뉴 와인은 품종, 아뻴라씨옹, 빈티지나 와인의 숙성도에 따라 맛이 미묘하게 달라진다.

피노 누아Pinot Noir 품종이 부르고뉴 지역에 전파된 시기는 로마시대 때 포도나무가 심어졌다고 한다. 피노 누아는 짙은 보라색을 띠는, 촘촘하고 작은 포도송이로 달콤한 과즙을 생산한다. 잎은 두껍고 진한 녹색이며 뒷면은 좀 더 밝은색을 띤다.

샤르도네Chardonnay 품종은 꼬뜨 드 본Côte de Beaune, 꼬뜨 샬로네즈Côte Chalonnaise, 마꼬네Mâconnais, 샤블리Chablis 지역의 화이트 와인이 주역이다. 샤르도네Chardonnay 품종은 피노 누아의 포도알 만큼이나 작지만 더 길고 포도알들이 조밀하게 달라 붙어있는 금색빛의 포도송이로 자라는데, 작은 포도송이들이 매우 맛있는 달콤한 맛을 선사하는 흰색즙을 생산한다.

부르고뉴(Bourgogne) 와인의 특징

부르고뉴Bourgogne 주도인 디종의 남쪽에 있는 가장 유명한 버건디 와인이다. 부르고뉴 와인은 오랜 역사를 지니고 있으며, 수도승들이 교회에서 사용할 와인을 만들면서 시작되었다. 부르고뉴 와인은 부르고뉴 토양의 풍부한 석회질 덕분에 몇 잔만 마셔도 금방 느낄 수 있는 독특한 풍미가 있다.

부르고뉴

BOURGOGNE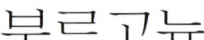

플라멩코와 투우, 유럽 최고 건물들의 본고장인 안달루시아 지방의 수도는 풍부한 역사, 종교, 삶에 대한 열정으로 가득한 곳이다. 과달키비르 강 유역을 감싸는 안달루시아의 도시 세비야는 역사적, 건축적, 문화적 보물들이 넘쳐난다. 이곳을 구경하다 보면 어느 새 과달키비르 동쪽 유역에 있는 도시의 구 시가지에서 3개의 주요 문화재를 만날 수 있다.

세비야 사람들은 부활절과 함께 이곳에서 펼쳐지는 2개의 주요 축제에 표현하는 그들만의 열정으로 유명하다. 세마나 산타 데 세비야는 세계에서 가장 큰 종교 퍼레이드이다. 페리아 데 아브릴은 일주일 내내 플라멩코와 축제로 현지인들에게 큰 즐거움을 선사한다.

부르고뉴(Bourgogne)는 파리에서 차로 2시간 이내에 도착할 수 있는데, 여름 관광객의 발길이 줄어드는 가을이 단풍에 물든 포도원을 볼 수 있어 추천한다. 본은 부르고뉴 와인 지역의 비공식 수도로 알려져 있다. 버건디 와인 박물관에서는 오래된 포도즙 틀과 같이 와인 생산 역사와 관련된 유물을 구경할 수 있다.

부르고뉴(Bourgogne) 와인의 특징

부르고뉴^{Bourgogne} 주도인 디종의 남쪽에 있는 가장 유명한 버건디 와인이다. 부르고뉴^{Bourgogne} 와인은 오랜 역사를 지니고 있으며, 수도승들이 교회에서 사용할 와인을 만들면서 시작되었다. 부르고뉴 와인은 부르고뉴 토양의 풍부한 석회질 덕분에 몇 잔만 마셔도 금방 느낄 수 있는 독특한 풍미가 있다.

레 오스피스 드 본
Les Hospices de Beaune

아름다운 중세 병원은 도시의 주요 명소로, 지붕의 화사한 모자이크 패턴이 햇빛에 반사되어 눈부시게 빛난다.

베즐레 수도원
Vézelay Abbey

디종 서쪽에 있는 베즐레 수도원은 유네스코 세계 문화유산으로 지정된 거대한 로마네스크 성당이다. 수도원에서 조금만 가면 좀 더 세속적인 배조슈 성^{Chateau de Bazoches}이 나오며, 이곳에서 깊은 인상을 받을 수 있다. 12세기에 건축된 이 성을 돌아보기에 가장 좋은 시기는 3∼11월 사이이다.

부르고뉴 대부분의 지역은 평야나 완만한 언덕으로 이루어져 있지만 모흐방^{Morvan} 지역 한 가운데에는 산악 지역이 펼쳐져 있다. 산 정상 주변의 등산로를 따라 걸어본 후 레지스탕스 박물관에는 제2차 세계대전 당시 독일 점령에 반대하는 저항 운동에 대해 알 수 있다.

디종

DiJON

프랑스 중부 부르고뉴 지방에 위치한 디종(Dijon) 역시 리옹 못지않은 식도락 도시로 유명하다. 옛날 중세시대 부르고뉴 공국의 수도였던 디종(Dijon)은 부르고뉴 지방을 대표하는 전통요리와 특산물, 뛰어난 와인을 제공하는 프랑스 대표 와인생산지로 유명하다. 포도의 품종뿐만 아니라 토양, 기후 등 전체적인 생산 환경으로 평가되는 디종(Dijon)의 '끌리마(Climat)'는 유네스코에서 지정한 세계문화유산이기도 하다.

대표 메뉴

다양한 재료와 조리법으로 최고의 맛을 선보이는 디종의 부르고뉴 달팽이escargots de Bourgogne 요리가 대표적이다. 부르고뉴 지방에는 달팽이가 너무 많아서 철도에 달팽이가 들러붙는 것을 막기 위해 그 위로 터널을 지을 정도였다고 할 정도로 달팽이가 많아서 대표요리가 될 수 있었다고 한다.

디종 머스타드

와인 외에 잘 알려진 특산물로는 디종 머스타드Moutarde de Dijon와 다양한 칵테일에 사용되는 리큐르 크렘 드 카시스Crème de cassis, 생강과 향료가 들어간 빵Pain d'épice을 꼽을 수 있다.

디종Dijon의 머스타드 제조법은 본래 로마의 풍습으로부터 전해져 온 것으로 맷돌에 간 겨자씨에 소금과 식초를 더 해 만들었다고 한다. 디종Dijon 특유의 머스타드가 탄생한 것은 이후 식초 대신 포도즙을 넣어 발효시킨 후에 만들어졌다. 오늘날에는 수요가 늘어나 원산지가 해외인 머스타드가 대부분이지만, 아직까지도 가장 섬세한 맛을 자랑하는 고급 머스타드는 디종Dijon에서 만들어진다.

Lyon
리옹

리옹

LYON

부르고뉴 남쪽, 론(Rhone) 강 지역 중심지에 있는 인구 42만 명의 도시 리용(Lyon)은 외곽지역까지 합해 2백만 명의 인구가 살고 있는, 파리 다음으로 큰 광역도시이다. 2천 년 전 로마인에 의해 세워져 지난 500년간 상공업과 금융의 중심지 역할을 해 왔다. 오늘날 멋진 박물관들과 활동적인 문화생활, 중요한 대학, 활기찬 쇼핑몰 등이 매력적이며, 최고의 요리를 먹을 수 있어 미식가들에게 손꼽히는 곳이다.

리옹은
어떤 도시인가?

기원전 43년 로마인들이 푸비에르 언덕에 건설한 이후로 도시는 2개의 언덕과 2개의 강이 제공하는 이점을 바탕으로 서쪽에서 동쪽으로 확장되었다. 1998년 유네스코 세계 문화유산 목록에 포함된 리옹의 4개 역사 지구가 있어 다양한 도시 여행이 가능하다. 중심가는 론^{Rhone} 강과 사오네^{Saone} 강이 마주하는 곳에 생긴 길고 좁은 지역이다.

프랑스 요리의 수도로 이야기하는 리옹은 현대적인 도시라고 생각할 수 있지만 의외로 굉장히 옛 분위기를 간직하고 있다. 2000년 전 로마인에 의해 세워진 리옹은 올드 타운, 라 크루 후스, 푸르비에를 걷다 보면 과거로 시간 여행을 하는 느낌이 들 수도 있다. 화려하고 오래된 건물뿐만 아니라 고풍스러운 빈티지 분위기가 살아 있다.

포비에레^{Fourviere} 언덕 아래 자리 잡고 있는 구시가에는 좁은 길에 300여 채가 넘는 중세와 르네상스 주택들이 들어서 있다. 이 지역은 도시 재개발이 이루어진 후에 옛 유적에 둘러싸인 살기 좋은 지역으로 변화하였다. 흥미로운 옛 건물들은 성당 근처를 따라 늘어서 있는 데, 그 중에서 가장 눈에 띄는 로마네스크 성당은 고딕 형태이다. 생 진^{Place Saint Jean} 주변에 분위기 있는 카페들과 어우러져 있고, 북쪽의 보행자거리에는 14세기의 천문학 시계도 있다.

미식의 도시,
리옹

프랑스에서 3번째로 큰 도시인 리옹Lyon은 중부 지방의 특성상 남부와 북부를 이어주는 중간 위치에 있어 중세시대부터 많은 여행객과 상인들이 거쳐 가는 대표적인 경유 도시이었다. 지중해를 이어주는 지리적 위치와 운하 덕분에 신선한 식재료가 넘쳐나서 좋은 품질과 뛰어난 신선도를 자랑하는 푸짐한 음식과 가정 요리들이 발달하기 시작했다.

지금도 식료품들로 가득한 재래시장은 리옹의 빼놓을 수 없는 관광 명소이다. 18세기에 부르주아들을 위해 일반 가정집에서 요리를 해주던 여성들이 '부숑Bouchon'이라고 불리는 가정식 레스토랑을 차려 운영했다. 이들은 '요리사'라고 불리지 않고 '어머니mère'라고 불릴 정도로 음식의 깊은 맛을 가지면서 리옹을 미식의 도시로 알리게 되었다. 오늘날까지도 리옹의 '부숑'은 매우 유명하여 리옹을 방문하는 관광객들이 꼭 찾는 대표적인 관광요소로 자리 잡았다.

리옹이 세계적인 미식의 도시로 알려지게 된 것은 유명 요리사들을 배출해 냈기 때문이다. 그 중에서 '프랑스 요리의 아버지'라고도 불리는 리옹 출신 요리사, 폴 보퀴즈Paul Bocuse의 세계적인 명성은 리옹을 빛내고, 그의 이름을 딴 요리 학교들이 생겨났다.

노트르담 대성당
Basilique Notre Dame de Fourviere

푸르비에르 언덕에 있는 리옹의 3대 성당 중 하나인 노트르담 대성당은 파니쿨라를 타고 올라가면 만날 수 있다. 리옹의 3대 성당 중 하나이다. 외부도 많은 장식으로 만들어졌지만 내부 장식이 화려하여 리옹에서 반드시 찾아가야하는 성당이다. 노트르담 성당 뒤에서 보는 리옹의 풍경도 아름답다.

🏠 8 Place de Fourviere, 69005

🏠 On the Presqu'île, right in the centre of Lyon

벨쿠르 광장
La Place Bellecour

벨쿠르 광장은 유럽에서 가장 큰 보행자 도시 광장으로 프레스킬에 위치한 광장은 리옹의 중심지로 여겨진다. 여행 안내소, 미술관, 리옹 대 관람차가 있고 주요 쇼핑가로 둘러싸여 있어음료와 스낵을 먹고, 1㎞ 정도 떨어진 올드 타운과 푸르비에 언덕을 비롯한 도시의 유명한 지역들을 둘러보면 좋다.

푸비에르 언덕
Traboules du Vieux Lyon

푸비에르 언덕은 꼭대기에 위치한 푸비에르 가톨릭 성당으로 유명하다. 유네스코 세계유산으로 지정된 도시에서 가장 오래된 2개의 케이블카를 보유하고 있다. 갈로 로마 극장 유적부터 부르비에의 메탈릭 타워까지 지역에는 박물관과 아름다운 종교 건축물뿐만 아니라 많은 도시의 랜드마크가 잘 보존되어 있다.

⌂ Vieux–Lyon district

⌂ Saône and Rhône Rivers

라 크루 후스
La Croix-Rousse

라 크루 후스는 손^{Saône} 강과 론 강 사이에서 리옹 중심지에 솟아 있는 언덕이다. 18세기, 이
곳에는 리옹의 유명한 실크 제조업체들이 자리하고 있었다. 실크 만드는 노동자들이 제품
을 운반할 때 사용했던 통로가 라 크루 후스이다.
리옹의 과거 실크 산업만을 다루고 있는 박물관인 메종 데 카뉘까지 이어진다. 라 크루 후
스는 고풍스러운 부티크와 커피숍들이 많다.

🏠 1 Place de la Comedie, 69203

대극장
Opera National de Lyon

리옹에서 가장 오래된 언덕은 로마 제국 시대에 갈리아의 수도인 루그두눔 의 유적이 있는 곳 이다. 2개의 고대 극장을 보면 리옹의 초기 시대를 생각해 볼 수 있다. 기원전 1년에 지어지고 서기 1년에 확장된 대극장은 드라마 전용으로 최대 10,000명의 관중을 수용할 수 있었다.

1세기에 지어진 오데온Odeon으로 알려진 작은 극장은 공개 낭독과 낭독을 위한 장소였다. 극장 옆에 있는 루그두눔Lugdunum 박물관은 리옹에서 발견된 고고학 유적을 전시해 놓았다.

테트 도르 공원
Tête d'Or Parc

테트 도르 공원은 프랑스에서 가장 큰 도시 공원 중 하나로 면적이 117Ha에 이르며 론 강 맞은 편의 라 크루 후스를 바라보고 있다. 도시 공원은 보트를 타는 호수가 있고 리옹 동물원도 있다. 테트 도르 공원은 리옹 중심부에서 신선한 공기를 마실 수 있는 휴식 공간이기도 하다. 동물원 외에도 공원에는 식물원과 장미 정원, 어린이 놀이터, 조랑말 타기, 미니어처 철도 등이 있다.

🏠 Place Général Lecierc, 69006 ⏱ 6시 30분~22시 30분(4월 중순~10월 중순 / 이외 20시 30분까지)

Orléans

오를레앙

오를레앙
ORLÉANS

파리에서 남서쪽으로 약 120㎞ 떨어진 프랑스 중북부에 있는 도시. 약 12만 명이 사는 작은 도시인 오를레앙(Orléans)은 세계문화유산으로 지정된 루아르 계곡의 중심부에 자리하고 있다. 도시의 중앙으로 루아르 강이 위치하고 남쪽으로 내려간다.

오를레앙의
간략한 역사

프랑스에서 가장 긴 루아르^{Loire} 강 일대 지역의 대표적인 도시 중 하나인 오를레앙^{Orléans}은 고대부터 오늘날까지 2000년이 넘는 긴 역사를 지닌 오래된 도시이다. 오를레앙은 프랑스 왕조와도 인연이 깊은 도시로, 많은 왕들이 이곳에서 대관식을 치르거나 주거하였다. 2차 세계대전 당시에는 폭격을 맞으며 도시의 일부가 파괴되었음에도 불구하고 풍부한 문화 유산으로 인해 프랑스의 주요 관광도시 중 하나로 꼽힌다.

화장품 산업의 중심지

교육과 경제 분야에서도 오를레앙은 세계 화장품 시장을 이끌어가는 프랑스의 '코스메틱 밸리^{Cosmetic Valley}'의 중심이기도 하다. 로레알, 겔랑을 비롯해 유명한 화장품 기업들이 들어서 있어 코스메틱 산업의 중심지로 주목을 받고 있다.

잔 다르크의 도시
La Ville de Jeanne d'Arc

오를레앙이 유명해진 가장 큰 이유는 성녀 '잔 다르크의 도시 La Ville de Jeanne d'Arc'이기 때문이다. 프랑스 역사 속 가장 유명한 여성이라고 해도 과언이 아닐 정도로 유명한 잔 다르크는 프랑스 북동부 동레미Domrémy에서 농부의 딸로 태어나 나라를 구하라는 하나님의 계시를 받고 백년 전쟁에 참전하게 되었다. 루아르 강을 사이에 두고 남쪽 영토를 방어하던 프랑스에게 당시 오를레앙은 빼앗겨서는 안 되는 전략적 요충지로 인식되었다. 영국군에게 포위를 당하며 함락 위기에 놓였던 오를레앙의 치열한 전투는 잔 다르크의 등장으로 인해 백년 전쟁의 흐름을 바꿔놓았다. 오를레앙을 지켜내고 프랑스군을 승리로 이끌어 냈고, 오를레앙 전투를 계기로 사기를 회복한 프랑스군은 빼앗겼던 북쪽 영토까지 되찾는 기적을 이뤄내었다.

오를레앙 공작 (Duc d'Orléans)

프랑스의 역사에서 자주 나오는 사람이 있다. '오를레앙 공작(Duc d'Orléans)'이라는 직위가 자주 등장하는데, 오를레앙 공작은 귀족 계급 가운데 매우 중요한 위치를 가진, 왕세자가 아닌 왕자, 주로 국왕의 동생이 갖는 경우였다. 최초로 단어가 나온 시점은 1344년으로 필립 6세가 둘째 아들에게 내렸던 계급이다. 국왕의 적자가 없는 경우 오를레앙 공작 가문에서 왕위 계승자를 선택하여 정치적으로 중요한 가문의 역할을 하였다.

뉴올리언스
New Orleans

오를레앙이란 지명은 미국에서도 사용되고 있다. 미국 루이지애나 주의 항구도시인 뉴올리언스^{New Orleans}는 '재즈의 고향'이라고 불리고 있다. 뉴올리언스^{New Orleans}의 이름은 프랑스 탐험가가 미국 미시시피 유역을 발견해 프랑스가 미국에 자리를 잡는 데 일조를 하면서 시작되었다. 뉴올리언스의 프랑스 이름은 누벨 오를레앙^{Nouvelle-Orléans}이다.

이후 프랑스는 미국에 식민지를 세워 치열하게 영국과 경쟁하였다. 1718년에 설립된 도시의 이름은 당시 국왕 루이 15세의 섭정이었던 오를레앙 공작 필립프 2세의 이름을 따서 만든 것이다.

Nancy
낭시

낭시

NANCY

프랑스 북동부 로렌(Lorraine) 지방의 중심도시, 낭시(Nancy)는 중세 도시와 근대 도시를 비롯해 다양한 시대의 문화유산들이 고스란히 남아 있는 아름다운 도시이다. 18세기 건축 유산으로 유명한데, 그 중에서 스타니슬라스 광장(Place Stanislas)은 근사한 외관을 비롯해 도시가 발전하는 데 기여한 광장의 독보적인 역할과 구조로 1983년에 유네스코 문화유산에 지정되기도 하였다.

단맛 미식의 진수

낭시의 마카롱Macarons은 섬세 맛과 부드러운 빛깔로 유명하다. 베르가모트Bergamotes는 반투명의 황금색 사탕으로 낭시의 대표적인 특산품이다.
그 외에도 파이의 일종인 끼쉬Quiche, 포테Potées, 부쉐 아 라 헨Bouchées à la Reine, 파테 로렌Pâté lorrain, 투르트Tourtes, 파이, 훈제품, 미라벨Mirabelle 등이 낭시의 미식을 책임지고 있다.

이동 방법

파리에서 300㎞거리 위치한 낭시는 파리 동역Paris Gare de l'Est에서 기차를 타고 약 1시간 30분 소요되거나 자동차로 이동한다면 고속도로 A31, A33, RN 4을 이용하여 약 2시간 정도면 도착할 수 있다. 비행기를 이용한다면 시내에서 30분 정도 떨어진 메츠-낭시 로렌Metz-Nancy Lorraine 공항을 이용하면 된다.

나트랑 여행을 계획하는
꼭 필요한 상식

아르 누보 (Art Nouveau)

19세기 말에서 20세기 초에 유행한 아르 누보^Art Nouveau 양식은 이전 예술 양식에서 벗어난 새로운 미를 창조하려 했던 '새로운 예술'이라고 불렀다.

아르 누보^Art Nouveau는 벨기에 에서 탄생하였지만 이후 유럽 전역에서 다양하게 발전하였다. 자연을 모티브로 삼은 작품, 섬세한 디테일과 곡선 형태, 아름답고 몽환적인 분위기, 화려한 색

감과 공예장식이 인상적인 '아르 누보'는 프랑스 낭시^Nancy에서도 꽃을 피웠다.

프로이센 전쟁(1870~1871) 당시 알자스, 로렌 지방 중 유일하게 독일 영토로 넘어가지 않았던 낭시^Nancy에는 사업가와 예술가들이 많이 모여들었는데, 이들을 중심으로 '아르 누보'가 발전하였다. 다움^Daum, 갈레^Gallé, 마조렐^Majorelle 등 유명 화가들의 흔적과 19세기에 지어진 에꼴 드 낭시^école de Nancy를 비롯한 특이한 건축물들은 낭시에 '아르 누보의 도시'라는 명성을 안겨 주었다.

생 니콜라 축제(les f tes de Saint Nicolas)

매년 12월, 낭시^{Nancy}에서 열리는 생 니콜라 축제^{les fêtes de Saint Nicolas}는 평균 10만 명가량의 방문객을 맞이한다. 생 니콜라 축제^{les fêtes de Saint Nicolas}는 로렌 지방에 전설로 내려오는 기적의 성인, 아이들의 수호신, 생 니콜라^{Saint Nicolas}를 기리는 가톨릭 축제이다. 270년, 오늘날 터키가 된 리키아^{Lycia}에서 태어난 생 니콜라^{Saint Nicolas}는 주교가 된 이후 많은 기적을 행했다고 한다. 생 니콜라^{Saint Nicolas}의 이야기는 그가 죽은 뒤에도(335년 12월 6일) 유럽 곳곳에서 전설로 전해졌으며 크리스마스가 되면 그를 기리는 축제가 열려왔다.

산타클로스(Santa Claus)

종교개혁 이후 유럽 대부분의 나라에서 생 니콜라 축제가 폐지되었으나 가톨릭 전통을 간직했던 일부 네덜란드인들이 훗날 미국으로 건너가 '생 니콜라^{Sinterklaas}'를 기념하는 풍습을 유지하며 오늘날의 '산타클로스'가 탄생했다는 이야기도 있다. 낭시에서 열리는 생 니콜라 축제는 낭시를 대표하는 마카롱^{Macarons}과 베르가모트 캔디^{Bergamotes} 외에도 다가오는 크리스마스를 위한 다양한 특산물, 인형 퍼레이드와 음악 공연, 시청 건물을 비추는 애니메이션 쇼 등 풍부한 볼거리가 준비되어 있다.

스타니슬라스 광장
Pace de Stanislas

유네스코 세계 문화유산에 등재되어 있는 스타니슬라스 광장^{Pace de Stanislas}은 아름다운 건축물과 황토색의 돌바닥 때문에 쉽게 눈에 띈다. 캐리에르 광장과 알리앙스 광장^{Place d'Alliance}을 포함한 낭시의 3대 광장중에서 가장 중앙에 위치해 있다.

루이 14세를 기념하기 위해 만든 광장은 아치 형태의 개선문, 분수대와 조각상까지 아름답다. 광장 중앙에는 옛 통치자였던 스타니슬라스^{Stanislas}가 로브와 사브르를 착용하고 있는 모습의 조각상을 볼 수 있다.
현지인에게는 '스탠 광장^{Place Stan}'이라고도 불리는 광장의 이름은 18세기에 로렌 지역을 통치한 폴란드의 국왕이었던 스타니슬라스 레스친스키^{Stanislas Leszczynski}에서 따 온 것이다. 에레^{Heré}라는 건축가가 광장을 설계하고 1752~1756년까지 진행된 건축 공사를 감독했다.
광장 주변을 둘러싸고 있는 낭시 시청^{Nancy City Hall}, 오페라 극장^{Opéra-Théâtre}과 그랑 오텔^{Grand Hotel} 등의 건축물이 인상적이다. 건물 북쪽의 높이가 상대적으로 낮은데, 이는 군사적인 목적을 위한 것이다. 전투 시에는 광장에서 적들을 향해 십자포화가 가능하도록 설계한 것이다. 시청의 회랑과 웅장한 페디먼트는 18세기에 만들어진 것으로 규모가 크다.

낭시 시청
Hotel de Ville

스타니슬라스 광장^{Pace de Stanislas} 중앙에 서있는 낭시 시청^{Hotel de Ville}은 광장의 전면을 차지하고 있다. 상당히 높은 페디먼트와 아치형 창문, 발코니가 인상적이다. 해가 지면 건물의 외관이 황금빛에 물드는 모습은 아름다워 광장에는 시청을 배경으로 사진을 담는 관광객을 볼 수 있다.

건축가 에마뉘엘 에레^{Emmanuel Héré}에 의해 1752년부터 3년에 걸쳐 지어진 이후 계속해서 시청 건물로 사용되었다. 연철 계단을 눈여겨보면 난간 아래의 황금빛 무늬와 아치와 기둥의 고전적인 벽화를 감상할 수 있다. 응접실 중에서 살롱 카레^{Salon Carré}, 그랜드 살롱^{Grand Salon}, 황후의 살롱^{Salon de l'Impératrice}은 상당히 화려하다.

순수미술관
Museum of Fine Arts

유명한 순수미술관은 낭시 역사 지구의 스타니슬라스 광장에 있는 아름답고 웅장한 건물 안에 자리하고 있다. 18세기에 건축된 미술관에는 에두아르 마네와 클로드 모네 등 많은 이들에게 영감을 선사한 미술가들의 작품이 전시되어 있다.
호화로운 미술관 안에는 14~21세기에 이르는 유럽의 순수미술 컬렉션을 살펴볼 수 있다.

1793년에 설립된 순수미술관은 로렌의 공작이었던 스타니슬라스 레스친스키[Stanislas Leszczyński]의 명으로 건축되었다. 미술관의 작품들은 수백 년에 걸쳐 규모가 증가해 왔다. 순수미술관은 늘어가는 미술품을 수용하기 위해 1999년에 대대적인 증축 공사를 거쳤다.

미술관 관람하기

4층으로 된 미술관은 지하에 15~17세기에 있었던 옛 중세 도시 요새의 흔적을 찾아볼 수 있다. 낭시 출신의 화가인 장 프루베(Jean Prouve΄)를 소개하는 구역에는 디자이너 겸 건축가의 다양한 가구와 그래픽 작품을 둘러볼 수 있다.
1층의 회화관에는 19~20세기의 미술품을 감상할 수 있다. 모네의 아름다운 인상주의 작품인 에트르타 절벽의 일몰(Sunset at E΄tretat)과 피카소의 남자와 여자(Homme et femme)가 가장 유명하다. 프랑스의 유명한 철공인 장 라무르(Jean Lamour)가 만든 연철 계단은 2층과 3층의 갤러리로 이어진다.
2~3층에는 14~19세기까지 연대순으로 작품들이 전시되어 있어 미술양식의 변천사를 볼 수 있다. 미술품을 관람하다 보면 틴토레토(Tintoretto), 카라바조(Caravaggio)와 루벤스(Rubens)뿐만 아니라 자드킨(Zadkine)과 로댕(Rodin)과 같은 예술가의 조각상과 판화도 전시되어 있다.

페삐니예르 공원
Park Nursery

낭시 제1의 녹지 공간인 페삐니예르 공원^{Park Nursery}은 놀이방을 의미하는 프랑스어로 시민들은 이곳을 '라 팝^{La Pap}'이란 애칭으로 부른다. 폴란드의 전 국왕이었던 스타니슬라스^{Stanislas}가 1700년대에 통치할 때, 구시가지와 신시가지를 연결하기 위한 목적으로 공원을 조성했다.

암피트리테 분수대^{Amphitrite Fountain}의 굽은 금색 아치를 통과하면 23만㎢의 공간에 끝없이 늘어선 관목과 넓은 잔디밭을 거니는 시민들을 볼 수 있다. 공원 안에는 와플 가판대와 바로크식 연주대와 같은 여러 시설과 놀이기구와 공연까지 즐길 수 있어 시민들의 휴식처이자 낭시의 허파와 같은 곳이다. 예술가인 오귀스트 로댕^{Auguste Rodin}이 만든 조각상들도 구경할 수 있다.

공원에서 자주 열리는 음악 콘서트를 비롯한 다양한 공연과 장미 화원, 연못 주변의 오리와 화려한 꼬리를 뽐내는 공작새는 인상적이다. 미니동물원에는 토끼와 원숭이를 비롯한 친근한 동물들을 구경할 수 있다.

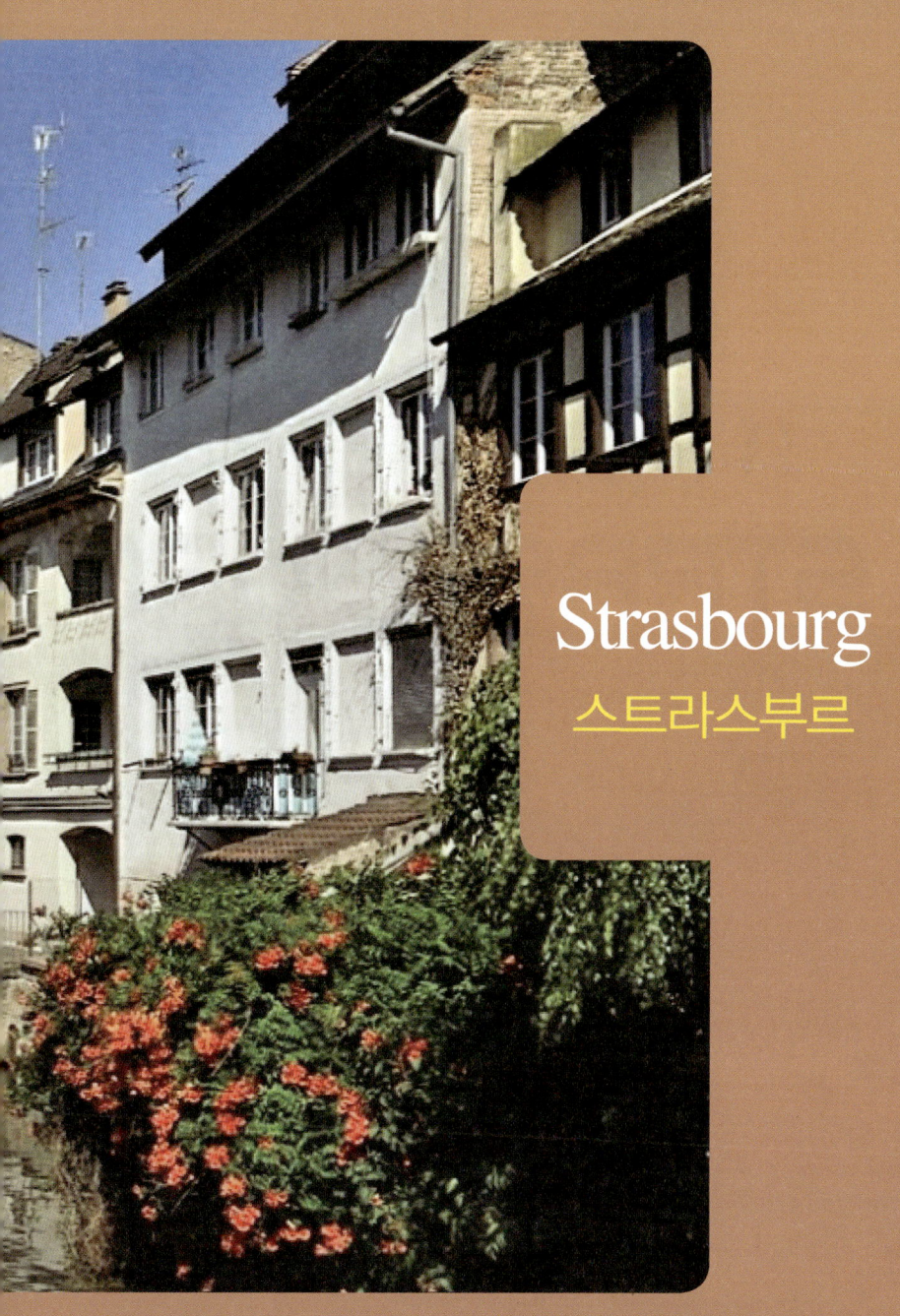

Strasbourg

스트라스부르

스트라스부르
STRASBOURG

라인 강 서쪽 2km 떨어진 국제도시 스트라스부르Strasbourg는 알자스 최대 도시로 교육과 문화의 중심도시이다. 활기찬 구시가지의 식당과 펍Pub 위에는 우뚝 솟아있는 성당이 항상 보인다. 스트라스부르 상징인 성당은 독특한 건축 양식으로 알자스 특유의 분위기를 자아낸다. 기름진 거위의 간 요리인 푸아그라와 소금에 절인 양배추인 슈크루트Choucroute에 소세지와 돼지고기, 햄을 곁들인 것이 대표적인 알자스 요리이다.

경계의 매력

북프랑스에서 가장 동쪽 지역인 알자스^{Alsace}는 보스게스^{Vosges} 산맥과 라인 강 사이에 위치하여 독일과 프랑스 경계를 이루고 있는 매혹적이고 아름다운 지역이다. 강 양쪽을 사이에 두고 독특한 언어, 건축, 요리 등의 지역 특유의 분위기를 가지고 있다. 알자스 어는 독일의 방언으로 이 지역에 접한 독일과 스위스의 영향을 많이 받았다.

프랑스와 독일의 국경지대에 위치한 스트라스부르는 수차례의 영토전쟁과 다사다난한 역사 탓인지 두 나라의 문화가 골고루 섞여 도시의 풍경, 언어, 전통 음식 등 다양한 방면에 녹아들어있다. 스트라스부르의 대표적인 관광코스로는 높이가 142m에 달하는 대성당과 큰 섬에 위치한 구시가지 '쁘띠 프랑스^{Petite France}'가 있다.

유럽 정치의 중심지

프랑스 북동부 알자스 지역에 위치한 스트라스부르(Strasbourg)는 유럽 평의회(Conseil de l'Europe) 본부와 유럽 인권재판소(Cour Europe′enne des Droits de l'Homme), 유럽연합 의회(Parlement europe′en)가 자리한 유럽 정치의 중심지이다.

스트라스부르의
간략한 역사

북프랑스에서 가장 큰 도시인 스트라스부르^{Strasbourg}는 1681년까지 독립을 고수하기는 했지만 대부분의 지역은 1648년 프랑스에 속하게 되었다.
20년 정도 프랑스의 통치하에서도 라인 강 서안과 알자스에 대해 독일도 항상 관심을 가졌기 때문에 1871년 보불 전쟁부터 1차 세계대전과 1940~1944년까지 2번이나 합병되기도 했었다.

크리스마스의 도시(Ville de Noël)

스트라스부르는 '크리스마스의 도시^{Ville de Noël}'라고 불리는데, 그 이유는 14세기 알자스 지방에서 크리스마스 전 8일간 종교 행사를 진행하며 거대한 크리스마스 마켓^{marché de Noël}이 열리면서 유럽에 크리스마스와 관련된 도시로 알려졌기 때문이다.

오늘날까지도 스트라스부르의 크리스마스 마켓은 프랑스에서 가장 크고 멋진 것으로 알려져 있다. 스트라스부르의 크리스마스 마켓은 30m에 달하는 거대한 크리스마스 트리와 도시 전체에 생겨나는 최고 규모의 장터, 도시의 밤을 수놓는 화려한 거리 장식을 자랑한다.

프티 프랑스
Petite France

일삐 강에 둘러싸인 큰 섬^{Grand Ile}의 구시가지 프띠 프랑스^{Petite France}의 아기자기한 독일식 목조건물들과 베니스를 연상케 하는 낭만적인 운하는 동화 속에 나올 법한 아름다운 풍경으로 작은 프랑스라고 불리고 있다. 프띠 프랑스^{Petite France}는 16세기 무렵 이탈리아와 원정 이후 매독을 앓던 프랑스 군인들을 위해 지어진 요양병원 주변으로 형성된 작은 마을이다.

콜럼버스 원정대가 유럽으로 귀환한 후 스페인과 이탈리아의 전쟁 도중 나폴리에 전염되었고, 이후 나폴리를 점령한 프랑스군에 의해 유럽 전체에 확산된 것으로 추정되었다. 그래서 매독은 '나폴리 병' 또는 '프랑스인 병'이라고 불리기도 하였는데, 매독에 걸린 군인들이 밀집되어 있던 프띠 프랑스^{Petite France}의 이름은 병의 이름에서 유래된 것이라고 한다.

클레베르 광장
Place Kléber

기차역인 중심가인 그랑데 일레^{Grande Île} 서쪽에서 400m 정도 떨어져 있으며, 시내는 일레 강을 사이로 남쪽과 북쪽으로 나누어져 있다. 중심 광장은 성당 북서쪽으로 400m 정도 떨어진 클레베르 광장^{Place Kléber}이다.

스트라스부르 노트르담 대성당
Cathédrale Notre-Dame de Strasbourg

빅토르 위고Victor Hugo는 '거대하고 섬세한 경이로움'이라고 했고, 괴테는 '고상함은 아름다움과 연결되어 있다'고 했다. 어느 각도나 시간에 상관없이 거대하고 복잡한 붉은 사암 성당에 매료될 것이다.

노트르담 대성당을 여유롭게 둘러보려면 인파가 줄어드는 이른 저녁에 방문하고 해질녘에 외관이 금빛으로 빛나는 장면을 보는 것이 가장 아름다운 장면을 볼 수 있다. 스트라스부르Strasbourg의 고딕 성당은 1176년 착공되었으며, 서쪽 정면은 1284년에 완공되었다. 1439년에 고딕 양식으로 완성된 성당은 웅장함으로 무장한 것처럼 보였지만 첨탑은 완공되지 못했다. 복구와 성당을 재건하기 위한 투쟁의 시간 뒤로 신교 통치하에 넘어가 1681년까지 성당의 역할을 할 수 없었다.

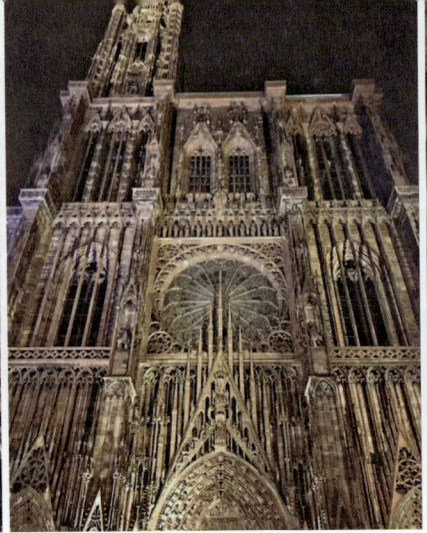

🌐 www.cathedrale-strasbourg.fr 🏠 Place de la Cathédrale,67000
🕐 성당 9시 30분~11시 15분 / 14~17시 45분, 지붕 9~19시 15분, 천문시계 인형 행진 12~12시 45분
€ 천문 시계 : 성인 €3 / €2(어린이), 지붕 성인 : €5 / €3(어린이)

정면 위로 솟아오른 나선형 계단은 66m 높이의 전망대까지 올라가는데, 첨탑에서 보면 76m이고 계단은 330개이다. 레이스로 장식된 파사드가 시선을 조금씩 들어 올려 공중 부벽, 비스듬한 가고일, 142m 높이의 첨탑을 볼 수 있다.

내부는 매일 19시까지 개방되며, 성당을 장식하는 많은 상들은 복사물로, 원본은 노틀담 박물관에 있다. 서쪽 포털의 보석 같은 장미창을 포함하여 12세기에서 14세기 스테인드글라스 창으로 정교하게 빛을 발하고 있다.

절반은 고딕, 절반은 르네상스 석으로 고안된 16세기 천문시계는 매일 오후 12시 30분에 정확하게 울린다. 천문 시계는 삶의 다양한 단계와 사도들과 함께하는 예수를 묘사하는 인물들의 퍼레이드를 하는 시계의 모습을 볼 수 있다.

스트라스부르는 플랑드르의 어느 도시 못지않게 그림 같은 탑과 교회로 가로막힌 타일로 된 삼각형 지붕 꼭대기와 박공 창문이 있는 오래된 노트르담 대성당에서 보는 스트라스부르의 모습은 장관이다. 빅토르 위고 Victor Hugo는 "종탑에서 바라보는 전망은 말로 표현할 수 없을 정도이다."라고 말했다고 한다.

> **중점 포인트!**
> 파리 노트르담 대성당 다음으로 프랑스에서 관광객들이 가장 많이 찾는다는 스트라스부르 노트르담 대성당 (Cathé drale Notre-Dame de Strasbourg)은 파리의 노트르담 대성당과 비교해서 볼 필요가 있다.
> 프랑스의 파리는 예부터 프랑스의 중심이기 때문에 다른 도시들이 파리와 비교되는 건축물이 지어지는 것을 경계했다. 그런데도 높이 142미터의 웅장한 규모와 입구를 장식하는 크고 작은 조각상을 자랑한다. 프랑스의 유명 시인, 소설가 빅토르 위고(Victor Hugo)는 스트라스부르 대성당을 두고 '거대함과 섬세함의 결정체'라고 말했다고 한다.

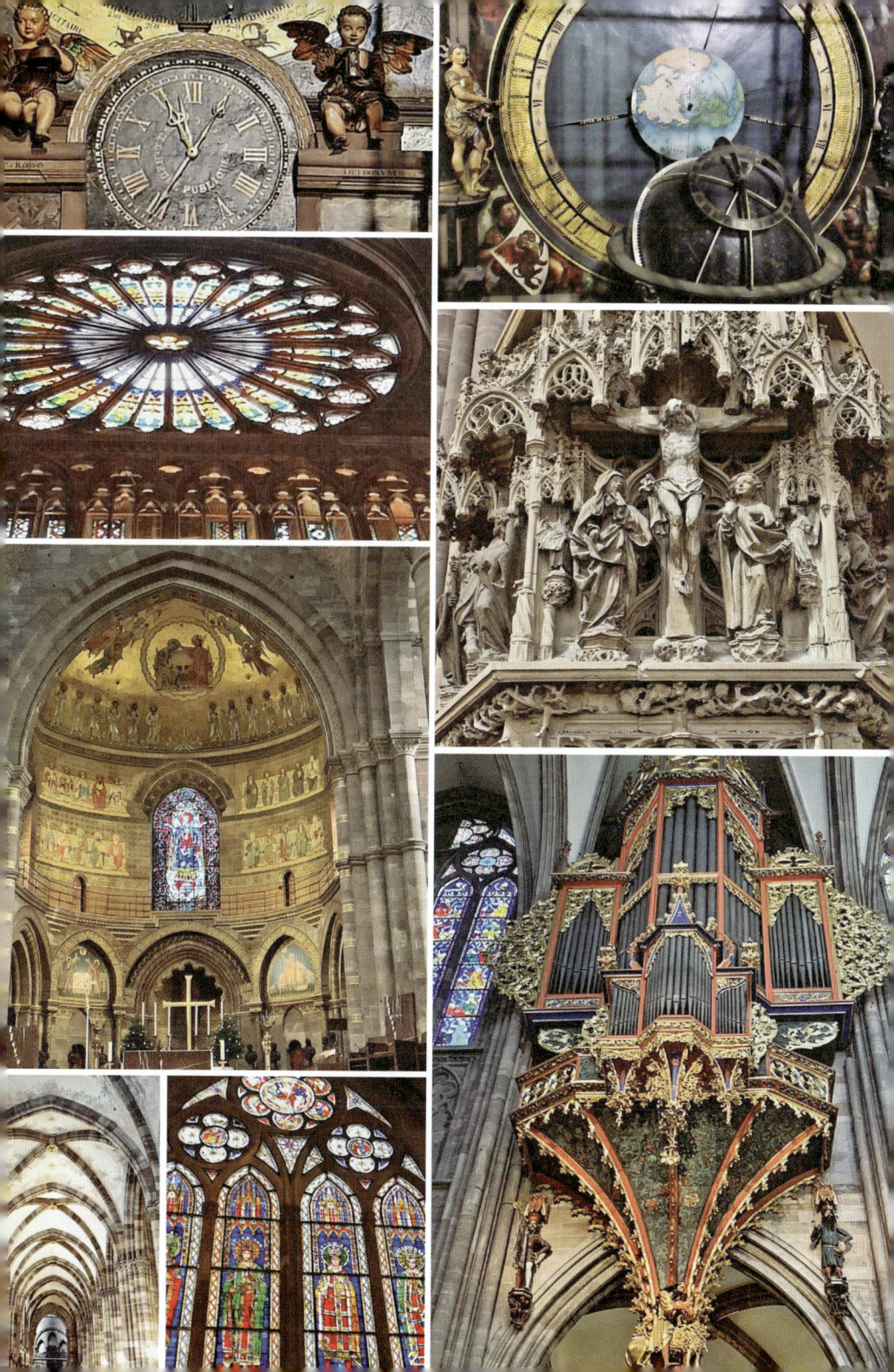

대표 음식

알자스의 대표적인 도시 스트라스부르에서는 독일과 프랑스의 맛을 모두 느낄 수 있는 지역 특유의 전통음식과 품질 좋은 와인을 맛 볼 수 있다.

알자스의 유명한 음식으로는 햄, 고기요리와 함께 먹는 양배추 발효절임 요리인 슈크르트choucroute, 훈제 돼지고기, 크림, 양파 등을 넣고 구운 타르트 플랑베tarte flambée와 플라멘퀴슈flammenküche, 꿀과 향신료를 넣어 구운 빵, 팡 데피스pain d'épices, 강한 맛의 밍스테르Münster 치즈 등이 있다.

슈크르트

타르트 플랑베

플라멘퀴슈

팡 데피스

밍스테르

슈크르트

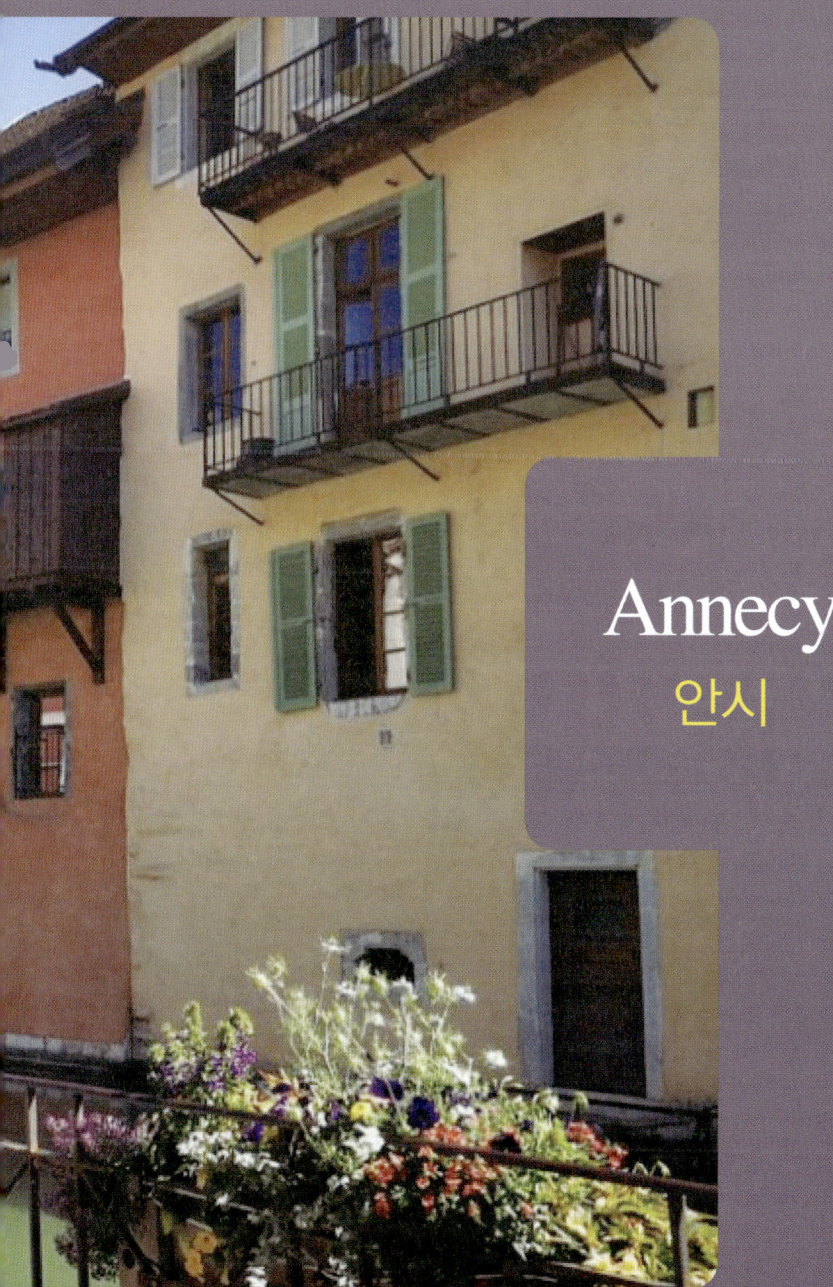

Annecy

안시

안시

ANNECY

인구 5만 명의 안시는 해발 448m에 자리하고 있다. 알프스 계곡의 산자락 아래에 있는 이 작은 도시는 휴가철을 맞아 찾아온 관광객에게 편안함과 안락함을 제공한다. 박물관이나 다른 볼거리가 많지는 않지만 수상 스포츠와 자전거나 하이킹을 많이 즐기고 겨울에는 스키장으로 유명한 도시이다.

천천히 호숫가에 앉아 백조들에게 비스킷을 던져주던지 제라늄으로 메워진 구시가지의 운하 주변을 따라 걸으며 한적한 시간을 보내면 어느새 지친 심신이 모두 풀릴 것이다.

한눈에
안시 파악하기

기차역과 버스터미널은 구시가 북서쪽 500m 거리에 있으며, 신시가지는 중앙 우체국과 복합 건물로 이어져 있다. 호수마을인 안시 레 비에우^{Annecy Le Vieux}는 안시 동쪽에 있다.

13~16세기에 지어진 안시 고성은 올드 타운에 있으며 현재 지역 박물관으로 사용된다. 이 고성에서 내려다본 구시가와 호수 주변의 전경은 황홀할 정도로 눈부시다. 박물관에는 이 지역의 역사와 자연 문화에 대한 자료와 기록이 상세히 전시되고 각종 예술품도 소개해 사부아^{Savoie} 지방의 문화와 역사를 이용하는 데 큰 도움이 된다. 도시 중심부에 자리한 올드 타운은 13세기 이후 변하지 않은 중세 무대를 그대로 간직하고 있다.

안시의 매력

사실 프랑스의 다른 도시에서 안시처럼 호수를 끼고 아름다운 운하가 흐르는 올드 타운을 찾기는 쉽지 않다. 믿을 수 없을 만큼 푸른 호수인 안시 호수^{Lac d' Annecy}는 북쪽에 위치해 있다. 편안하게 휴가를 보낼 수 있는 곳으로 제라늄이 핀 구시가 운하를 따라 여유롭게 산책을 할 수 있다.

안시의 구시가 모양은 노천카페와 레스토랑이 줄지어 선 띠우 운하^{Canel du Thiou}를 따라 형성되어 있다. 고전주의의 부활을 선포라도 하듯 안시의 구시가는 공간과 공간 건물과 건물이 고리 같은 중세의 복잡한 연결 구조로 이루어져 있다.

안시 둘러보기

산책을 하면서 호수와 꽃, 잔디, 고색창연한 건물을 보며 전원의 정취를 흠뻑 느껴보는 것이 안시Annecy에서 꼭 해야 할 일이다. 레스토랑이 줄지어 있는 운하의 양쪽에는 좁은 길이 구시가로 이어져 있고 현대적인 건물도 있지만 17세기 건물도 많이 볼 수 있다.

안시 중앙의 섬은 이전에는 감옥으로 사용되고 있었던 곳으로 현재는 역사박물관으로 사용되고 있다. 안시 박물관Musee d'Annecy은 안시를 굽어보고 있는 언덕지대에 16세기 안시 성 Chateau d'Annecy 안에 있다. 현대적인 전시물과 지역 색이 강한 작품들이 전시되어 작품을 감상하는 관광객이 많지 않지만 안시의 전망을 보기 위해서 관광객이 찾는다.
그 아래에는 백조와 오리들이 유영하는 맑은 운하가 흐르며 로맨틱한 풍광을 자아낸다. 안시는 스위스 제네바Geneva에서 가깝다. 또한 몽블랑Mont Blanc을 프랑스의 대표적인 스키 리조트 타운인 샤모니Chamonix에서도 쉽게 방문할 수 있다.

안시의 또 다른 이름
알프스의 베니스

스위스와 국경을 마주하고 이탈리아 북부에서 멀지 않은 프랑스 남동부 론알프^{Rhône-Alpes} 지방에 위치한 안시^{Annecy}는 도시를 둘러싼 웅장한 알프스 산맥 아래 프랑스에서 2번째로 큰 규모의 투명한 에메랄드 빛 호수를 자랑하는 아름다운 호반도시이다.

오랜 역사와 문화를 지닌 안시는 중세시대의 아기자기한 건물들이 보존되어있는 구시가지^{Vieille ville}를 비롯해 스위스의 여름 휴양지가 생각나는 호수 주변 자연 경관, 도시 전체에 유유히 흐르는 티우^{Thiou}와 바세^{Vassé} 운하 등 프랑스적이면서도 이국적인 풍경을 선사해 '알프스의 베니스^{Venise des Alpes}'라고 불리기도 한다.

더운 여름에는 호수에서 수상 레포츠를, 추운 계절에는 알프스 산맥에서 스키를 즐기기 위해, 안시에는 1년 내내 관광객의 발길이 끊이지 않는다. 알프스의 스키 리조트에서 즐기는 스위스식 치즈, 퐁듀의 맛도 일품이다. 6월에는 세계적인 명성을 자랑하는 국제 애니메이션 페스티벌이 열리는데 1960년 처음으로 개최된 안시 애니메이션 페스티벌에는 매년 5만명 이상의 방문객이 몰린다.

Chamonix
Mont-Blanc
샤모니 (몽블랑)

샤모니 몽블랑

CHAMONIX-MONT-BLANC

기름진 골짜기에 하늘을 찌를 듯 솟아있는 눈 덮인 봉우리가 있는 프랑스 알프스 지역은 세계에서 가장 멋진 산악 풍경 중 하나이다. 여름에는 하이킹을 할 수 있으며, 다양한 레포츠를 즐길 수 있다. 겨울에는 스키 휴양지들로 전 세계의 스키인들이 몰려온다.

샤모니 몽블랑 파악하기

프랑스 남동부 알프스 산맥 서쪽에 자리한 사부아^{Savoie} 지방의 대표적인 도시, 샤모니–몽블랑^{Chamonix-Mont-Blanc}은 이름 그대로 유럽 최고의 높이를 자랑하는 몽블랑^{Mont-Blanc}을 오르기 위해 반드시 거쳐 가야 할 도시이다.

프랑스, 스위스 이탈리아까지 이어진 알프스 산맥과 주변 지역은 오래 전 산악고지대의 험난한 기후 때문에 아무도 찾지 않는 곳이었으나 이후 오랜 세월 동안 사부아 지역을 둘러싼 주변 국가들의 영토 싸움이 이어지며 주인이 빈번히 바뀌었다. 1860년 이탈리아의 사르데냐–피에몬테^{Sardegna Piemonte} 왕국이 사부아 지역을 나폴레옹 3세에게 할양함으로써 프랑스의 영토가 되었다.

치즈 퐁뒤(fondue savoyarde)
알프스 산악지대, 사부아 지방의 가장 유명한 전통 음식으로는 치즈 퐁뒤(fondue savoyarde)를 꼽을 수 있다. 다양한 치즈를 불에 녹여 빵, 감자와 소시지 등을 긴 꼬챙이에 꽂아 녹은 치즈에 찍어 먹는 요리로, 스위스 음식이기도 하지만 추운 날씨에 즐겨먹는 겨울철 프랑스의 대표요리이기도 하다.

가는 방법
샤모니^{Chamonix}에서 케이블카를 타고 미디 봉^{Aiguille du Midi}로 올라가면 몽블랑의 빙하가 있는 빙원과 그 뒤로 마테호른의 웅장한 모습을 볼 수 있다. 기차를 타고 몽탕베르^{Montenvers}로 올라가면 유럽에서 가장 긴 빙하인 얼음의 바다를 불리는 '메르 드 글라스^{Mer de Glace}'를 볼 수 있다.

샤모니
Chamonix

프랑스 알프스에서 가장 멋진 풍경으로 둘러싸인 샤모니^{Chamonix}는 알프스 북쪽 산자락에 있는 마을로 장대함에 있어서 알프스에서 손에 꼽힌다. 알프스에서 가장 높은 4,807m의 몽블랑^{Mont Blanc}은 얼음에 뒤덮인 뾰족 솟은 봉우리들 사이의 계곡들로 빙하들이 사방에 둘러싸여 있다.

샤모니^{Chamonix}는 프랑스에서 처음 스키장이 생겨난 도시 중 하나로, 1900년대에 들어서며 큰 인기를 끌고 철도와 케이블카 등 다양한 시설을 갖추게 되었다. 1920년에는 샤모니 – 몽블랑^{Chamonix-Mont-Blanc}으로 지역 명칭이 바뀌었는데, 이는 이웃국가인 스위스의 스키장들이 몽블랑의 명성을 이용해 이득을 취하지 못하게 하려 했기 때문이라고 한다.

이후 겨울 스포츠의 중심도시로 급부상한 샤모니 – 몽블랑에서는 1924년, 최초의 동계올림픽이 열리기도 하였다. 오늘날 샤모니 – 몽블랑에서는 겨울 뿐만 아니라 여름에도 등산, 하이킹 등 다양한 활동을 즐길 수 있어 1년 내내 수많은 관광객이 몰린다.

몽블랑
Mont Blanc

샤모니–몽블랑에서 빼놓을 수 없는 것은 뛰어난 자연경관이다. 알프스 산맥의 봉우리마다 전망대가 설치되어 있어 경치를 감상할 수 있다. 몽블랑^{Mont Blanc} 산 주변은 3개의 나라와 6개의 고개가 있다. 알프스 서남부에 위치한 몽블랑^{Mont Blanc}은 서유럽에서 가장 높은 봉우리인 4,808m로 몽블랑 산을 둘러싼 7개의 골짜기들이 이어진 하이킹 루트가 있다. 오래전부터 있었던 하이킹 루트는 프랑스에서 스위스, 이탈리아의 세 나라를 따라 이어져 각자의 언어와 문화를 가지고 발전해왔다.

가장 유명한 봉우리는 에귀드미디^{Aiguille du Midi}로, 몽블랑을 가장 가까이서 감상할 수 있는 곳이기도 하다. 또 다른 봉우리인 르브레방^{Le Brévent}에서는 몽블랑의 가장 멋진 자태를 볼 수 있다고 한다. 만년설로 덮인 산봉우리 외에도 눈이 녹아내린 뒤 얼어붙으며 생겨난 얼음바다 '메르드글라스^{Mer de glace}'의 빙하들과 얼음으로 된 동굴 등을 감상할 수 있다.

샤모니^{Chamonix}에서 시계방향으로 가다가 6개의 고개 중에서 첫 번째 봉우리인 발므 고개^{Col de Balme}를 지나 스위스로 이어진다. 그 다음으로 호숫가 마을인 샹페^{Champex}로 향한다. 2,580m 높이의 그랑 콜 페레^{Grand Col Ferret}를 넘어가면 이탈리아의 아름다운 아오스타 언덕^{Valle d'Aosta}에 들어간다. 다음으로 다시 프랑스로 이어진 세뉴 고개^{Col de Seigne}를 넘는다.

고대에 가축들이 짐을 나르며 지나던 루트를 따라 가기 때문에 하이킹 루트가 형성되어 있다. 침엽수림과 진달래, 자줏빛 이질풀, 짙은 청색의 용담 등이 흩뿌려져 있는 알프스 산지의 초원은 눈을 뗄 수 없게 만든다.

위로 솟은 뾰족한 바위들과 깊고 예리한 크레바스가 있는 빙하까지 서쪽 알프스의 큰 봉우리는 감동하게 만든다. 깊게 이어진 도로를 따라가면 들려오는 소리는 바람소리와 가끔 폭포에서 떨어지는 물소리뿐이다.

BILLETTERIE PIÉTONS	어른	소인	가족
에귀뒤미디(AIGUILLE DU MIDI) – 라 발레 블렁슈(VALLÉE BLANCHE) 3777M			
A/R Chamonix → top 3777m	63,00€	53,60€	195,40€
Aller simple Chamonix → top 3777m	50,00€	42,50€	–
A/R Chamonix → Plan de l'Aiguille 2317m	18,50€	15,70€	–
Aller simple Chamonix → Plan de l'Aiguille 2317m	16,50€	14,00€	–

에귀 디 미디
Aiguille du Midi

3,842m의 미디 봉^Aiguille du Midi^은 몽블랑 정상에서 8㎞ 떨어진 한적한 바위산이다. 샤모니에서 미디 봉^Aiguille du Midi^으로 가는 케이블카는 세계에서 가장 높고 아찔한 구간으로 마지막 구간에는 미디봉까지 거의 수직으로 내려간다. 이곳에서 내려다보는 빙하와 눈 덮인 평원, 바위가 많은 산들은 평생 잊지 못할 절경이다.

르 브레방
Le Brevent

계곡의 서쪽에서 가장 높은 봉우리인 2,525m인 몽블랑의 빼어난 전경을 볼 수 있는 곳이다. 샤모니에서 이곳까지는 곤돌라를 갈아타고 올 수 있다.

얼음의 바다
Mer de Glace

길이 14km, 폭 1,950m, 깊이 400m인 얼음의 바다Mer de Glace는 1,913m 정상까지 등반열차가 생겨 인기가 있는 관광지가 되었다. 등반 열차와 얼음 동굴로 가는 곤돌라, 동굴 입장료가 있어서 비용은 만만하지 않다.

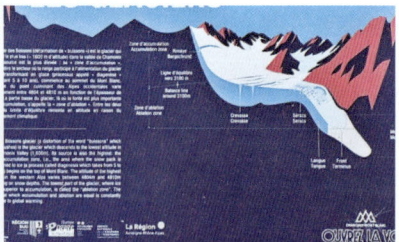

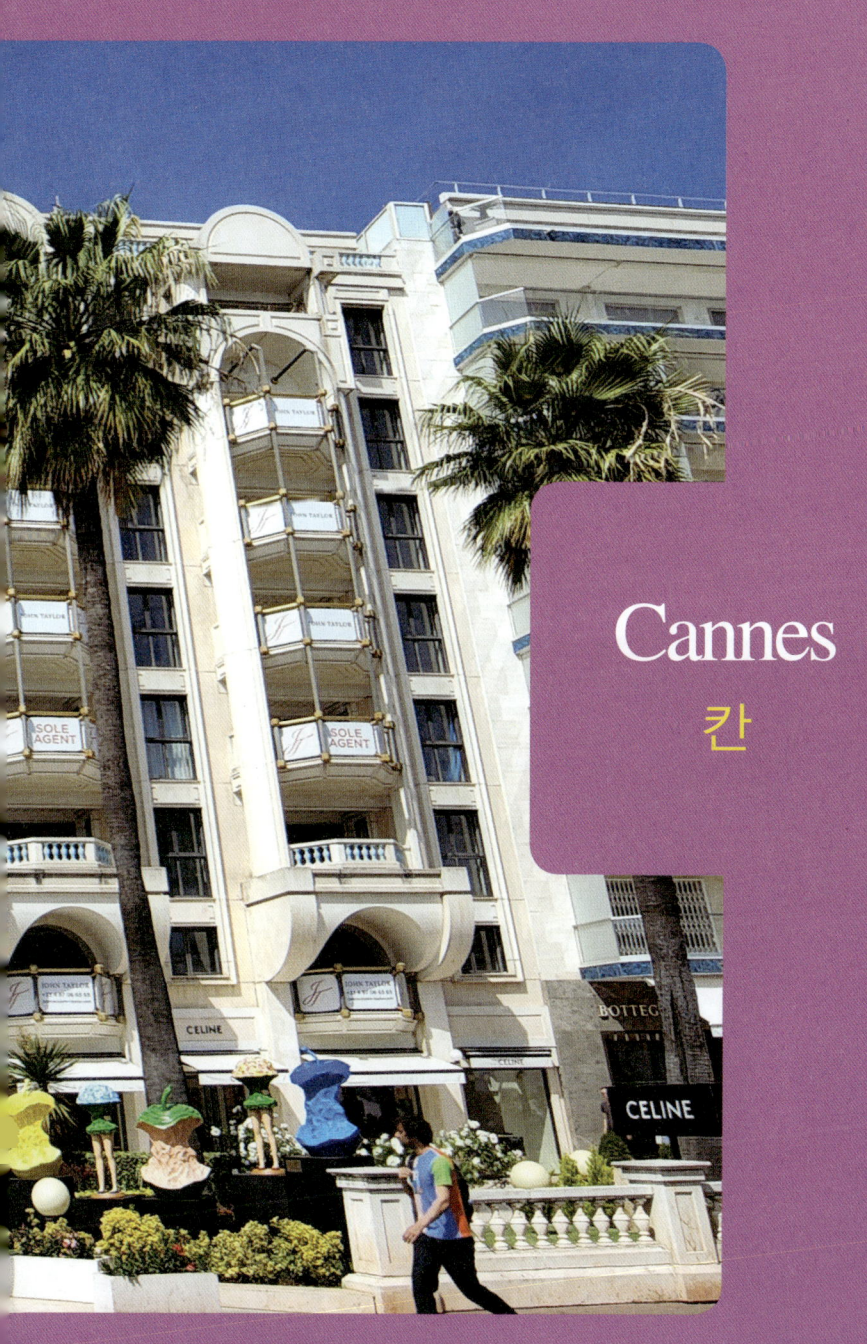

Cannes

칸

칸

CANNES

칸(Cannes)은 세계적으로 유명한 칸 영화 축제가 열리는 도시이자 아름다운 해변과 럭셔리한 호텔, 화려한 관광객들로 유명하다. 칸은 프랑스 남부의 코트다쥐르에서 가장 화려한 관광지이다.
오래 전 한적한 어촌 마을이 지금은 화려하고 럭셔리한 관광지로 변한 것이다. 도시의 해안 산책로인 크루아제트는 명품 숍들과 벨에포크 양식의 인터컨티넨탈 칼튼을 비롯한 고급 호텔이 줄지어 서있다.

한눈에
칸 파악하기

칸Cannes은 작은 도시로 반나절 정도면 모두 둘러볼 수 있다. 칸 도심은 걸어서 여행하기에 좋다. 팔레 데 페스티발에서 출발하면 동선을 만들기에 유리하다. 주요 쇼핑 거리인 루 단 티브를 거닐다가, 르 쉬케 지역으로 가서 칸의 구 시가지를 만나고, 자갈길을 따라 11세기 언덕 요새에 오르면 시내와 리비에라 연안을 바라볼 수 있다.

카스트르 박물관에는 200여 개의 오래된 악기들을 보고, 화요일부터 일요일까지 루 루이스 블랑 거리에서 열리는 포르빌 시장에서 현지 농산품들을 고르면서 칸의 로컬 문화도 접할 수 있다. 라 보카 지역에서 블러바드 뒤 미디를 따라 펼쳐져 있는 공공 해변에서 윈드서핑, 웨이크보드, 카약타기 등의 수상 스포츠도 직접 즐길 수 있다.

배를 타고 조금만 가면 칸 해변 바로 맞은편에 위치한 레랑 제도에 도착할 수 있다. 생트 마그리트 섬의 산책로를 따라 거닐면 야생 새와 식물들을 맘껏 볼 수 있다. 1600년대에 아이언 마스크로 유명한 유스타셰 도저라는 인물이 수감되었던 포트 로얄 감옥이 있다. 생토노레 섬에는 시토회 수도사들이 만든 와인을 시음해 보자.

칸 국제 영화제 기간이 아니라면?
매년 세계적으로 유명한 칸 영화제를 주최하는 컨벤션과 문화의 중심지로 보통 5월에 열리는 영화제 기간이 아닐 때 칸(Cannes)에 오면 영화제의 상징적 랜드마크가 된 레드카펫에서 사진을 찍을 수 있다. 음악에서 연극, 무용부터 유머에 이르는 다양한 문화 공연의 관람이 가능하다.

노트르담 데스퍼랑스 성당 ●

카스트르 박물관 ●

구항구와 구시가지 ●

칸 크로와제트 카지노 ●

칸 관광청 사무소 ●

토이 트레인 ●

레린 섬

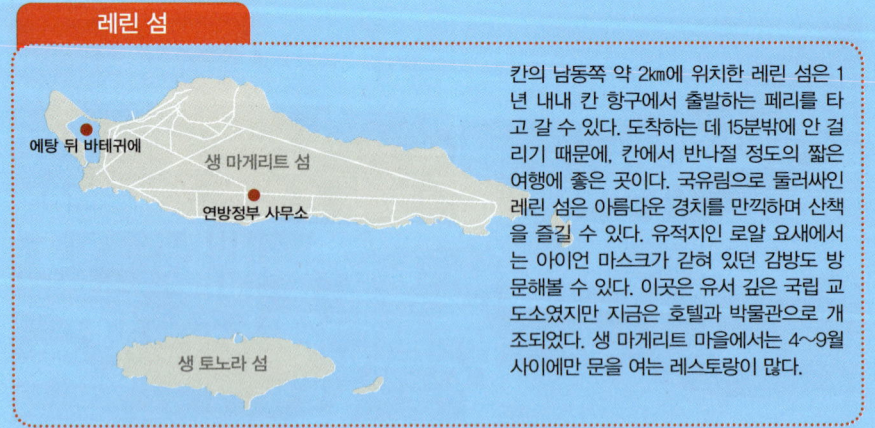

에탕 뒤 바테귀에 ●

생 마게리트 섬

연방정부 사무소 ●

생 토노라 섬

칸의 남동쪽 약 2km에 위치한 레린 섬은 1년 내내 칸 항구에서 출발하는 페리를 타고 갈 수 있다. 도착하는 데 15분밖에 안 걸리기 때문에, 칸에서 반나절 정도의 짧은 여행에 좋은 곳이다. 국유림으로 둘러싸인 레린 섬은 아름다운 경치를 만끽하며 산책을 즐길 수 있다. 유적지인 로얄 요새에서는 아이언 마스크가 갇혀 있던 감방도 방문해볼 수 있다. 이곳은 유서 깊은 국립 교도소였지만 지금은 호텔과 박물관으로 개조되었다. 생 마게리트 마을에서는 4~9월 사이에만 문을 여는 레스토랑이 많다.

● ●레 프렁스 카지노

●롱 비치 해변

●크루아제트 해변

●자멘호프

라 크루아제트에서 하루를 시작하기

비유 포흐와 푸앙트 크루아제트 사이의 해안 거리를 칸에서 가장 유명한 산책로인 라 크루아제트라고 부른다. 이곳에서 칸의 분위기를 확인할 수 있기 때문에 라 크루아제트는 칸 여행을 시작하기 좋은 출발점이다. 2km 길이의 가로수 길은 지중해를 따라 뻗어 있고, 한쪽에는 화려한 해변이, 다른 한쪽에는 고급 호텔, 부티크, 레스토랑이 자리 잡고 있다. 라 크루아제트는 특히 이른 아침부터 늦은 시간까지 붐비는 칸 영화제 기간 중에 사람 구경하기 좋은 곳이기도 하다.

평상시에 유모차와 조깅하는 사람들이 해변을 따라 넓게 포장된 길을 거닐고, 벤치에 앉아 여유롭게 휴식을 취하고 있는 사람들을 항상 볼 수 있다. 바닷가에 있는 많은 바와 레스토랑도 앉아 여유롭게 시간을 보낼 수 있는 좋은 장소이다.

칸 국제 영화제
Cannes International Film Festival

프랑스 동남부의 도시 칸Cannes에서 매년 5월 개최되는 국제 영화제로 베를린 국제 영화제, 베니스 국제 영화제와 함께 세계 3대 영화제로 불린다. 칸 영화제의 위상이나 인지도는 다른 두 영화제보다 훨씬 높다.

황금종려상은 노벨문학상이나 맨부커 상을 받은 것과 비슷하다는 견해를 보이는 경우도 있다. 영화제 엠블럼은 종려나무의 잎사귀에서 따왔으며, 그에 걸맞게 경쟁부문에서 최고 권위로 인정받는 황금종려상이 이 엠블럼으로 만들어진다.

■ 간략한 역사

1946년 정식으로 시작하게 되었지만 1948~1950년 까지는 예산 문제로 개최되지 않았고, 1951년에 다시 개최되었다. 이때부터 팔레 데 페스티벌Palais des Festivals et des Congrès이 대회장으로 사용되고 있다.

1968년에는 프랑스 파리에서 68운동이 일어나 루이 마르, 프랑수아 트뤼포, 클로드 베리, 장가브리엘 알비코코, 클로드 를루슈, 로만 폴란스키, 장뤽 고다르 감독들의 요청으로 영화제가 중단되는 사태가 일어나기도 했다. 이 때 초청 예정이였던 작품들은 나중에 칸 회고전에서 회고전 형식으로 다시 상영되었다. 그 이후로 중단된 일은 없다.

■ 3대 영화제와의 비교

역사는 베니스 국제 영화제가 가장 오래되어 한동안 권위가 있었으나 1970년대엔 68운동 여파로 잠시 비경쟁 영화제가 된데다, 중간에 개최되지 않은 적이 있어서 꾸준히 성장하던 칸에게 추월당해버렸다. 베를린 국제 영화제는 둘보다 늦게 시작되었고 1980년대 초에 휘청거린 적이 있어서 칸이나 베니스보다는 권위가 얕다.

2007년까지는 칸 지역의 영화관에 1회 이상 상영한 영화만 칸 영화제에 초청이나 시상이 가능했지만 경기 침체로 인해 프랑스 전국 어디에서나 1회 이상 상영한 기록을 제출하면 칸 영화제 출품이 가능하게 규정이 완화됐다.

■ 영화제가 시작된 이유

1930년대 후반, 이탈리아 파시스트 정부의 개입으로 정치색을 강화했던 베니스 국제 영화제에 대항하기 위해, 프랑스 정부의 지원을 받아 개최된 것이 칸 국제 영화제의 시작이다. 1939년 개최 예정이었으나, 제2차 세계 대전의 발발로 중단되었다. 종전 후 1946년 정식으로 시작되게 된다.

■ 권위

작품성에 대한 권위로는 높게 쳐주기 때문에 칸 국제 영화제에서 수상 경력이 있다는 것은 영화적으로 작품성을 보증 받았다고 판단되고 있다. 수상하지 못하더라도 초청만으로도 질적인 대우를 받는다. 주 수익은 마켓과 협찬이지만 60년 이상을 운영하면서 생긴 저력으로 영화계를 휘어잡고 있다.

■ 문제점

다른 영화제와 마찬가지로 경쟁 부문 선정이 고루하다든가 편애하는 감독만 경쟁 부문에만 나온다든가 수상작 선정기준 논란 같은 고질적인 문제점도 안고 있다.

역대 칸 영화제 포스터

칸Cannes의 대부분은 아름다운 해변에서 만날 수 있다. 칸 영화제 기간 동안 영화가 상영되는 건물, 팔레 데 페스티발도 구경해 보자.

1946년 시작된 영화제는 5월에 2주 동안 진행되고 있다. 칸이 수많은 연예인과 유명인들로 북적이는 시간으로 전 세계에서 관광객이 몰려든다. 유명 스타들의 손도장도 건물 외부의 도보에서 볼 수 있다.

칸 요트 페스티벌
Cannes Yacht Festival

칸의 구 광장인 르 쉬케 입구에 위치한 비유 포흐^{Vieufaure}는 산책을 하기도 좋고, 많은 바와 레스토랑 의 야외 테라스에서 휴식을 취하기도 좋은 곳이다. 칸 비유 포흐에는 레저 보트 와 다양한 고급 요트, 어선들이 정박해 있다. 매년 9월에 칸 요트 페스티벌이 되면 북적이 는 장소로 다시 태어난다. 이 페스티벌은 유럽에서 가장 큰 보트 쇼이다.

칸 아침

칸은 화려한 도시이다. 명품과 칸 국제영화제에서 보던 생각으로 칸을 보면 칸에서는 할 것이 없다. 물론 칸의 물가는 비싸다. 남프랑스에서 가장 유명한 도시인 니스보다 숙박도 먹거리도 비싸다. 그래서 프랑스 사람들조차도 칸은 하루갔다고 보고 오는 하루 여행이 대부분이다. 해변 주변으로 고급 레스토랑이 대부분이고 근교 도시에 비해 가격대가 높다. 그렇지만 칸의 구시가지에서 골목을 이리 저리 돌아다니면 칸에서 다른 느낌을 받게 된다. 페인트가 벗겨저도 놔두면 저렇게 이쁠 수 있구나 하는 생각과 길이 좁은 구시가지에서 아주 자은 차들도 많고 아침마다 빵 굽는 냄새가 나를 감싼다.

구시가지
Old Town

좁은 길에 역사적인 건물이 가득하고 도시와 바다의 전망이 환상적인 칸의 구시가지를 둘러보자. 도시의 시작점이 된 칸 구시가지에서 여유를 만끽할 수 있다. 레스토랑과 상점이 늘어선 중세의 자갈길을 따라 느긋하게 걸어보면, 이러한 길들이 라 쉬케^{Le Suquet}라고도 불리는 이 언덕 지구가 구불구불 이어져 있다는 것을 알 수 있다. 고풍스럽고 평화로운 지역은 도시의 해변, 카지노, 슈퍼 요트, 영화제의 화려함과는 전혀 다른 세상이다.

구시가지로 향하는 길은 혼잡한 해변 지역에서 조금 걸어가야 한다. 구시가지에서는 언제나 높은 곳을 찾아 발아래 펼쳐진 번화한 항구 주변을 내려다 볼 수 있다. 가장 좋은 전망은 오래된 성의 탑 꼭대기이다. 여기서는 바다, 도시, 산의 탁 트인 전망을 만끽할 수 있다.

칸의 구시가지, 라 쉬케 둘러보기
칸의 구시가지(Old Town)를 '라 쉬케(Le Suquet)'라고 부른다. 라 크루아제트의 서쪽 끝, 라 비유 포흐 바로 옆에 위치한 르 쉬케는 구불구불한 자갈길, 고풍스러운 현지 레스토랑들뿐만 아니라 칸의 랜드마크인 포빌 마켓, 카스트르 박물관, 아이언 마스크 타워 등이 있다. 르 쉬케는 언덕에 자리잡고 있어서 항구와 도시의 아름다운 전망을 볼 수 있다.

노트르담 드 레스페랑스 성당
Notre-Dame d'Espérance

성 옆에 17세기에 지어진 고딕 양식의 교회인 노트르담 드 레스페랑스 성당이 있다. 높이 솟은 탑을 올려다보면 아름다운 목각 설교단과 다른 종교 예술의 작품을 볼 수 있다. 중세 로마네스크 양식의 종탑이 눈에 띈다. 늘어나는 신자들에 따라 종탑까지 짓게 될 정도로 17세기에 칸은 성장하는 도시였다. 탑 꼭대기까지 계단을 올라가면 더 아름다운 칸의 풍경에 감탄하게 된다.

성당 정면에는 성모상이 있고 내부는 소박하게 현재 조성되어 있다. 성 안의 카스트르 박물관에는 이전 칸의 모습이 어땠는지 보여주는 19세기 풍경화를 포함하여 흥미로운 전시물들이 많다. 성의 12세기 예배당에는 다양한 악기도 전시되어 있다.

🏠 1 Place de la Castre, 06400
🕙 9~12시, 14~19시(목요일 18시, 일요일 11시)
📞 0490-995-507

칸 항구
Cannes Harbour

'올드 포트Old Port'로도 불리는 칸 항구Cannes Harbour는 유서 깊은 구시가지 아래 도시의 중심에 자리하고 있다. 정박지를 채우고 있는 범선, 요트, 슈퍼요트 등이 프랑스 리비에라French Riviera 지역의 상징적인 풍경을 연출한다.

칸 항구는 구도심인 라 쉬케Le Suquet 아래에 위치해 있는데, 옆에는 페스티발 궁, 국회의사당Palace of Festivals and Congress Hall, 타운홀Town Hall이 있다. 세련된 레스토랑, 바, 부티크 매장이 늘어선 해변가 산책로인 라 크루아제뜨라 크로와셋La Croisette이 걸어서 조금만 가면 있다.

항구는 800여개 이상의 정박지를 갖추고 있으며 가장 큰 배들은 항구 사무소 옆 목재 부두 옆에 있다. 부두를 따라 걸어가면 가까이에서 고급 선박들을 볼 수 있다. 부두 끝에 다다르면 뒤를 돌아 푸른 언덕 위의 저택들이 보이는 칸의 아름다운 풍경을 감상할 수 있다. 부둣가를 따라 계속 걸으면서 선박들이 항해하는 모습을 보면 시원시원하다. 멀리 나가고 싶다면 배나 요트를 빌려 해안을 따라 가면서 근처의 레앙 아일랜드Lérins Islands까지 이동할 수 있다.
벤치에 앉아서 사람들이 정박지를 따라 산책하는 모습은 사람들의 여유 있는 장면을 볼 수 있는 곳이다. 유명 배우들이 머무르는 5월의 칸 영화제와 9월의 칸 요트 페스티벌Cannes Yachting Festival이 열린다.

주말의 모습
항구 뒤쪽에는 가로수가 난 좁은 골목길인 알레 들라 리베르테(Alle ´ es de la Liberte ´)가 있다. 월요일을 제외하고 매일 아침에 꽃 시장이 서는 곳인데, 주말 벼룩시장에서 할인 물건과 신기한 물품들을 찾을 수 있기도 하다. 항구는 식사를 하기에도 안성맞춤이다. 바다가 보이는 레스토랑에서 맛있는 프랑스 요리와 세계의 다양한 요리를 맛보면서 배들로 어두운 바다가 수놓아진 아름다운 풍경은 압권이다.

페스티발 궁 & 국회의사당
Palais des Fastivals et des Cangre´s

페스티발 궁 & 국회의사당Palace of Festivals and Congress Hall은 칸 영화제의 중심지이다. 이곳에서 매년 열리는 영화제 기간 동안 다양한 영화가 상영되고 시상을 한다. 그 외의 기간 동안에는 이 랜드마크 건물에서 선박 쇼, 발레 공연, 콘서트, 회의 등 다양한 전시와 행사가 진행되고 있다. 칸 영화제의 중심지인 유명한 홀에서 클래식 음악 콘서트에 참석하거나 예술 전시를 감상해 보자.

🌐 www.palaisdesfestivais.com　🏠 1 Boulevard de la Croisette, 84000　📞 0493-390-101

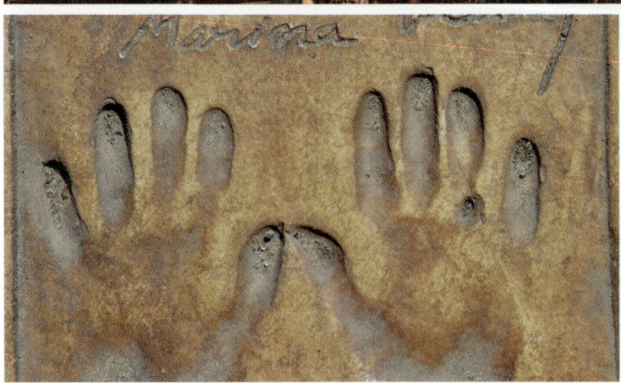

434

여러 시사회와 레드 카펫 행사의 배경으로 등장하는 건물 앞에 서보자. 클로드 드뷔시 극장Théâtre Claude Debussy은 아름다운 유리 외관으로 되어 있으며 주 출입구 계단은 많은 스타들이 사진을 찍은 곳이다. 루이 뤼미에르 강당Auditorium Louis Lumière은 2,300석 규모의 강당으로, 영화제에서 영화 제작자에게 수상되는 가장 높은 상인 황금종려상이 수상되는 곳이 이곳이다.

궁에는 갈 곳이 굉장히 많아서 방문하는 동안 참여할 수 있는 어떤 행사가 있는지 공식 웹사이트에서 확인해봐야 한다. 칸에 있다면 바로 옆에 있는 관광 안내소에서 최신 행사 일정표를 받아서 직접 볼 기회를 가져보자.

랜드마크 건물은 칸 항구Cannes Harbour 동쪽에 있는데, 해변과 도심을 연결하는 라 크루아제뜨라 크로와셋La Croisette의 서쪽 끝이다.

🏠 Rue de la Castre, 06400 ⓔ 6€(18~25세 3€) 📞 0493-390-101
🕐 10~19시(7~8월 / 10~13시, 14~18시(4~6, 9월) 수요일 21시까지) (월요일 휴관 / 1/1, 5/1, 11/1, 11/11, 12/25 휴관)

카스트르 박물관
Muse´e de la Castre

박물관은 칸 항구 바로 서쪽의 언덕 위에 있는 라 쉬케 Le Suquet 안에 있다. 수사들이 지은 11세기 언덕 위의 성에는 흥미로운 예술, 역사적 유물들이 전시되어 있다. 오래된 성에서 항구가 내려다보이는 멋진 풍경을 즐길 수도 있다.

이 성은 11세기에 레랭 Lérins의 수사들이 지은 것으로, 도시에 얼마 남지 않은 중세 시대의 흔적이다. 전시를 관람한 후에는 안마당을 통과해 오래된 사각탑까지 산책하는 것을 추천한다. 109개의 계단을 오르면 칸 항구 Cannes Harbour와 중심부의 풍경이 한눈에 들어온다.
언덕 위의 고대 성벽 안의 있는 중세 성의 박물관에는 매혹적인 유물, 원시미술, 악기 등을 소장하고 있다. 히말라야 산맥에서 발견한 가면과 봉헌 조각상, 19세기 그림, 이집트 석관 등을 볼 수 있다.
박물관에 전시 중인 5개의 상설 컬렉션이 있다. 보야쥐 피터레스크 Voyage Pittoresque관에서는 지금과 비슷한 19세기 리비에라 Riviera의 풍경화를 볼 수 있다. 보야쥐 에트너그라피크 Voyage Ethnographique관에는 콜럼버스가 미 대륙을 발견하기 이전의 도자기와 북국의 이뉴잇 족이 만든 상아 소상도 전시되어 있다.

성의 12세기 생텐느 예배당 Saint Anne Chapel 안쪽에 아시아, 아프리카, 아메키라, 오세아니아에서 온 400여 종 이상의 유서 깊은 악기들이 있다. 보야쥐 히스토리크 Voyage Historique관에는 수메르의 점토판문서, 에트루리아와 이집트의 석관이 있고 또한 18세기 말부터 20세기 초까지 이란을 통치했던 카자르 왕조의 물건들도 전시되어 있다.

436

라 크루아제뜨라 크로와셋
La Croisette

칸 중앙을 가로지르며 도시의 다른 지역과 해변을 연결하는 화려함과 즐거운 분위기가 담긴 멋진 거리로, 프랑스에서 가장 유명한 보도로 알려져 있다. 칸 항구 동쪽에서 시작해 크루아제트 케이프^{Croisette Cape}까지 해변의 중요 지점을 지나간다.

라 크루아제뜨라 크로와셋^{La Croisette}은 야자수, 고급 호텔, 세련된 레스토랑과 바가 줄지어 있는 멋진 해변 대로이다. 2㎞에 이르는 도로에서 칸영화제 동안에 영화 산업의 명사들을 볼 수 있다.

지금은 세련된 거리인 현재 모습과 달리 원래 당나귀와 순례자들이 다니던 길이었다. 걷다 보면 해변, 궁, 카지노, 저택, 징비 정원 등을 지나게 된다. 일부 해변은 산책로를 따라 있는 고급 호텔의 전용 해변으로 마제스틱^{Majestic}, 칼톤^{Carlton}, 메리어트^{JW Marriot} 등이 전용해변을 사용하고 있다. 바다를 바라보며 멀리 레앙 아일랜드^{Lérins Island}의 풍경을 감상하고, 해변에서 더위를 식히거나 보다 적극적인 활동을 즐길 수도 있다.

칸 항구^{Cannes Harbour}에는 부유층의 요트들이 정박해 있는데 이곳에서 영화제가 열린다. 잘 알려진 페스티발 궁 & 국회의사당^{Palace of Festivals and Congress Hall}에서 매년 진행되는 화려한 영화 축제 기간에 영화가 상영되며 배우들이 참석하기도 한다.
경치를 바라보며 레스토랑에서 식사를 하거나 바게트, 치즈, 와인을 가져가 해변에서 피크닉을 즐길 수도 있다. 해질녘에 와서 하늘이 물드는 모습을 보고 어두워지면 바다를 수놓는 배의 불빛을 구경하는 것도 좋다.

뤼 단티브
Lu d'Antibes

칸에서 가장 번화한 쇼핑 거리인 '뤼 단티브^{Lu d'Antibes'}는 귀 뒤 마르샬 조프르에서 롱 퐁 뒤 제네랄 모베르까지이다. 라 크로와제트와 나란히 뻗어 있는 1.2km의 뤼 단티브는 칸의 유명한 쇼핑가이다. 패션, 보석, 화장품, 신발까지 거리에서 판매되는 품목은 끝없이 이어지는 것처럼 보인다.
자라나 H&M 같은 패션 브랜드와 소규모 개인 부티크가 있는 뤼 단티브는 크로와제트보다 더 고급스럽다. 둘러보면서 거리의 티 룸, 파티세리, 카페에서 휴식을 취하면서 천천히 휴식을 즐겨보는 것도 좋은 방법이다.

마르쉐 포빌
Marche Forville

비유 포흐에서 도보 거리에 있고 칸 시청 뒤에 위치한 3,000㎡ 면적의 재래시장, 마르쉐 포빌이 있다. 1934년에 형성된 칸에서 가장 유명한 재래시장에서는 그들의 일상생활을 살펴볼 수 있다.

산책한 후 집으로 돌아가기 전, 그들은 다양한 치즈나 신선한 과일이나 먹거리를 구입해 집으로 돌아가 식사를 한다. 월요일에는 마르쉐 포빌이 벼룩시장으로 바뀌어 다양한 골동품과 중고품을 판매한다.

🕐 7~13시30분(화~일요일 / 벼룩시장 월요일 7~17시) 📞 I 33-(0)4-92-99-84 22

라지에트 프로방살
L'Assiette Provencale

비유 포흐의 케 생 피에르에 위치한 라지에트 프로방살은 작지만 유명한 레스토랑으로 분위기도 이쁘고 친절하다. €20~30 정도로 저렴한 가격에 코스 식사를 할 수 있는 곳이다. 수제 생선 수프인 부야베스, 애호박 꽃 튀김, 오징어를 채운 작은 카넬로니를 곁들인 농어 필레 철판구이 같은 지중해 특선 요리를 맛볼 수 있다.

`홈페이지` eatbu.com `위치` 9 Quai Saint-Pierre, 06400 Cannes `전화` +33493385214
`시간` 화요일~토요일 12시~14시, 19시~22시, 일요일 12시~14시, 월요일 휴무

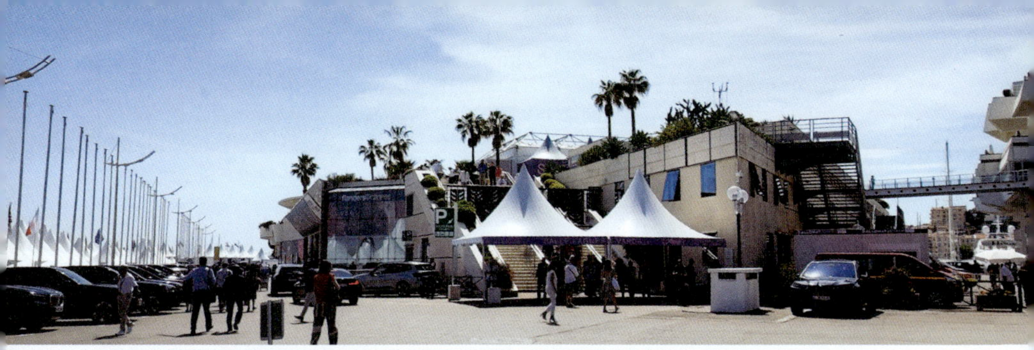

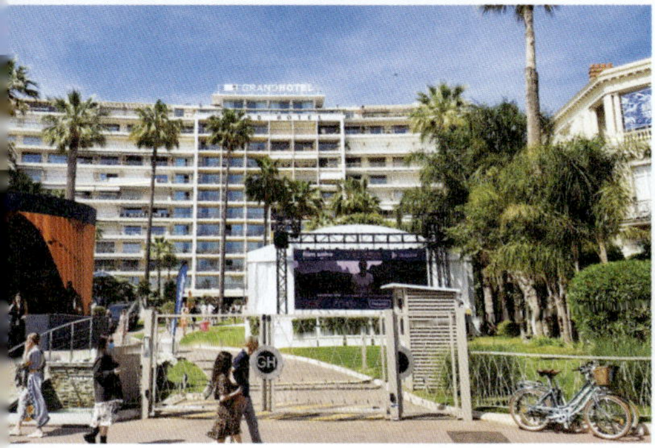

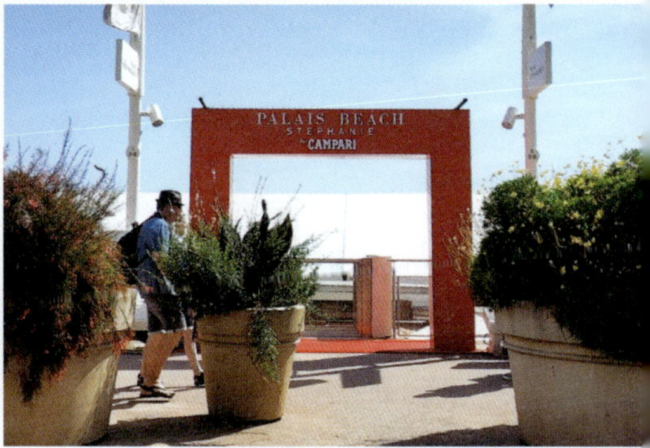
PALAIS BEACH
STEPHANIE
by CAMPARI

BROKER
FESTIVAL DE CANNES

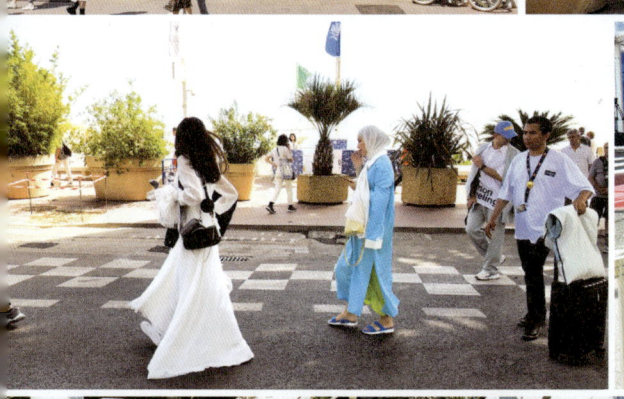

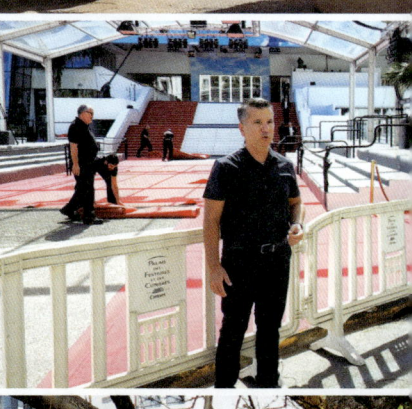

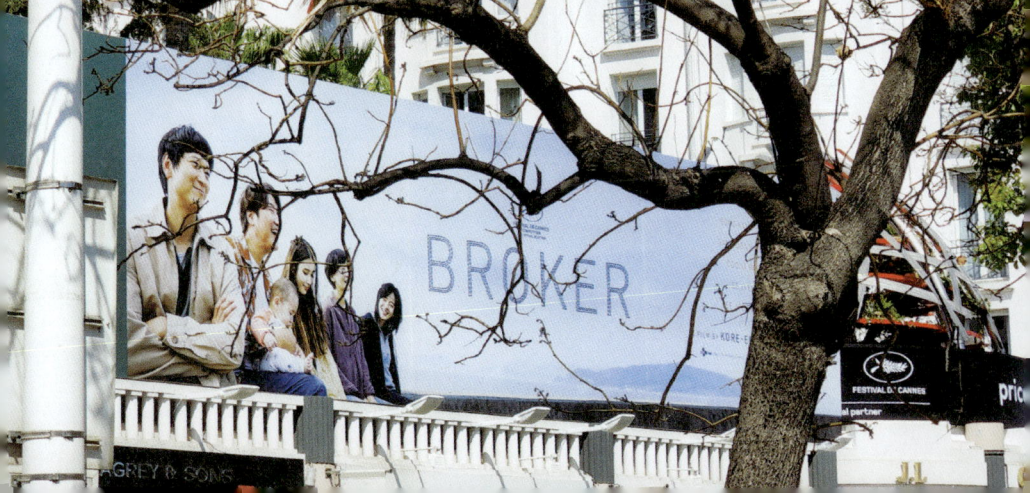

Saint-Tropez

생트로페

생트로페[Saint-Tropez]는 무척이나 화려하고 매력적이다. 자신이 가진 것을 과시하려는 부자나 유명인, 미인이 프렌치 리비에라의 황금빛 해변으로 몰려들면서 고급 부티크들이 생겨나면서 도시가 형성되었다고 한다. 이들은 도시의 유명하고 고급스러운 패션 부티크에서 쇼핑을 하고, 세련된 나이트라이프에 맞춰 마시고 춤추지만 문화유산의 분위기 속에 빠져들기도 하는 도시이다.

생트로페의 아침

생트로페에서는 아침에 시장에 가보자. 생트로페의 좀 더 소박한 면을 처음으로 느껴볼 수 있다. 시장은 해변과 바의 매력과 화려함에서 벗어나 휴식이 필요할 때 가보면 좋다. 지중해 지역의 풍부한 일조량 덕분에 맛있고 신선한 프랑스 남부의 해산물과 농산물을 맛볼 수 있다. 시간이 나면 근처의 카페나 레스토랑의 테라스에서 커피를 마시며 지나가는 사람을 구경하는 것도 좋다.

라퐁쉬 뒷골목
Laponche Backstreet

라퐁쉬는 생트로페의 '구시가지' 지역으로 매력적이고 독특한 프랑스 남부의 분위기를 느낄 수 있다. 서로 이리저리 얽힌 좁은 파스텔 색채의 골목길을 돌아다니면서 경치를 구경할 때 오래된 골목에서 발아래 조약돌을 느껴볼 수 있다. 유명한 관광지로 노트르담 성당이 있지만, 번화한 이 지역에는 레스토랑, 바, 카페도 많아서 매력에 빠져드는 것만으로도 호감이 간다.

⌂ Rue Commandant Guichard, Saint-Tropez, France

리스 광장 시장
Place des Lices Marche

생트로페에서 맛있는 음식을 먹고 싶다면 리스 광장 시장으로 가야 한다. 미식가가 아니더라도 프로방스는 프랑스에서 유럽에서도 최고라고 하고 인정하는 치즈, 고기, 빵, 페이스트리 등이 유명하다. 매주 2번씩 열리는 시장은 식재료를 구입하고 싶거나 피크닉을 위한 음식을 고르고 싶을 때 자주 찾는다.

🏠 Place des Lices, 20 Boulevard Vasserot, 83990 Saint-Tropez, France
🕐 화요일 / 토요일 08:00 ~ 13:00

팜펠론 비치
Pampelonne Beach

태양, 바다, 모래는 활동적인 해양스포츠를 즐기며 제트족이 생트로페로 몰려드는 이유인데, 그중에도 팜펠론 비치는 젊은이들이 몰려드는 곳이다. 해변은 생트로페에서 가장 길고 유명한 모래사장이 펼쳐져 있으며, 라마튜엘 마을과 멀지 않은 아름답고 한적한 곳에 자리하고 있다.

펨펠론은 최고의 유명인들이 가득한 고급 비치 클럽으로 유명하지만, 모래사장을 따라 타월을 펼치거나 접이식 의자를 대여해서 자신만의 장소를 만들 수도 있다. 생트로페와 그 주변에는 펨펠론 말고도 부야베스 해변이나 살랑 해변도 있다.

🏠 Pampelonne, 83350 Ramatuelle, France

해양사 박물관
Musée d'histoire Maritime

생트로페에 있는 해양사 박물관은 해양 도시의 풍부하고 오래된 역사를 확인시켜 준다. 부유한 제트족의 인기 관광지로 재정비된 최근의 모습과는 사뭇 다른 도시를 볼 수 있다. 박물관은 생트로페 성채의 지하 감옥에 자리하고 있어서 사진 촬영을 하려고 온 사람들도 많다.

프랑스 해안을 벗어나 먼 곳을 항해했던 역사와 관련한 유물 전시회를 둘러본 후에는 17세기의 멋진 성채를 감상할 수도 있다. 성채에는 바다와 산맥을 내려다볼 수 있는 전망대가 있어 풍경을 바라보기에도 제격이다.

🏠 1 Montée de la Citadelle, 83990 Saint-Tropez, France   🕐 매일 10:00 ～ 18:30   📞 +33-4-94-97-59-43

경찰 / 영화 박물관

Muse´e de la Gendarmerie et du Cinema

경찰 & 영화 박물관은 오래된 경찰서 건물에 자리하고 있다. 작은 도시의 영화적 뿌리에 관한 이야기를 들려주고 있다. 생트로페의 풍부하고 활기차며 오래 지속되어온 영화 제작의 역사와 어떻게 이곳이 영화와 예술의 중심이 되었는지를 잘 보여주고 있다.

생트로페와 주변 지역에서 제작된 다양한 영화를 볼 수 있다. 예 경찰서 건물에 있어서일까, 세월이 흐르면서 프랑스 영화에서 경찰이 어떻게 묘사되었는지를 보여주고 있다. 박물관에는 생트로페의 유명한 영화 산업의 화려함을 둘러싼 신화를 자세히 다룬 전시관도 있다.

🏠 2 Place Blanqui, 83990   🕐 10~18시   📞 +33-4-94-55-90-20

아페리티프
Apéritif

생트로페의 그림 같은 부두를 따라 펼쳐지는 아름다운 경치를 따라올 곳은 많지 않을 것이다. 저녁 식사 전에 마시는 반주를 '아페리티프Apéritif'라고 한다. 이 단어는 생트로페의 석양을 보면서 즐기는 와인이나 음료수로 하루를 마무리한다는 이야기가 퍼져 가면서 만들어진 단어이다. 이는 프랑스만의 뿌리 깊은 문화적 의식이라고 할 수 있다.

세네퀴에
Senequier

이른 아침부터 꼭두새벽까지 운영하는 카페 세네퀴에^{Senequier}는 기분 전환을 위한 음료를 마시면서 코트 다 쥐르 너머로 지는 석양을 감상하기 좋은 곳으로 유명하다. 트렌디하고 이름도 잘 지어서 사람들은 자주 찾는 곳이 되었다. 외부 좌석이 있어서 오랜 시간 음식이나 음료로 대화를 나눈다.

위치 4 Place aux Herbes Quai Jean Joure ′ s, 83990

Grasse

그라스

그라스

GRASSE

국제 영화제로 유명한 칸(Cannes)으로부터 약 20㎞ 거리에 위치한 그라스Grasse는 아름다움과 향기로움이 공존하는 도시이다. 수백 년이 된 박물관, 성당, 향수제조 유산이 매력적인 아름다운 언덕 마을로 여행을 떠나보자. 그라스Grasse는 프랑스 남쪽에 밀집되어 있는 휴양도시 중 하나이지만 향수로 전 세계에 유명한 향수도시이다.

관광청 사무소 ●

국제 향수 박물관 ●   ● 프라고나르 박물관

프린세스 폴린 정원   ● 노트르담 뒤 푸이 성당(그라스 대성당)

프로방스 의복과 보석 박물관 ●   ● 프로방스 예술과 역사 박물관
                              ● 프린세스 폴린 정원

● 프라고나르

빌라 프라노나르 ●

기차역 ●

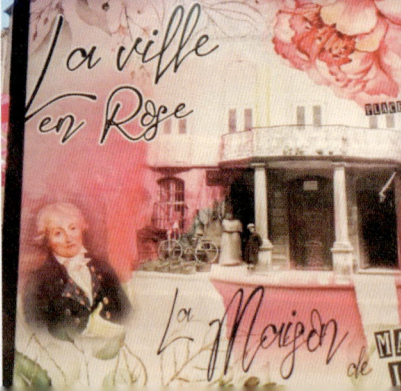

그라스의 자랑

대표 향수 회사 & 원산지

따뜻한 기후와 지중해 해안을 겸비한 최고의 휴양지에 하나 더 추가해 그라스를 돋보이게 하는 것은 오랜 전통의 향수 제조업을 이어받아 발전해온 향수 공장들과 이에 필요한 원료를 제공하는 드넓고 향기로운 꽃밭이 그라스를 대변해준다고 할 수 있다. 프랑스 향수 산업의 중심지이자 세계적인 향수의 수도로 알려져 있다.

프라고나르Fragonard, 갈리마르Galimard, 몰리나르Molinard가 있는데 3사 모두 박물관을 겸비하고 있어 도시의 역사와 향수 제조법 등에 대해 알리는 문화적인 역할노 하고 있다. 그라스의 화창한 날씨는 꽃을 재배하기에 최적화 되어있어 장미, 오렌지, 쟈스민, 라벤더, 미모사, 각종 허브 등 최고의 향수원료 산지로 손꼽힌다.

그라스Grasse의 쟈스민은 세계적인 향수 샤넬 no.5의 주원료로 쓰이는 것으로도 유명한데, 매년 5월에는 장미 축제, 8월에는 쟈스민 축제가 열린다. 매력이 다양한 전 세계 관광객을 매료시킨 그라스Grasse는 파트릭 쥐스킨트Patrick Süskind의 소설 '향수le Parfum' 속 배경 도시로 등장하기도 하였다.

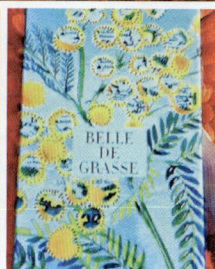

그라스 파악하기

달콤한 향기는 그라스 문화의 일부에 불과하다. 프로방스 예술 역사박물관에서 선사 시대부터 프로방스 지역의 일상생활에 대해 전시하고 있다. 고고학적 유적, 골동품 가구, 18세기에 상류층이 사용했던 욕조와 비데 등의 소장품이 전시되어 있다.

작은 광장으로 이어지는 좁은 길과 골목을 산책해 보자. 도시의 랜드마크 건물 중 하나인 12세기 그라스 성당을 찾아가 보자. 내부에는 플랑드르 바로크 화가 루벤스의 그림 3점이 있다. 그라스 태생의 프랑스 화가 장 오노레 프라고나르Jean-Honoré Fragonard가 그린 18세기 종교화 발을 씻어주시는 예수The Washing of the Feet를 볼 수 있다.

그라스는 세계의 향수 수도라고 말할 수 있는 프로방스의 언덕에 있는 아름다운 도시로 향수 산업과의 연관성은 몇 백 년 전으로 거슬러 올라간다. 좁은 거리의 17~18세기 건물들 사이에 향수 회사들이 눈에 띈다. 향수 박물관에는 향수제조의 역사와 기술에 대해 알 수 있고 조향사들이 재배하는 재스민과 라벤더 밭까지 살펴보면 그라스에 매료될 것이다.

그라스의 향기는 한 때 향수를 만드는 데 많은 양이 사용되었던 꽃의 재배에 이로운 이곳의 미기후에서 비롯되었다. 약효가 있고 향기가 좋기로 알려져 있는 많은 식물들이 심어져 있는 정원도 아름답다. 프라고나르Fragonard, 몰리나르Molinard, 갈리마드Galimard의 향수 회사에는 무료 투어로 향수를 알리고 있다.

그라스의 향수가
발달한 이유

그라스Grasse가 처음부터 향수로 유명했던 것은 아니다. 중세시대 무렵 프랑스 남부에서는 지중해와 주변 국가들을 통해 무역활동이 활발하게 이루어졌는데 물이 풍부했던 그라스Grasse에서는 가죽 제조업이 발달하였다. 당시 가죽의 무두질 과정에는 동물의 분뇨가 사용되어 그라스Grasse에는 썩는 냄새와 악취가 진동하였다고 전해진다.

16세기에 그라스Grasse의 가죽제조업자들은 완성된 가죽에 식물에서 추출한 향료를 입히는 방법을 고안해 내면서 그라스 향수의 시초가 되었다. 그라스가 향수 제조업의 대표적인 도시로 성장하는 계기가 된 이후 그라스는 뛰어난 조향사들과 세계적인 향수 회사를 많이 배출해 내었으며 오늘날에도 풍성한 자연원료를 사용한 그라스의 향수, 비누 등 아로마 제품은 단연 세계 최고로 손꼽힌다.

국제 향수 박물관
International Perfume Museum

향수 무역이 시작된 그라스Grasse에 자리한 국제 향수 박물관International Perfume Museum에서 코가 이끄는 대로 돌아다녀보자. 고대 이집트의 향수병을 살펴보고 수천 년을 거슬러 올라가는 향수의 역사와 더불어 그라스에서의 향수 산업의 기원과 발전에 대해 알 수 있다.

비누와 화장품의 역사까지 약 50,000여 종의 향수 관련 컬렉션이 있다. 제조 기술과 향기 생산을 주제로 한 전시관에서 자세히 알 수 있다. 18세기의 우아한 병과 기원전 6세기의 그리스 향유병 등의 다양한 역사상의 향수 용기를 보면 신기하다. 박물관의 중요한 전시물로는 마리 앙투아네트의 여행 상자로서 초콜릿 병, 향수병, 뜨거운 음료를 위한 버너 등의 물건을 담아 가지고 다니던 것이다.

일본의 향기 기계, 19세기의 나무 경대, 향수 오르간 같은 특이한 물건들도 있다. 이 책상은 향수 제조자가 향기를 제조 작업을 하던 것으로 많은 유리병이 놓여 있다. 1960년대의 햇볕에 잘 익은 피부에 대한 새로운 유행을 표현하기 위해 프랑스에서 판매된 첫 번째 선탠 오일 병이다.

Avignon
아비뇽

한눈에
아비뇽 파악하기

교황청의 거대한 석조 강당과 방을 돌아본 후, 옆에 있는 아비뇽 성당으로 이동하자. 이곳에는 종교적 예술품과 아비뇽에 살았던 교황의 무덤이 있다. 돌계단과 경사로를 따라 올라가서 언덕 꼭대기 정원, 로셰 데 돔Rocher des Doms을 볼 수 있다.

복잡하게 얽혀 있는 아비뇽 뒷골목을 돌다 보면 수녀원과 화려하게 장식한 교회가 나온다. 보행자만 다닐 수 있는 쇼핑 지구에는 현대식 부티크와 매장이 가득하다. 아비뇽의 중심 광장인 오를로 광장의 식당에서 전통 요리와 와인을 맛보는 것도 좋다.

강을 따라 내려가서 아비뇽 다리의 남은 아치 위를 걸으면 론 강 위에 지어진 고대 석재 다리의 일부만 남아 강 중간에서 끊어지는 것을 알 수 있다.

생 베네제 다리

프티 팔레 박물관 ● ● 로세 데 돔 공원

아비뇽 대성당

교황청

오페라 그랑 아비뇽

칼베 박물관

레키엥 박물관 ● ● 잉글라돈 박물관

라피데르 박물관

콜렉시몽 랑베르 ● ● 관광청 사무소

아비뇽 시내 기차역 ● ● 버스터미널

아비뇽 성당
Cathédrale Notre-Dome des Doms d'Avignon

구시가지 성벽 안쪽의 교황청 바로 옆에 위치한 아비뇽 성당은 걸어서 이동하면 된다. 14세기에 교황이 머물던 아름다운 로마네스크 성당에서 미사를 올리거나 보물을 감상하는 것도 좋다.

4세기 가톨릭 바실리카 위에 건축된 아비뇽 성당은 12세기에 크게 부흥했지만 얼마 지나지 않아 근처에 세워진 화려한 교황청의 그늘에 가려졌다. 교황청에 밀리지 않기 위해 수세기에 걸쳐 보강 공사를 했는데, 14세기에는 둥근 지붕, 17세기에는 성가대석, 19세기에는 성모 마리아상이 추가되었다. 현재도 예배당으로 사용되고 있는 성당은 아비뇽 대주교가 미사를 보고 프랑스 교황이 휴식을 취하는 장소다.

성당 내부 둘러보기

신도석, 부속 예배당, 조각상, 무덤을 모두 돌아보는 데 꽤 시간이 소요된다. 성당 뒤쪽으로 가면 아비뇽 교황들이 사용하던 12세기 의자가 있는데, 성인을 상징하는 동물 조각이 새겨진 흰색 대리석 의자가 교황의 의자이다. 인상적인 모습의 돌 제단은 의자와 같은 시대의 것으로 프랑스 교황이 미사를 올릴 때 사용했다.

교황 요한 22세에게 헌정된 예배당에는 종교적 물건과 유물을 살펴볼 수 있다. 입구 근처에는 15세기 프레스코화 Baptism of Jesus Christ를 포함한 예술 작품이 전시되어 있다. 성당에는 오르간 2대가 있고 위를 보면 팔각형 돔이 있다. 돔의 창문이 햇빛을 반사뇌는 노습이 아름납나.

아비뇽 성당을 '아비뇽의 성모 마리아 노트르담 대성당 Our Lady of the Doms'이라고도 하며 동정녀 마리아를 기념하는 조각상 3개가 있다. 첫 번째 조각상은 쉽게 찾을 수 있는데, 탑 꼭대기에 서 있는 6m 높이의 반짝이는 조각상이다. 2번째 예배당과 3번째 예배당의 신도석 오른쪽에 보면 나머지 두 조각상이 있다.

아비뇽 유수

교황들이 아비뇽에 거주한 약 70년간을 교황의 '아비뇽 유수(1309~1377)'라고 부른다. 교황권이 쇠퇴하고 황제의 권한이 강화된 새로운 시대가 시작되었다는 상징적 사건이다. 프랑스의 필리프 4세는 교황 보니파키우스 8세와 대립하면서, 삼부회를 소집하여 지지를 받고 교황에게 도전하여 승리한다. 교황은 패배 직후 사망하고, 약 70년간 프랑스 인, 교황이 계승하면서 교황청을 아비뇽에 두었다.

교황권은 어쩔 수 없이 약화되면서 아비뇽의 교황들은 프랑스 왕의 영향 속에서 프랑스에 의존하지 않으면 안 되는 상황까지 이른다. 하지만 로마에서도 교황이 존재하고, 아비뇽에 있는 교황을 인정하지 않는 2명의 교황이 분립하는 교회의 대분열(1378~1417)로 이어지는 교황권의 약화 사건이다.

🌐 www.metropole.diocese-avignon.fr   🏠 Place du Palais, 84000   📞 0490-821-221

아비뇽 교황청
Le Palais des Papes

교황청은 아비뇽 성당 옆에 있는 교황청 광장에 위치하고 있다. 14세기, 교황의 거처이자 방어 시설로 건축된 유럽 최대의 고딕 양식 궁전으로, 아비뇽의 스카이라인과 문화생활의 중심지로 지금도 인식되고 있다.

교황청은 교황을 지키는 요새이자 교황이 살던 거주 공간이었으며, 교황이 업무를 처리하던 관리 센터이자 신자들을 위한 예배당이었다. 포대, 높은 탑, 두꺼운 벽으로 철통 같이 보호된 궁전은 로마가 정치 싸움으로 분열된 14세기에 가톨릭 성당의 본부로 사용되었다. 현재 교황청은 프랑스에서 관광객이 가장 많이 방문하는 관광지 중 하나이다.

고딕 시기에 건축된 세계 최대의 교황청은 성당 4개를 합친 웅장한 규모를 자랑한다. 천장이 높은 방과 웅장한 규모는 가톨릭 성당의 부와 권력을 잘 보여준다. 교황이 아비뇽을 떠난 후 1906년에 박물관으로 변경될 때까지 교황청은 군대 병영과 감옥으로 사용되었다. 25개가 넘는 방이 있는데 대부분의 방에는 가구가 하나도 없지만 여전히 볼거리가 많이 남아 있다. 14세기 교황청의 모습을 머리 속으로 그려보면서 둘러보는 것이 좋다.

교황청 안에는 아름다운 프레스코화가 전시되어 있다. 교황의 방^{Papal Chamber}에는 자연에서 영감을 얻은 프레스코화가 걸려 있고, 생마샬 샤펠^{Saint Martial Chapel}에는 생 마샬^{Saint Martial}의 일생을 그린 그림이 걸려 있다. 교황 클레멘스 6세의 연구실로 사용된 스태그 룸^{Stag Room}에는 사냥과 낚시를 하는 그림이 걸려 있다. 그림을 감상한 후에는 옥상 테라스로 올라가 론강과 아비뇽의 경치를 본다면 그 시절을 상상해 볼 수 있을 것이다.

🌐 www.palais-des-papes.com 🏠 Place du Palais, 84000
🕐 9〜19시(4〜6, 9〜10월 / 7, 8월 1시간 연장 / 11〜2월 9시 30분〜17시45분)
ⓒ 12€(8〜17세, 60세 이상 10€ / 8세 이하 무료) 📞 0490-275-000

가이드투어
1년 내내 정기 가이드 투어가 항상 있다. '교황과 교황의 애완 동물', '비밀 궁전' 등과 같이 특정한 테마를 주제로 한 투어도 있는데, 이런 투어에 참가할 경우 일반 대중에게 개방되지 않은 방에 들어갈 기회도 제공된다.

생 베네제 다리
Pont Saint-Be´ne´zet

아비뇽의 대표적인 랜드 마크이지만 돌로 만든 다리는 현재 일부만 남아 있다. 다리의 역할은 전혀 못하지만 전 세계의 관광객을 끌어들이고 역할을 한다. 퐁 다비뇽Pont d'Avignon의 별칭이나 공식 명칭으로 생 베네제 다리Pont Saint-Bénézet는 기독교 전설에 따르면 아비뇽에 다리를 건설하라는 계시를 받았다는 생 베네제Saint-Bénézet의 이름에서 따왔다. '퐁 다비뇽 Pont d'Avignon'이라는 이름이 더욱 친숙한 생 베네제 다리Pont Saint-Bénézet는 '아비뇽 다리 위에서Sur le Pont d'Avignon'라는 동요 덕분에 유명세를 얻었다.

12세기에 건설된 이 다리의 원래 길이는 900m에 론 강을 가로질렀다. 현재는 강 건너편까지 연결되지 않고 중간에 끊기지만 과거의 아비뇽과 현대의 아비뇽을 연결하는 중요한 역할을 하고 있다. 원래는 22개의 아치가 있었지만 지금은 4개만 남아 있고, 그 중 3개는 강위에, 나머지 하나는 도로 위에 있다. 수세기를 거치는 동안 홍수에 다리가 끊기면 다시 복구하는 일이 자주 반복되었지만 1669년 홍수 이후에 다리 복구 작업이 전면 중단되었다.

전망 좋은 곳
다리 끝으로 가면 다시 아름다운 교황청과 성당 탑이 보인다. 다리의 경치를 감상하기에 가장 좋은 위치는 론 강둑에서 약간 상류나 하류로 치우친 자리와 로셰 데 돔 공원의 언덕 꼭대기이다.

🌐 www.avignon-pont.com 🏠 Rue Ferruce, 84000 📞 0490-275-116
🕐 9~19시(4~6, 9~10월) / 7, 8월 1시간 연장 / 11~2월 9시 30분~17시45분)
€ 5€(8~17세, 60세 이상 4€ / 8세 이하 무료) 교황청+다리 통합권 15€(8~17세, 60세 이상 12€)

로셰 데 돔
Rocher des Doms

로셰 데 돔Rocher des Doms은 2.8ha의 공원으로 교황청보다 높은 바위 노두에 위치하고 있다. 아비뇽 언덕 꼭대기에 위치한 역사적 공원으로 도시, 강, 주변 시골, 포도밭의 아름다운 경치를 감상할 수 있는 공원은 현지인들에게 소풍과 산책을 하는 장소이다.

17세기부터 아비뇽 시민들의 산책 코스로 사랑을 받고 있으며 지금도 중세의 전통미를 느낄 수 있는 정원, 아름다운 테라스, 연못을 구경하기 위해 꾸준히 방문하는 사랑받는 공원이다. 시인이자 소설가인 펠리 그라와 미술가 폴 사잉을 비롯하여 아비뇽 출신 유명 인사들의 조각상이 공원 안에 소개되고 있다.

연못가에서 휴식을 취하고 연못 너머로 19세기에 제작된 청동 조각상인 '비너스 위드 스월로우Venus with Swallows'가 있다. 한때 아비뇽의 생피에르 교회에 있었지만 누드 비너스 때문에 소란이 일자 조각상을 공원으로 옮겼다. 연못가 카페에서 커피와 케이크를 즐기며 오리와 백조가 물살을 가르는 풍경을 구경하는 장면을 쉽게 볼 수 있다.

아비뇽의 요람

공원 여기저기에는 공원의 역사를 알아볼 수 있는 안내문이 설치되어 있다. 수천 년 전 공원의 암석 동굴에 초기 주민이 거주했다. 그래서 로셰 데 돔을 "아비뇽의 요람"이라고도 부른다.

집/중/탐/구 아비뇽

프랑스 남부 프로방스Provence 지역의 대표 도시로 손꼽히는 아비뇽Avignon은 론Rhône 강과 뒤랑스Durance 강 사이에 위치해있어 1년 내내 온화한 기후에 다른 프로방스 지방에는 없는 풍부한 역사문화유산으로 전 세계에서 관광객이 몰려온다. 고대 켈트족 시기부터 정착한 마을에서 시작해 로마 제국 시기에 도시화되었다. 고트 왕국, 사라젠 족, 프랑크 왕국 등의 지배를 받으며 차차 세력을 키우며 형성된 아비뇽은 14세기 교황이 거주하면서 전성기를 맞이했다.

교황의 도시(Ville du Pape)

아비뇽이 '교황의 도시Ville du Pape'로 알려지게 된 것은 '아비뇽 유수'라고도 불리는 교황청 이전 사건 때문이다. 1285~1314년까지 재위했던 프랑스의 국왕 필립 4세는 교회의 과세 문제로 교황 보니파키우스 8세와 대립하면서 프랑스 최초로 삼부회를 소집해 당시 최고 권위자인 교황을 굴복시키고 이탈리아 아나니Anagni에 감금하였다.
이후 로마로 돌아온 교황이 사망하자 후임 교황을 프랑스인으로 임명해 로마가 아닌 아비

농에 거주하면서 교황청의 업무를 했다. 1309~1377년까지 임명된 7명의 교황이 모두 프랑스인 출신으로 아비뇽에서 거주하자, 1364년에 아비뇽에 교황청Palais des papes이 세워졌다.

알비 십자군의 카타리파 토벌과 함께 교황청이 다시 로마로 옮겨가며 아비뇽 유수는 끝이 났지만, 1791년 혁명 전까지 아비뇽은 바티칸과 같은 교황령 도시로 문화 중심지 역할을 하였다.

중세의 기독교 유적지

중세시대 최고 권위를 누렸던 교황이 머무른 도시답게 아비뇽은 화려한 중세 기독교 유적이 남아있어 다른 프로방스 지방과는 다른 분위기를 풍긴다. 도시를 둘러싼 14세기의 성벽은 39개의 탑과 7개의 성문을 포함해 4km에 달한다.

아비뇽 다리(Pont d'Avignon)를
생 베네제 다리(Pont Saint-Benezet)로 부르는 이유

성벽을 벗어나 론 강을 따라가면 도시를 상징하는 가장 유명한 건축물인 아비뇽 다리Pont d'Avignon를 볼 수 있다. 아비뇽 다리를 주제로 한 프랑스의 동요는 세계적으로 유명해졌다. 이곳에 다리가 처음 지어진 것은 로마 시대에 상업이 발달하며 상인들의 이동을 돕기 위해 서였는데 시간이 흘러 다리가 무너졌고, 이후 12세기에 베네제Benezet라는 양치기 소년이 그 곳에 다리를 지으라는 신의 계시를 듣고 마을 사람들과 돈을 모아 생 베네제 다리Pont Saint-Benezet를 지었다고 한다.

당시에는 아비뇽 다리와 같이 신의 계시를 듣고 건축물을 짓는 경우가 빈번해 비슷한 시기에 지어진 예로 몽생미셸 수도원이 있다. 17세기에 론 강의 범람으로 인해 다리의 일부가 무너져 오늘날까지 끊어진 다리로 남아있다. 아비뇽 다리는 1364년에 세워진 교황청Palais des papes과 함께 유네스코 세계문화유산으로 지정되어 있다. 아비뇽의 교황청은 유럽 최고의 고딕 양식을 자랑하는 거대한 건축물이다.

아비뇽 페스티벌 (Festival d'Avignon)

살아있는 예술의 도시로도 유명한 아비뇽의 가장 큰 축제는 1947년 이후 매년 여름마다 개최된 아비뇽 페스티벌Festival d'Avignon이다. 아비뇽 페스티벌은 프랑스에서 가장 큰 규모 문화행사이자 세계적인 공연예술 축제로 아비뇽 교황청 앞 광장에서 열린다. 이 시기에 도시 곳곳 역사적인 공간에서 연극, 무용, 음악 공연 등이 펼쳐진다.

Arles

아를

아를

ARLES

수도, 파리에서 남쪽으로 약 600㎞ 떨어져 있는 프로방스의 아를(Arles)은 인구 약 53,000명의 작은 도시이다. 로마시대부터 사람들이 무역을 위해 살아왔기 때문에 아레나, 고대 극장들이 많아 1981년에 세계 문화유산으로 지정되었지만 대부분의 관광객은 고흐의 자취를 찾아 돌아다니는 것을 더 좋아한다.

프랑스의
작은 로마

유네스코 세계유산으로 등재된 아를^{Arles}은 프랑스 남부에 위치한 아름다운 도시이다. 이탈리아 로마 다음으로 로마시대 고대 유적을 가장 많이 보유한 아를^{Arles}에는 고대 극장과 원형 경기장, 지하 회랑, 온천 등이 보존되어 있다. 이탈리아와 스페인 사이의 전략적인 위치 덕분에 로마제국 내에서도 무역이 활발하게 이뤄진 도시였으며 '프랑스의 작은 로마'라고 불리기도 하였다.

가는 방법

파리의 리옹 역에서 아비뇽 역까지 TGV를 타고 이동한다. 내려서 시내버스를 타고 아비뇽 중앙역으로 이동한 뒤 기차를 타고 아를로 이동하면 된다. 약 3시간 45분이 소요되는데, 아비뇽에서 아를까지는 약 20분이면 도착이 가능하다.

생 자크 드 콩포스텔의 길 (Chemin de Saint Jacques deCompostelle)

아를을 거쳐 프랑스를 지나 스페인으로 가는 산티아고 순례길은 여러 산티아고 순례길 중 하나이다. 중세시대부터 존재하였던 것으로 생 자크 드 콩포스텔의 길(Chemin de Saint Jacques deCompostelle) 중 하나로 알려져 있다.

아를 여행
개념 잡기

서크 로메인, 생 트로핌 교회부터 둘러보며 관광을 시작해 보자. 많은 여행자들이 몽마주르 수도원이나 레퓌블리크 광장을 지나친다. 아를^{Arles}의 다른 면은 아를 시티 센터^{Arles City Centre}와 라펠 레자를에 가면 된다.

레아튜 미술관, 반 고흐 재단에 들러 작품 컬렉션을 구경하며 작품에서 느껴지는 강렬함을 천천히 감상하는 것도 추천한다. 아를^{Arles}의 원형 극장에서 현장감 넘치는 라이브 쇼는 아를 여행의 또 다른 즐거움이다.

반 고흐(Van Gogh) 따라가기

다양한 시대의 건축물, 역사 유적과 더불어 아를에서 유명한 것은 이곳에서 탄생한 수많은 예술 작품들이다. 19세기 인상파 화가 반 고흐Van Gogh는 아를에 머물며 15개월 동안 약 300 여 점 이상의 회화와 데생을 그려내었다. 도시 곳곳에 고흐의 작품이 탄생한 장소들이 표시되어 있다.

포럼 광장Place du forum의 '밤의 카페', 아를 수로canald'Arles를 지나는 '랑글루아 다리', 론 강quai du Rhône을 따라 거닐며 떠올려보는 '별이 빛나는 밤', 자신의 귀를 자를 정도로 정신병이 악화되어 입원을 하면서도 '해바라기', '자화상', '요양병원의 정원'을 그렸던 생 레미 드 프로 방스 요양원Saint Rémi deProvence 등 고흐의 발자취를 따라가 보는 재미가 있다. 광장의 주변에 는 시장이나 유서 깊은 건물을 대상으로 한 도시에 대한 인상을 파악할 수 있다. 레퓌블리 크 광장과 플라스 두 포룸은 도시를 상징하는 특별한 장소이다.

제목 | 별이 빛나는 밤에
제작년도 | 1889년

중세의 낭만 즐겨보기

밖에 나가 신선한 공기를 마시면서 머리를 식히고 싶다면 도시락을 들고 포스 쉬르 메르 공원의 조용한 그늘 밑의 벤치를 찾아보는 것도 좋다. 그래서 아를 여행은 다채롭고 흥미로운 전시물을 둘러보는 것도 좋지만 1년 내내 햇빛 가득한 아를에서 경치가 아름다운 생 마히드라메흐 해변에서 낚시꾼들도 구경하고 상쾌한 바닷바람도 느껴보는 것을 추천한다.

중세의 멋을 간직한 아를Arles에서 꼭 해봐야 할 것은 미로처럼 엉킨 골목으로 이루어진 올드 타운을 거닐면서 길을 잃기도 하면서 배회하다가 앉은 노천카페에서 한적하게 피로를 풀다가 여유를 느끼는 것이다. 골목마다 아담하고 정겨운 카페와 상점들이 늘어섰고 아를Arles의 고대 원형 경기장은 이 도시에서 가장 오래된 역사적 명소이다. 이곳에서 다양한 문화적 행사가 해마다 펼쳐진다. 그 옆에 로마 시대의 유적인 티아트로 앙티그Teatre Antigue가 있다.

Nîmes

님

님

NÎMES

프랑스 남부 지방에 위치한 님(Nîmes은 옥시타니Occitanie 지역 특유의 따듯한 지중해성 기후와 풍부한 역사유적을 지닌 도시이다. 프랑스의 로마로도 불리는 님은 2000년이 넘도록 보존되어 온 로마 유적들로 유명하다.

1세기에 지어진 원형 경기장(Arene de Nimes)과 5세기에 지어진 로마 사원(Maison carree), 그리고 님에서 멀지 않은 곳에 위치한 퐁 뒤 갸르 수로교Pont du Gard에는 매년 수많은 관광객들의 발걸음이 끊이질 않는다.

유네스코 세계유산

수 천 년이 넘는 오랜 세월 동안 소중한 역사와 문화유산을 간직해 온 님Nîmes은 유네스코 세계유산으로 등재되기 위한 절차를 밟고 있으며 '님Nîmes, 현재에서의 고대l'Antiquité au présent'라는 주제로 서류를 제출하였다고 한다.

원형 경기장
Arènes de Nîmes

로마 시대에 각종 공연이 펼쳐졌던 님^{Nîmes} 원형 경기장은 중세시대에는 마을 사람들의 피난처이자 요새 역할을 하기도 하였다. 오늘날 님 원형 경기장은 매년 수많은 음악 공연과 다양한 축제가 열리는 문화공간이다.

메종 꺄레
Maison Carre´e

메종 꺄레Maison Carrée라고 불리는 로마 사원은 아우구스투스 황제의 두 손자에게 헌정된 것 이라고 한다. 가장 잘 보존된 로마 신전으로 알려진 메종 꺄레는 기독교 교회, 서고 등으로 다양하게 쓰여 왔으며 현재는 박물관으로 고고학 관련 유적들을 전시하고 있다.

Nice

니스

니스

NiCE

1년 내내 따뜻한 기온에 청명한 바다를 보면 니스를 사랑하지 않을 수 없다. 2백만 명이 거주하는 프랑스 리비에 지방의 도시는 온화한 기후, 매혹적인 해변, 여유로운 라이프스타일이 어울려 사랑을 받고 있다. 따뜻한 기온이 가득한 니스 Nice에는 형형색색의 건축물이 여유로운 지중해의 생활방식과 어울려 전 세계의 많은 유명인들과 관광객이 해안 도시로 몰려들게 하고 있다.

니스 여행의
특징

영국인의 산책로

니스 여행의 시작은 영국인의 산책로라 불리는 해변 거리부터이다. 5㎞로 이어진 거리에는 현지인과 여행자들이 모여 니스 해변의 아름다움을 만끽한다. 다양한 카페, 레스토랑, 바Bar에서 여유를 즐길 수도 있다.

거리 곳곳에는 고급 차량들이 보이고, 천사의 만이라 불리는 곳에 정박해 있는 호화 요트들도 볼 수 있다. 니스는 영국 여왕에서부터 헐리우드 스타들까지 전 세계의 유명 인사들과 부유층이 찾는 도시이다.

올드 타운

산책로에서 한 블록 뒤로 떨어져 있는 구 시가지에는 아르데코와 바로크 풍이 혼합을 이룬 빨간 지붕과 파란 문의 건물들을 볼 수 있다. 전통적인 먹거리와 오래된 교회들이 늘어선 좁은 골목길은 아기자기하다.

살레야 광장에서는 신선한 농산물을 구매한 후, 북적이는 광장에서 커피 한 잔의 여유도 만끽할 수 있다. 니스에서는 낮과 밤 언제든지 즐길 수 있는 길거리 음식으로 가득하다. '소카'라 불리는 니스식 콩가루 크레페 또는 "니스풍 샐러드"와 같은 현지 정통 음식은 한번 시도해볼만 하다.

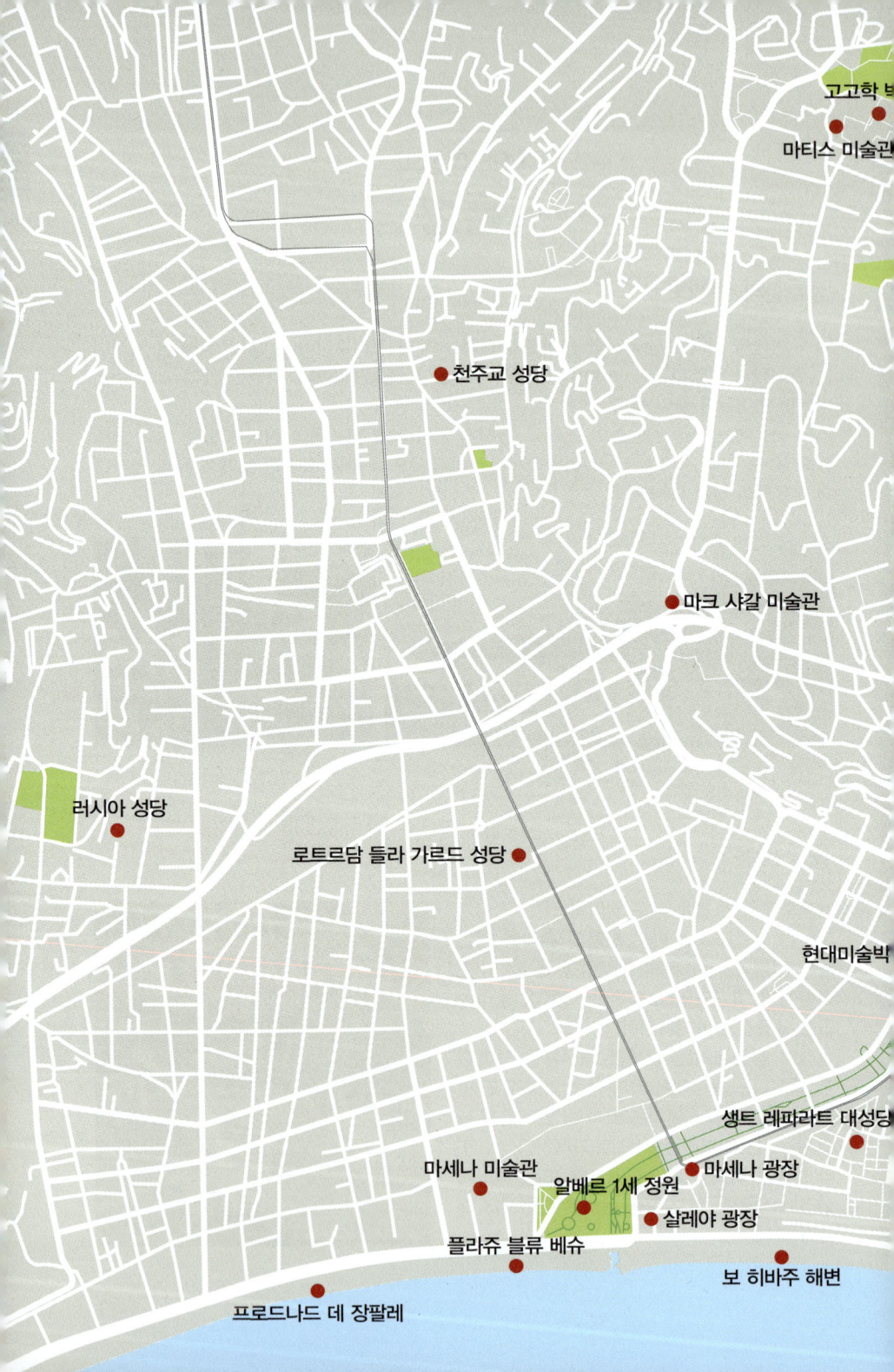

고고학 박물관

마티스 미술관

천주교 성당

마크 샤갈 미술관

러시아 성당

로트르담 들라 가르드 성당

현대미술박물관

생트 레파라트 대성당

마세나 미술관

알베르 1세 정원

마세나 광장

살레야 광장

플라쥬 블류 베슈

보 히바주 해변

프로므나드 데 장팔레

샤또 묘지

● 니스 항구

린성 공원

ellanda Tower
    ●
   Lympia Gallery

야경

니스의 주요 광장은 대부분 구 시가지의 끝에 위치해 있다. 마세나 광장은 수많은 보행자로 늘 북적거려 사람들을 구경하기에 좋다. 밤에는 화려한 색감의 조명으로 밝혀진 광장과 현대적인 예술 조형물, 옛 분수 등을 보면서 매력에 빠질 수 있다.

전망

구 시가지의 남쪽 언덕에 오르면 최고의 전
망을 감상할 수 있다. 캐슬 힐은 유적지, 폭
포, 전망대가 있는 공원으로 변모하였다. 계
단을 직접 오르기도 하면서, 3월~10월 말까
지 운행하는 엘리베이터를 이용해 도시의
야경을 볼 수도 있다.

푸른색의 자전거 대여

온라인으로 등록하여 코드를 받아야 한다. 도시 곳곳에 위치한 대여 지점에서 이 코드를 입력하면 자전
거를 빌릴 수 있다. 산책로에 마련된 여러 상점을 통해 롤러스케이트도 대여가 가능하다.

니스 해변
Nice Beach

니스를 상상한다면 가장 먼저 생각나는 것이 7㎞길이의 반달 모양처럼 구부러진 코발트빛의 해변이다. 니스 해변은 약 25개나 있고 대부분은 갈레^{Galet}라고 부르는 조약돌이 깔려 있다. 그래서 모래에서 즐기는 것을 상상했다면 실망할 수도 있다. 대부분의 사람들은 슬리퍼나 아쿠아슈즈를 신고 해변에서 다양한 해양스포츠를 즐긴다.

관광객이 많이 찾는 6~9월 사이에는 야외 샤워 시설과 임시 화장실이 설치되고 부표를 띄워 수영이 가능한 곳을 표시해 준다. 이때가 해변에서 가장 많이 분실사고나 소매치기가 발생하는 기간이기도 하다.

천사의 만(Bay of Angels)
콜린 성에서 바라보면 보이는 맑은 코발트 빛의 해변은 '천사의 만(Bay of Angels)'이라고 부르기도 한다. 3세기에 하나님에 대한 믿음이 부족하다는 죄목으로 체포되어 참수 당한 여인의 시체가 바다에 버려졌다. 그런데 여인의 몸이 해안가에 도착했는데 몸에 상처 없이 반듯한 시체를 보고 사람들은 기적이라고 생각했고, 이내 천사의 만(Bay of Angels)이라고 부르면서 지금에 이르고 있다.

니스 항구
Le Port

올드 타운에는 요트들과 배들로 가득한 프랑스에서 2번째로 큰 니스 항구를 볼 수 있다. 림피아Lympia 항구라는 명칭이 있는 니스 항구Le Port에는 12개의 부두가 있는데, 현재 6개를 사용하고 있다. 16세기부터 이탈리아 제노바 공국이 점령한 영향으로 이탈리아의 제노바 양식의 건물들이 빼곡하다.

올드 타운
Old Town

생생한 음식 시장, 좁은 골목길에서 만나는 북적이는 카페는 니스의 그림 같은 풍경 중 하나이다. 구 시가지를 여행하는 최고의 방법은 걷는 것으로 자동차는 대부분의 거리가 좁아서 힘들다. 트램과 버스를 비롯한 대중교통이 올드 타운 주변을 운행하지만 내부를 운행하지는 않는다.

캐슬 힐과 시내 중심 사이에 위치한 니스의 구 시가지는 파스텔 색감의 건물과 오래된 교회, 좁은 골목길로 대표되는 바닷가 동네이다. 거리는 다양한 숍과 레스토랑, 작은 광장, 사람들로 북적이는 카페로 가득 차있다. 매력적인 골목길을 거닐거나 광장에 있는 야외 카페에 앉아 사람들을 구경하며 하루를 보내는 여유를 누리는 것도 추천한다. 위를 바라보면 발코니 사이로 걸려 있는 빨랫줄과 열려진 창문 사이로 담소를 나누는 사람들을 볼 수 있는 곳이다.

해변과 영국인의 산책로에서부터 뻗어 있는 해변 거리에서 한 블록 떨어져 있다. 오래된 아치형 길 아래를 걷다 보면 카페와 레스토랑으로 둘러싸인 살레야 광장에 도달하게 된다. 매일 아침 신선한 식품과 꽃을 골라 보고, 월요일에는 벼룩시장에서 물건을 골라보자. 북적이는 인파를 피해 여유롭게 보려면 아침 일찍 도착하도록 하자.

피살리에디르
Pisaliedir

레스토랑에서는 이곳만의 특별 음식인 니스풍 샐러드나 멸치와 양파로 만든 타르트 "피살라디에르"를 만나보자.
골목길로 들어서면 더 작지만 덜 북적이는 식당을 발견하기도 한다.

라스카리 궁전
Rascar

북적이는 루 드로이트의 라스카리 궁전은 대표적인 바로크식 건물로 유명하다. 궁전은 17세기와 18세기에 지어졌으며, 현재는 박물관으로 복원되었다.

로세티 광장
Roceti

가장 유명하고 인기 있는 피노키오의 아이스크림을 사기 위한 긴 줄을 볼 수 있다. 상트 레파라트 성당(니스 성당)이라 불리는 성당이 바로 광장 맞은편에 있다. 1699년에 지어진 성당으로 빼어난 바로크식 외관으로 유명하다. 내부로 들어가면 영광의 레파라타 성인 유물을 감상할 수 있다.

마세나 광장
Place Masse´na

마세나 광장Place Masséna은 니스의 메인 광장으로 구시가지와 신시가지 사이에 위치해 있다. 트램 노선이 광장의 중앙을 통과하지만 모두 보행자 전용도로라 다양한 숍과 레스토랑으로 둘러싸여 있다고 볼 수 있다. 그랜드 애비뉴 장 메데신을 포함한 주요 블러바드의 교차로에 위치한다. 광장 주변 곳곳에 있는 카페에서 커피도 마시며 즐기는 사람들을 볼 수 있다.

광장 주변의 오래된 건물들은 전형적으로 모두 푸른색 문에 빨간색 페인트가 칠해져 있다. 돌로 된 커다란 아치형 길을 따라 숍과 레스토랑으로 이동할 수 있다. 갤러리 라파예트 등의 프랑스 최고의 유명 백화점에서 쇼핑도 할 수 있다. 곳곳에 있는 쇼핑과 분위기 있는 카페를 즐기기에 좋아서 항상 사람들로 북적인다.

광장의 한 쪽 코너에 있는 분수는 그리스 신화와 관련된 다양한 이야기를 담고 있다. 중앙에는 약 7m 높이의 아폴로 동상이 우뚝 서있다. 분수대 가장자리에 앉아 지나가는 사람들을 구경하거나 동상 앞에서 사진을 찍기도 한다.

스페인 조각가 '하우메 플렌사Haume Plensa'의 현대적인 조형물은 7개의 조각상에 밝은 색감의 조명이 들어와 밤이 되면 이곳에서 가장 눈에 띄는 작품이다. 트램의 선로를 따라 높다란 막대기 위에는 무릎을 꿇은 남자들의 조각이 놓여 있는데, 7개의 각 대륙을 상징한다. 광장 주변의 분수와 건물들에도 밤에는 조명이 밝혀진다.

12월에는 크리스마스 마켓이 열리며, 광장은 텐트와 크리스마스 트리, 대형 관람차로 가득 찬다. 7월 14일인 바스티유 날에 오면 군사 퍼레이드와 불꽃놀이를 볼 수 있다.

영국인의 산책로
Promenade des Anglais

영국인의 산책로는 니스의 푸르른 해변을 따라 나있는 생동감 있는 거리이다. 낮이든 밤이든 길을 거닐면 천사의 만을 전망할 수 있으며 니스의 해변에 쉽게 도착할 수 있다. '영국인의 산책로'라는 이름은 1800년대에 추위를 피해 천사의 만에 몰려들었던 부유한 영국 여행객들 때문에 붙여졌다. 지금도 여전히 부유하고 유명한 사람들에게 인기 있는 장소이다. 가장 유명한 지역은 산책로의 동쪽 끝에 위치한 호화로운 벨에포크 풍 럭셔리 호텔 네그레스코 호텔이다. 눈에 확 띄는 흰색 외관과 분홍색의 돔 형식 지붕이 인상적이다.

5㎞로 뻗어 있는 보행자 길을 따라 흰색과 청색의 파라솔이 늘어져 있으며, 조약돌 해변과 푸른 바다가 펼쳐져 있다. 카페, 레스토랑, 고급 호텔들은 북적거리는 길 건너 반대쪽에 늘어서 있다. 아침에는 조깅, 자전거, 스케이트 등을 즐기는 사람들로 2m 폭의 산책로는 북적인다. 낮에는 해변과 카페를 오고가는 가족과 여행객들로 가득차고, 밤에는 낭만적인 산책을 즐기는 사람들이 매일 보인다.

쭉 이어지는 하나의 만이기는 하지만 영국인의 산책로에는 30개의 해변이 있다. 블루 비치와 같은 전용 해변에서는 파라솔과 일광욕 의자를 대여하는 데 조금 더 비싼 값을 지불해야 한다. 저렴하게 즐기고 싶다면 공공 해변에서 즐기면 된다. 보리바주 공공 해변은 동쪽에 위치한 인기 해변으로 화장실과 샤워 시설을 갖추고 있다. 해변은 사람들로 북적이기 때문에 조약돌 위에 안전하게 자리를 차지하려면 일찍 해변에 도착해 자리를 잡아야 한다.

콜린 성
Colline du Château

'콜린 성'이라고 알려진 캐슬 힐^{Castle Hill}은 구 시가지와 니스 항구를 구분해 준다. 이제는 이 곳에 언덕에 성이 있는 것은 아니지만 이곳에서 바라보는 니스의 전망은 환상적이다. 시내 와 바다, 역사적인 유적지, 여름의 무더위를 피해 찾아가는 한적한 장소까지 좋다.

언덕에 올라 니스 최고의 전망과 천사의 만을 감상할 수 있다. 전망대에서 도시 전체를 감 상하면서 해변과 반짝이는 지중해를 바라보는 행운을 얻을 수 있다. 언덕은 인공 폭포, 오 래된 유적지, 놀이터, 다양한 전망대로 구성된 공원으로 변모하였다. 여름에는 카페가 운 영되기도 한다.

걸어서 정상에 올라가면 환상적인 전망과 오르는 길에 만날 수 있는 휴식 공간으로 땀을 흘린 만큼의 보상을 받을 수 있다. 산책길 끝에서부터 벽돌로 된 계단이 시작되는 데, 213개의 계단을 오르면 해양 박물관 꼭대기에 있는 전망대에 도착하게 된다. 편 안한 신발과 물병을 가지고 출발하는 것이 좋다.

언덕은 도시의 원래 지역에 남아 있지만, 대성당과 중세 요새는 1706년에 해체되었고, 일부 유적들은 남아 보존되고 있다. 언덕에는 또한 수세기 역사를 지닌 묘지도 있는데, 내부에 들어가 정교한 묘와 묘 석을 구경할 수 있다.

올라가는 가장 쉬운 방법

봄부터 가을까지 운영되는 엘리베이터를 이용하는 것이다. 오르는 길의 3/4 지점인 주차장 지역까지만 연결되는 아쉬움은 있 다. 추가 요금을 지불하면 영국인의 산책 로에서 시작하는 관광 열차도 이용할 수 있다.

주의사항

지도를 꼭 지참하는 것이 좋다. 아니면 길 을 잃을 수도 있기 때문이다. 오후 5시에 는 멈춰버리는 인공 폭포도 감상 포인트 이다.

마르크 샤갈 미술관
Musée National Marc Chagall

마세나 광장에서 15번 버스를 타면 곧 샤갈 미술관에 도착하게 된다. 처음 니스에서 샤갈 미술관에서 본 샤갈의 작품들을 아직도 잊지 못할 정도로 미술관에는 다양한 작품이 전시되어 있다. 특징적인 것은 종교적인 작품만 전시해 놓았다는 것이다. 1966년 프랑스 정부에 기증한 작품들은 약 450여 작품으로 인간의 창조, 노아의 방주 등이 가장 유명하다.

샤갈은 유대인으로 태어나 탄생, 결혼, 죽음을 강렬한 빨강, 파랑, 초록의 색으로 형상화하였다. 유대인의 종교인 하시디즘의 영향으로 동물을 형상화하여 사람과 사물에 들어가는 모습 등 다양한 작품으로 표현하였다.

1957년부터 스테인드글라스와 모자이크 작품에 매료된 샤갈은 직접 만든 스테인드글라스를 미술관에 만들었다. 미술관에서 보는 또 다른 즐거움이다. 전시관 입구부터 대형작품으로 표현해 놓았다. 2번째 방에는 아가서를 주제로 5개의 작품들이 전시되어 있다.

🌐 en.musees-nationaux-alpesmaritimes.fr/chagall 🏠 Avenue Docteur Ménard, 06000
🕐 10~18시(5~10월, 수~월요일 / 이외 기간은 17시까지 / 12월 24, 31일은 16시까지)
💶 10€(학생은 8€, 18세 미만은 무료 / 매월 첫 번째 일요일 무료) 📞 553-8140

La ville de Nice, en collaboration
avec le musée national Marc Chagall, vous accompagne

Sur les pas de
Marc Chagall

Musée Marc Chagall
par Bd de Cimiez →

775

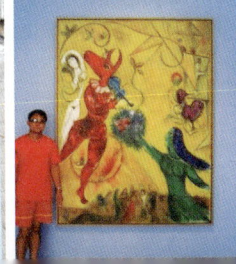

, Avenue de la Victoire à Nice, lithographie de la série Nice et la Côte d'Azur, 1967.
on exécutée par Charles Sorlier sous la direction de Marc Chagall (CS 31), imprimée chez Mourlot.
oto : Archives Marc et Ida Chagall, Paris © Adagp, Paris, 2020

Eze & Saint Paul de Vance

에즈 & 생 폴드방스 & 망통

에즈

EZE

모나코(Monaco)와 니스 (Nice) 사이에 위치한 에즈 Eze는 작은 마을이지만 아름 다운 풍경을 볼 수 있어 남프 랑스의 숨은 명소로 거듭났 다.

700m 높이의 절벽 꼭대기에 위치한 인구 3,000여명의 산 악 마을에서 바라보는 지중 해는 마음을 뺏어갈 정도이 다. 코발트빛의 바다와 오렌 지색의 지붕은 또렷하게 대 비되어 기억에 남는다.

에즈 IN

에즈Eze에 갈 수 있는 방법은 기차와 자동차를 이용해 가는 2가지 방법이 있다. 차량을 이용한다면 절벽의 도로를 따라 니스나 모나코에서 방문하면 된다. 산악에 위치해 에즈Eze로 올라가는 도로와 양 옆의 선인장과 꽃들이 피로를 날려준다. 대부분은 자동차로 찾아가는데, 기차를 이용하려면 절벽 아래의 기차역에서 약 1시간 정도를 걸어가야 하기 때문이다. 걷는 것이 힘들 수도 있지만 올라가면서 아름다운 풍경을 즐길 수 있다.

기차로 이동하는 방법
몬테카를로 역과 니스 중앙역에서 약 7~13분이 소요된다. 에즈 역에서 마을까지는 기차역에서 나와 도로 건너편의 오르막길을 따라 약 1시간 전도를 걸이기아 한다. 힘늘지는 않지만 상낭히 뜨거우므로 미리 마실 물을 준비하는 것이 좋다.

생폴 드 방스

카뉴 쉬르 메르

니스 공항

니스

생장 캅 페라

빌프랑 쉬르 메르

에즈

라 튀르비

캅 다일

모나코

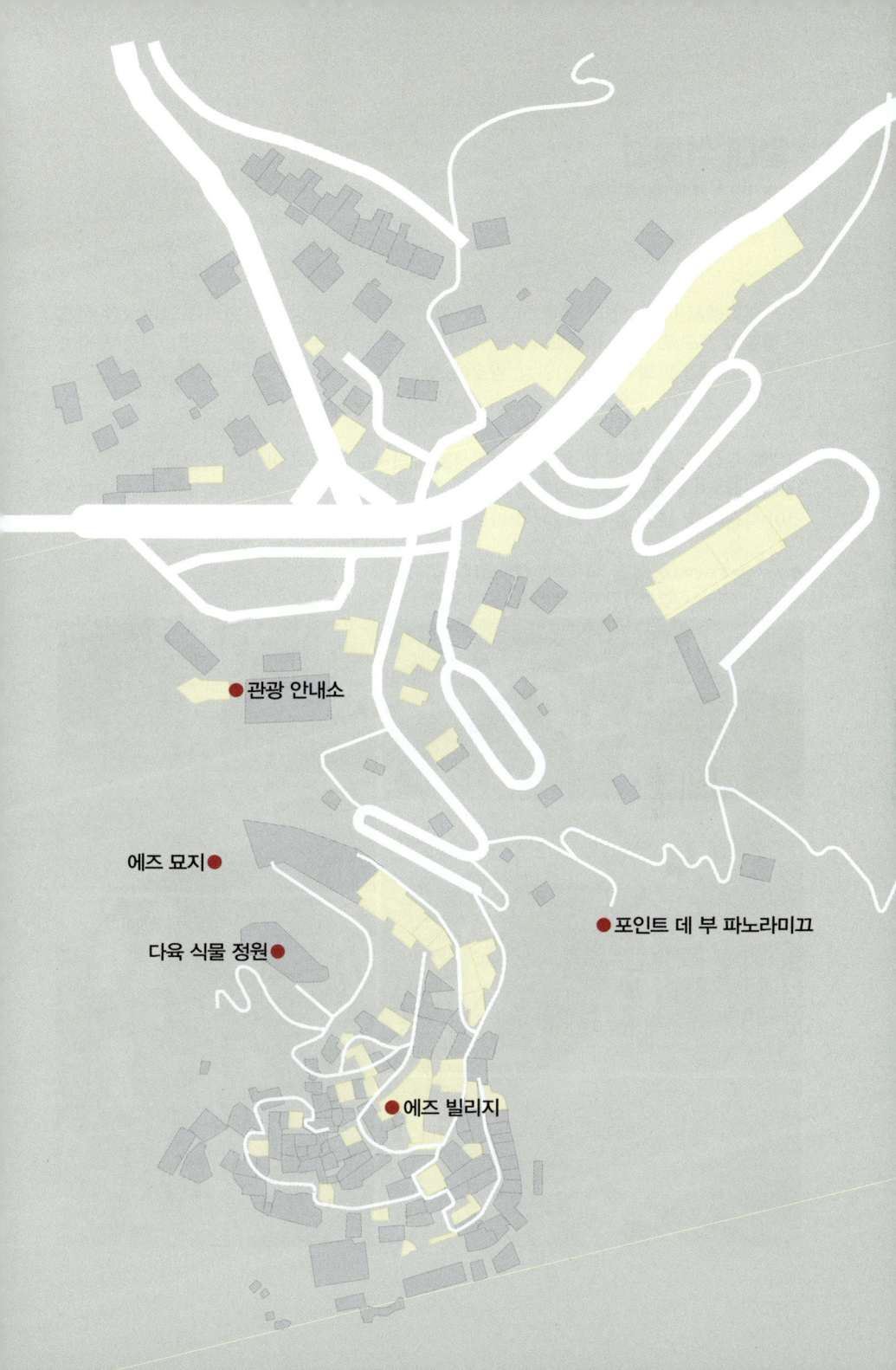

● 관광 안내소

에즈 묘지 ●

● 포인트 데 부 파노라미끄

다육 식물 정원 ●

● 에즈 빌리지

열대 식물원
Jardin Exotique d'Eze

에즈 마을에서 이색정원이 유명하다. 정원에서 바라보는 전망과 주변의 드라마틱한 산세는 황홀할 정도로 눈부시다. 12세기에 지어진 열대 식물원은 아프리카, 남미, 지중해 등에서 가져온 다양한 희귀종의 선인장, 알로에, 아가브는 중세분위기의 성채를 더욱 돋보이게 한다.

근대에 조성된 식물원에 있는 정원들은 식물을 바라보는 것이 아니라 자연과 인공이 만나 새로운 작품이 되는 것으로 쉬면서 사색을 하도록 해 창의적인 공간으로 거듭나게 만드는 것이 특징이다. 425m의 언덕에서 바라보는 전망은 식물원을 찾는 또 다른 이유이다.

🌐 www.jardinexotique-eze.fr 🏠 Rue du Château, 06360 Eze
© 8€(학생증 소지자는 4€, 12세 미만은 무료) 📞 0493-411-030

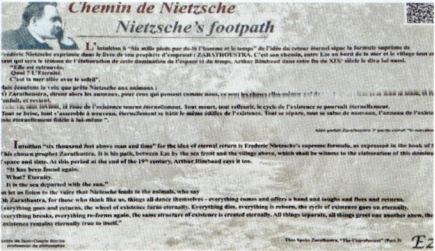

니체 산책로
Chemin de Nietzsche

19세기 "신은 죽었다."라고 하며 실존주의 철학자로 유명한 독일의 철학자, 니체Nietsche는 1883년에 4개월 동안 따뜻한 남프랑스의 에즈Eze에 머물면서 작품을 마무리했다. '차라투르스트라는 말했다.'는 은둔자 차라투스트라가 새로운 세계의 인간을 위한 새로운 원칙을 찾기 위해 산에서 내려와 시장과 군중 속으로 들어갔다. "신은 죽었다!"라고 외치며, 인간의 내면에 있는 그 모든 '사막'들을 목격하고, 다시 산으로 올라가 왕, 거머리, 마술사, 더없이 추악한 자, 제 발로 거지가 된 자, 그림자, 나귀 등과 대화하고 축제를 벌이고 새로운 아침이 시작되는 징조를 보는 이야기를 기록했다.

니체는 활기차게 생활하면서 인내심을 가지면서 영감을 얻으려고 했다고 전해진다. 그 산책로가 에즈Eze의 입구에서 해안까지 이어지는 약 50분 정도를 걸으면서 느껴보는 것도 좋은 방법이다.

🌐 Avenue du Jardin Exolique, 06360

생 폴드방스
SAiNT PAUL DE VANCE

모나코Monaco와 니스Nice 사이에 위치한 에즈Eze는 작은 마을이지만 아름다운 풍경을 볼 수 있어 남프랑스의 숨은 명소로 거듭났다. 700m 높이의 절벽 꼭대기에 위치한 인구 3,000여명의 산악 마을에서 바라보는 지중해는 마음을 뺏어갈 정도이다. 코발트빛의 바다와 오렌지색의 지붕은 또렷하게 대비되어 기억에 남는다.

매그 재단 박물관
Fondation Maeght

현대 회화와 조각을 전시한 박물관은 에메 매그가 관심이 많았던 예술작품을 수집하여 1964년에 박물관을 개관했다. 의외로 전시 작품이 7,000점이 넘어서 남프랑스에서 유명한 박물관으로 발돋움했다. 인상파부터 현대 미술까지 브라크, 마티스, 샤갈, 칼디 등의 작품이 전시되어 있다.

🏠 Chemin des Gardettes 06570   💶 18€   🕐 10〜19시(10〜다음해 6월까지는 18시까지)
📞 0480-328-163

망통

MENTON

프랑스남부, 모나코와 이탈리아의 국경과 인접해있는 도시 망통(Menton)은 아름다운 지중해, 가파른 산이 이루는 절경이 인상적인 휴양지이다.
'프랑스의 진주(la Perle de la France)'라고도 불리는 망통은 14세기부터 모나코 공국에 속해 있다가 1860년 프랑스에 합병되어 프랑스 남부의 일반적인 풍경과 동시에 이국적인 느낌이 공존하는 곳이다. 경사진 언덕 위 알록달록한 집들은 그림 같은 풍경을 선사한다.

365일 중 316일이 화창하고 따뜻한 망통Menton은 19세기 말부터 대표적인 요양 도시로 급부상하였으며 당시 영국과 러시아 귀족들의 별장들이 대거 들어서게 되었다. 역사유적지와 종교건축물, 박물관과 예술 갤러리가 많고 1년 내내 다양한 문화행사를 개최하는 망통Menton은 프랑스 정부가 인정한 '예술과 역사의 도시ville d'art et d'histoire'이기도 하다.

온화한 기후와 비옥한 토양 덕에 다양한 꽃, 열대식물, 과일나무 등이 잘 자라는 망통은 예쁜 정원과 식물원이 넘쳐나는 도시이다. 망통의 특산물은 레몬으로, 이곳에서 생산되는 레몬은 지역 인증 라벨인 IGP에 의해 검증된 뛰어난 맛과 품질을 자랑하며, 매년 2월이 되면 거대한 '레몬 축제Fête du citron'가 열린다. 1930년 망통리비에라 호텔이 창안해낸 꽃, 감귤류 전시회는 도시 전체로 확산되었으며 1934년부터 공식적인 축제가 개최되었다. 축제 기간 동안에는 온 도시가 레몬으로 장식되고 거리에는 레몬을 가득 실은 마차들의 행렬이 이어진다.

LUDOVICO MAGNO LXXII AN
DISSOCIATIS REPRESSIS CONCIL
QUATUOR DECENNALI BELI
PAX TERRA MARIQUE

Montpellier

몽펠리에

MONTPELLIER

몽펠리에(Montpellier)에는 프랑스에서 가장 오래된 식물원과 가장 오래된 대학교가 있다. 남부에 위치한 지리적 특성 때문에 몽펠리에는 일반적인 중세 프랑스 도시와 다른 환경을 가졌다. 중세시대의 무역과 대학교의 중심지였던 프랑스 마을은 지중해로 쉽게 진출할 수 있는 위치에 있다. 도시 건물을 보면 스페인의 영향을 받았고, 지중해에서 잡은 싱싱한 생선을 맛보고 남쪽의 해변에서 일광욕을 즐길 수 있다.

한눈에
몽펠리에 파악하기

오페라 하우스와 인접한 중앙 공원 코메디 광장에서 대부분의 관광객은 몽펠리에 여행을 시작한다. 세계적인 공연을 관람해도 좋고 밤에는 보라색 네온 등 불빛을 받아 대형 유리 창이 반짝거리는 19세기 건물을 감상하는 것도 추천한다.

몽펠리에Montpellier 역사 지구에서 동쪽으로 몇 블록만 걸어가면 최근에 개발된 앙티곤 Antigon 지구가 나온다. 앙티곤은 1979~2000년에 스페인 카탈루냐 출신의 유명 건축가, 라 카르도 보필의 지휘 하에 완전히 재개발되었다. 거대한 신고전주의 건물의 백미는 레즈 강을 따라 유려한 곡선을 그리는 원형 극장, 에스플라나드 델유로페Esplanade de l'Europe이다. 어름에는 광장에서 금요일 저녁마다 와인 시음회가 열리기도 한다.

역사와 예술을 장려하는 전통을 가진 몽펠리에Montpellier 곳곳에 흥미롭고 인상적인 문화 관광지가 많이 있다. 1593년에 세워진 식물원은 프랑스에서 가장 오래 되었으며, 파리의 쟈뎅 드 플랑트 디자인에 영향을 주었다.

파브르 미술관에는 프랑스 유명 화가들의 다양한 그림 컬렉션을 포함하여 고전 유럽 미술품 컬렉션이 전시되어 있다. 몽펠리에 대성당 내부에는 몽펠리에 출신의 화가 중에 유명한 세바스티앙 부르동의 작품이 전시되어 있다. 버스터미널은 기차역 남서쪽에 있다. 2층으로 된 기차역은 코메디 광장 남쪽 500m 정도 떨어져 있다.

성장하는 몽펠리에

몽펠리에는 프랑스에서 급성장하는 도시 중 하나로, 인구의 25%는 학생층이다. 보행자 구역인 구시가지는 석조아치와 멋있는 저택들이 어우러져 있어 산책하기에 좋은 곳이다.

가장 가까운 해변이 12km 정도 떨어져 있다. 몽펠리에에서 인기가 있는 6월 연극제와 국제 댄스페스티벌이 열린다.

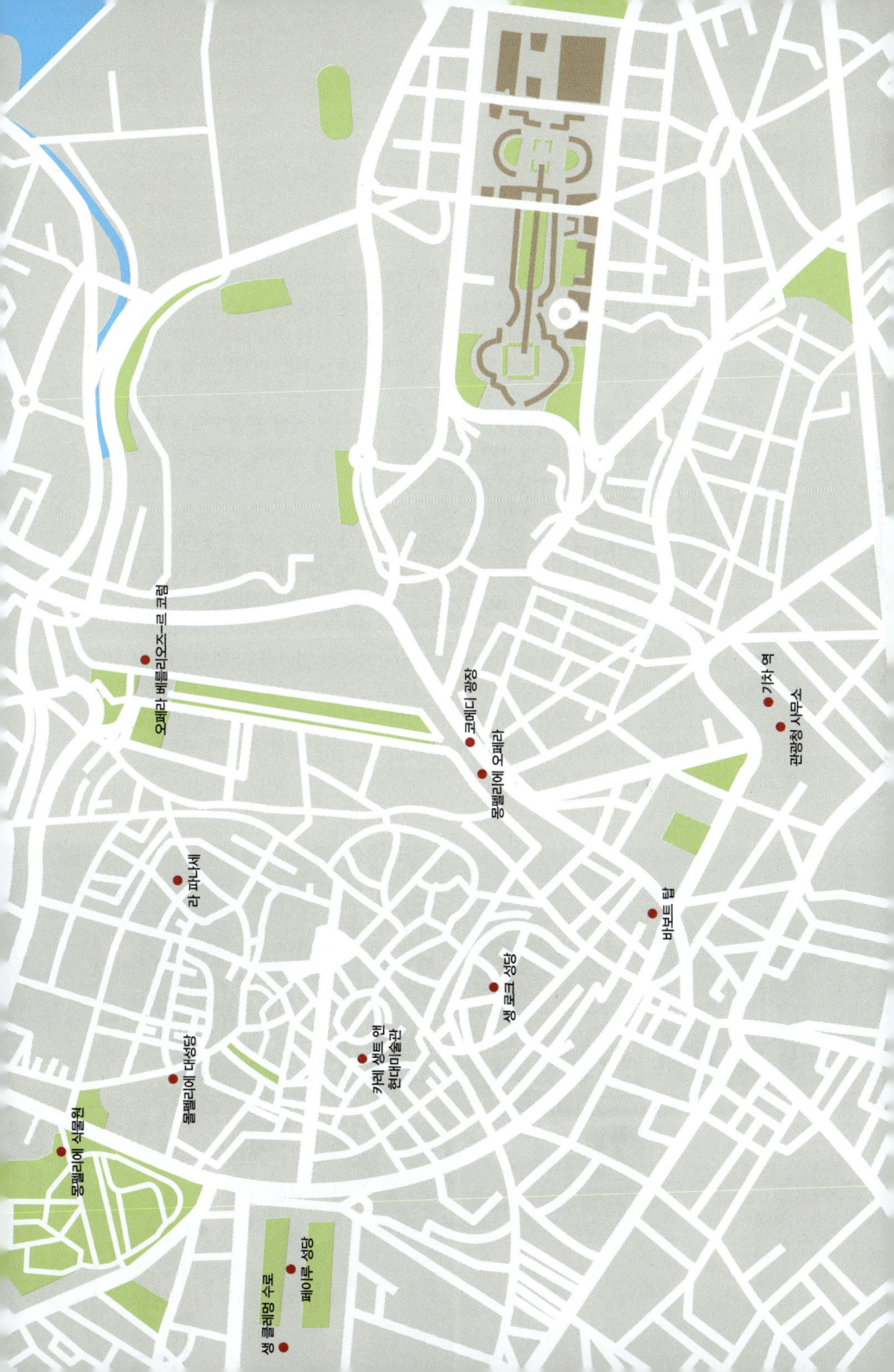

오페라 바를리오즈로 코뮌

코메디 광장

몽펠리에 오페라

기차 역

관광청 사무소

라 파나세

바론트 탑

생 로크 성당

몽펠리에 대성당

카레 생트 앤
현대미술관

몽펠리에 식물원

페이루 성당

생 클레망 수로

코메디 광장
Place de la Comédie

중앙역인 몽펠리에 세인트 롯지Montpellier Saint-Roch 역이 바로 옆에 위치한 코메디 광장Place de la Comédie은 250년이 넘는 세월 동안 몽펠리에의 중심지 역할을 해 왔던 장소로, 현지인들은 타원형 모양 때문에 광장을 '달걀'이라고 부르기도 했다. 유럽 최대의 보행자 전용 광장에서 커피를 즐기고 오페라를 감상하고 음식과 패션 쇼핑에 나서는 현지인들을 볼 수 있다.

코메디 광장Place de la Comédie은 몽펠리에 중심부에 위치한 타원형 광장으로 보행자 전용으로 운영되는 광장은 만남의 장소로 인기가 높으며, 주변에는 오페라 하우스를 포함한 웅장한 19세기 건물이 늘어서 있어서 운치가 있다.

광장의 중앙에는 '삼미신' 분수가 있는데, 그리스 신화의 매력, 미모, 창조력을 상징하는 3명의 여신을 통통한 아기 천사가 둘러싸고 있는 모습이다. 햇볕이 뜨거운 날에는 분수대에 발을 담그고 더위를 식히고, 밤에는 불 밝힌 분수대의 모습이 화려하다.

웅장한 19세기 건물인 코메디 오페라에서는 클래식 공연이 열린다. 거대한 아치형 창과 기둥을 갖춘 우아한 파사드를 보면 콘서트를 감상하고 싶은 마음이 생겨난다. 광장으로 쏟아져 나온 비스트로와 레스토랑의 야외 좌석에 앉아 점심을 즐기는 것도 좋은 방법이다. 밤이 되면 레스토랑에서 식사를 하거나 분위기를 즐기는 사람들로 광장이 북적이면서 연주를 하는 거리의 악사들을 볼 수 있다.

오페라 극장(Ope'ra Orchestre National de Montpellier Languedoc–Roussillon)

코미디 광장에 위치한 19세기 후반에 지어진 오페라 하우스에서 오페라, 발레, 클래식 음악을 즐기며 즐거운 저녁 시간을 보낼 수 있다. 웅장한 정면을 갖춘 극장은 1755년에 설립된 오페라 회사(Ope'ra National de Montpellier Languedoc–Roussillon)의 주 공연 장소였다. 오페라 극장은 5층 규모의 총 1,600명의 관객을 수용할 수 있는 프랑스 최고의 오페라 하우스로서 세계적인 작곡가들의 작품을 소개하는 오페라와 클래식 음악 콘서트를 주최하고 있다.

장식용 난간과 시계가 걸려 있는 멋진 외관을 보면서 극장의 웅장한 로비 안으로 들어가면 프레스코화를 볼 수 있다. 강당 안에는 고개를 들어 천장화와 화려한 크리스털 샹들리에를 구경할 수 있다.

극장 무대에서는 모차르트, 베르디, 푸치니를 비롯한 세계적인 작곡가들의 오페라 공연이 펼쳐지는데, 대부분의 공연은 원어로 이루어지고 대형 화면 하단에 프랑스어로 자막이 표시된다. 주 오페라 시즌은 11월부터 다음해 5월까지로, 8월에는 공연이 열리지 않는다.

파브르 박물관
Muse´e Fabre

몽펠리에에서 가장 중요한 18세기 저택에 전 세계의 유명 화가와 화파들의 작품을 전시한 미술관인 예술박물관은 프랑스에서도 손에 꼽히는 박물관이다. 조각, 회화, 데생을 비롯한 5천여 점의 작품이 전시되어 있다.

미술관은 프랑스의 화가 프랑수아 사비에 파브르^{Sabie Fabre}가 1825년에 몽펠리에에 기증한 작품으로부터 출발했다. 오늘날에는 14~18세기 중기까지의 유럽 회화와 17세기 플랑드르, 네덜란드 화가들의 작품을 비롯해 다양한 시기와 양식의 작품으로 컬렉션이 확장되었다.

1775년에 지어진, 9,200㎡에 걸친 건물에 자리하고 있는 박물관은 시대 가구로 꾸며진 전시실을 둘러볼 수 있다. 누드, 영웅, 꽃, 천사, 악마 등의 주제에 따라 감상하는 것이 좋은 방법이다.

19세기 인상주의의 대표 화가인 프랑스의 화가 프레데리크 바지유의 작품도 전시되어 있다. 그리스를 비롯한 유럽의 도자기 컬렉션과 20세기 중반에 파리 화파로부터 시작된 추상 미술도 흥미롭다. 동시대 미술 구역에는 현대적인 작품을 감상할 수 있다. 귀스타브 쿠르베의 〈안녕하세요 쿠르베씨〉, 프레데리크 바지유의 〈마을의 전경〉, 프랑수아 레옹 베누비에의 〈아킬레스의 분노〉, 피에르 술라주의 검정 캔버스 작품이 유명하다.

🌐 museefabre.montpellier3m.fr 🏠 Bonne Nouvelle, 34000
🕐 10~18시(월요일 휴무 / 1/1, 5/25, 11/11, 12/25 휴관) 📞 0467-148-300

페이루 광장
Place Royale du Peyrou

'돌'이라는 뜻의 '페이루'라는 이름은 루이 14세의 기마상을 놓기 위해 17세기 말에 만들어진 광장으로 다빌리에는 피레네 산맥의 돌산에서 영감을 받아 조성하였다.

광장 입구에는 개선문이 보이는 데, 다빌리에가 직접 설계한 것이다. 현재는 1981년에 보수공사로 깨끗한 공원이 조성되고 옆에는 수로교까지 볼 수 있어 데이트를 즐기는 모습을 쉽게 볼 수 있다. 레즈강에서 몽펠리에까지 약 7㎞지점의 물을 공급했던 수로교가 인상적이어서 해지는 모습을 담기 위해 사람들이 모인다.

🏠 Place Royale du Peyrou, 34000

벼룩시장
일요일마다 열리는 벼룩시장은 수로교 아래에 서는 데 젊은이들이 쓰다가 필요없는 물건들을 들고나와 의외로 활용성 높은 물품들이 많이 나오는 곳으로 유명하다. 7시 30분~17시 30분까지 열린다.

몽펠리에 대성당
Cathédrale Saint-Pierre de Montpellier

몽펠리에 대성당은 구시가지 한복판에 위치한 웅장한 14세기의 고딕 성당으로 요새를 떠올리게 하는 중세 성당의 외벽 안에는 18세기의 아름다운 오르간과 성서 미술품들로 장식되어 있다.

공식 명칭은 'Cathédrale Saint—Pierre de Montpellier'이며 1536년에 대성당이 된 성당은 크고 작은 탑과 성벽을 갖춘 성당 건물로 요새의 모습과 흡사하다. 성당은 종교전쟁 당시 크게 훼손되었지만 역사 지구에서 유일하게 전쟁에서 살아남은 유일한 성당이라서 17세기에 재건축되었다.

안으로 들어가기 전에 인상적인 외벽을 보면 17세기와 19세기에 새겨진 괴물 석상을 볼 수 있다. 2개의 거대한 기둥이 지탱하고 있는 아름다운 현관은 1367년에 성당을 헌사한 교황 우르바노 5세Urban V의 문장이 걸려 있다.
내부의 벽에 걸려 있는 많은 미술품 중에 가장 유명한 작품은 세바스티앙 부르동Sebastien Bourdon이 17세기에 그린 시몬의 몰락Fall of Simon Magus이다. 성경의 여러 장면들이 화려하게 묘사되어 있는 스테인드글라스 창문을 보면, 아치형 천장과 돌로 만든 웅장한 아치형 복도가 넓은 내부를 만들어내는 것을 알 수 있다.

1776년에 제작된 인상적인 오르간은 겉으로는 140개의 파이프만 보이지만 내부에 5,000개가 넘는 파이프가 있다. 다섯 개의 오르간 터릿 각각은 악기를 연주하는 천사의 조각상으로 장식되어 있다. 성당에서는 6~9월까지 매주 토요일마다 프랑스와 세계 각지의 연주자들을 초청하여 무료 오르간 콘서트를 주최하고 있다.

🌐 www.cathedrale-montpellier.fr 🏠 6 Bis Rue de-l'Abbe-Marcel-Monteis, 34000 📞 0467-660-412

몽펠리에 식물원
Jardin des plantes de Montpellier

코메디 광장 북서쪽으로 1㎞ 거리에 위치하고 있는 몽펠리에 식물원Jardin des plantes de Montpellier은 도시 중심부에 4.5ha의 부지 위에 자리 잡고 있다. 몽펠리에 식물원Jardin des plantes de Montpellier은 자연의 아름다움을 만끽할 수 있는 장소로 1593년 개관한 이래 유럽에서 가장 오래된 식물원으로 자리매김했다. 2,500여 식물종과 연못, 수목원과 조경 정원을 갖추고 있고, 몽펠리에 1대학 부속인 식물원은 연구와 학문 목적으로도 사용되고 있다.

정원을 둘러보려면 최소 2시간 정도 여유를 가지고 돌아보자. 리셰의 산이라 불리는 가장 오래된 구역에는 필리레아 나무와 설립자에 의해 심어진 유다 나무를 볼 수 있다. 수목원에는 1700년대에 심어진 은행나무와 250년 된 올리브 나무도 있다.

🌐 www.umontpellier.fr/patrimoine/jardin-des-plantes 🏠 Boulevard Henri Ⅳ, 34000
🕐 12~20시(6~9월 월요일 휴무 / 이외 기간에는 18시까지)

열대 온실
거대한 수란을 비롯하여 이국적인 식물종은 대나무 숲을 거닐다 조경 정원의 대형 연못 옆에서 휴식을 취하는 것도 좋다. 유유히 헤엄치는 일본산 잉어와 거북이를 구경하고, 작은 온실에서 선인장을 둘러보자.

시스템 스쿨(Systematic School)
지역의 의료 연구가들의 흉상이 전시된 모습과 정원이 처음 만들어지던 때에 존재해 온 석조 구조와 꽃으로 뒤덮인 기둥, 아치를 볼 수 있다.

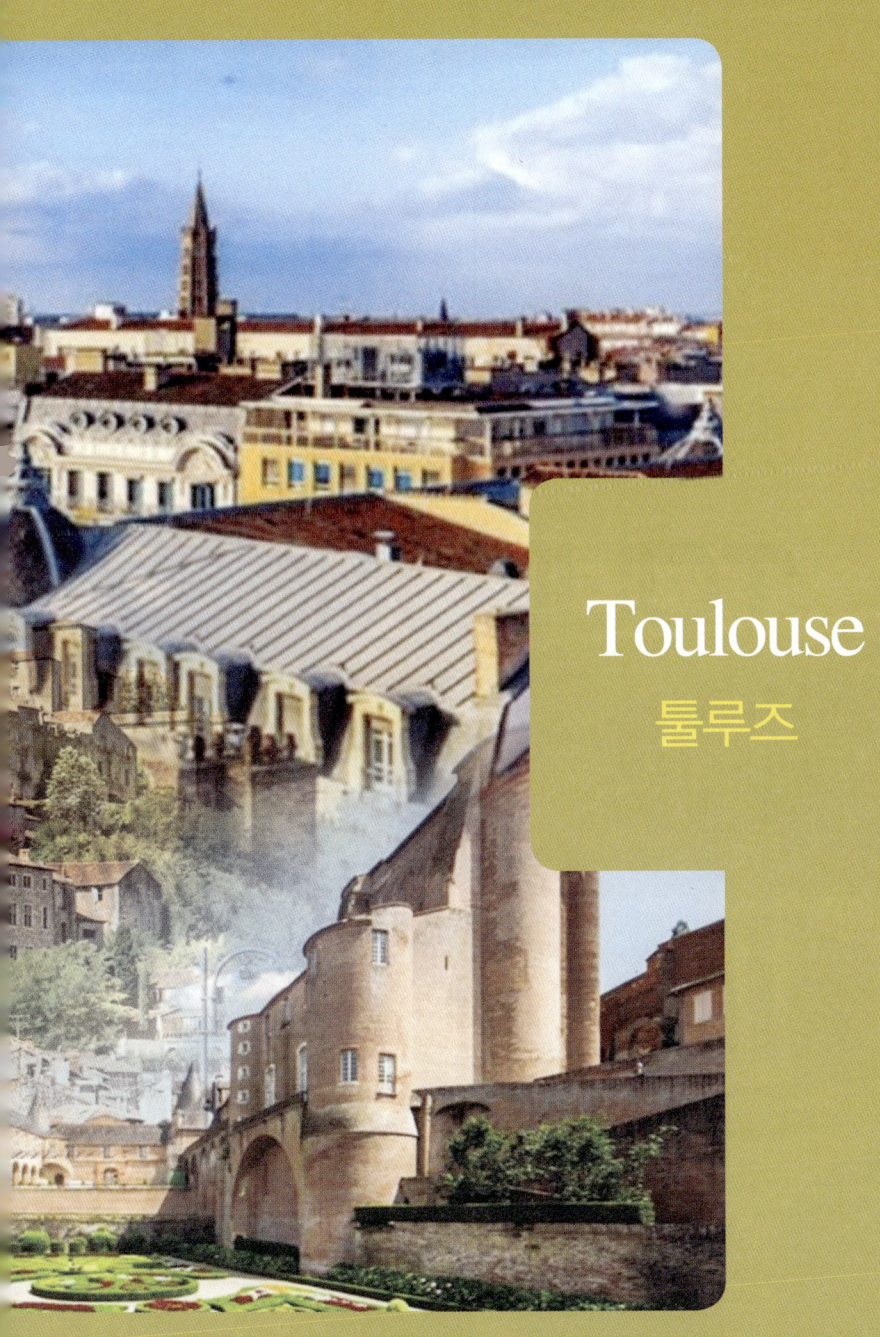

Toulouse

툴루즈

툴루즈
TOULOUSE

프랑스 남부 옥시타니(Occitanie) 지방의 중심도시인 툴루즈(Toulouse+ 는 파리, 마르세유, 리옹과 함께 프랑스에서 인구가 가장 많은 도시에 속한다. 몽펠리에와 함께 툴루즈는 대학 캠퍼스와 다양한 교육기관을 겸비한 프랑스의 대표적인 대학도시이다.
특히 대학과 함께 프랑스의 하이테크 산업부터 항공우주공학기술 분야를 이끌어 가는 많은 연구소를 비롯해 프랑스 항공우주과학관(Cité de l'Espace)과 프랑스 항공기 제작 회사인 에어버스Airbus의 소재지로 콩코드 여객기부터 에어버스, 로켓 등을 제작했다.

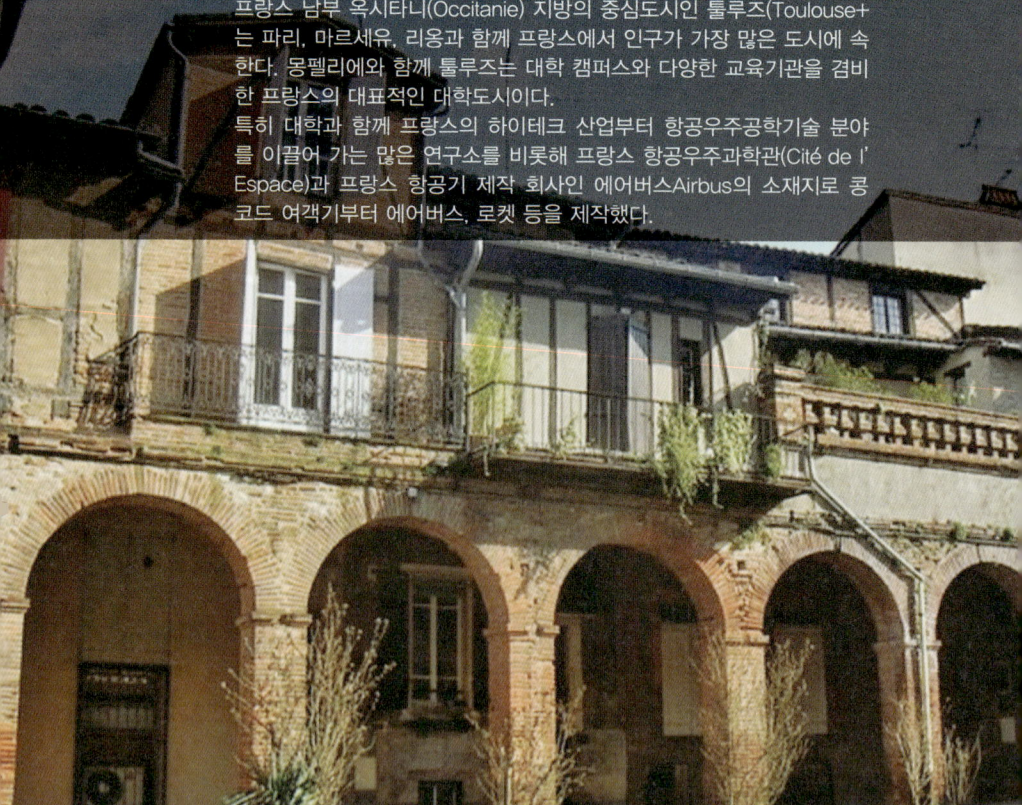

장미빛 도시(La Ville Rose)

역사 깊은 유적지, 아기자기한 골목, 건물 대부분이 지역에서 나는 붉은 점토로 빚은 기와, 벽돌로 지어져 도시 전체가 장미와 같은 붉은 빛을 띠기 때문에 '장미빛 도시La Ville Rose'라고 불리기도 한다. 아침 해가 뜰 때나 석양이 질 무렵이면 툴루즈는 갸론 강La Garonne과 미디 운하Canal du Midi에 반사된 햇빛을 받아 더욱 찬란한 장미 빛으로 물든다고 한다.

제비꽃(Violette)의 도시

19세기 무렵부터 툴루즈에서 재배된 제비꽃은 이제, 툴루즈의 상징이 되었다. 심장 모양의 잎사귀와 겹꽃, 강한 향을 지닌 툴루즈의 제비꽃은 화장품, 꿀, 사탕, 술 등 다양한 특산품을 만드는 데에 쓰이고 있다. 추운 겨울에도 꽃을 피워내 '푸른 금Or bleu이라고도 불리는 툴루즈의 제비꽃은 매년 2월에 열리는 '비올레뜨 축제Fête de la violette를 통해 관광객들에게 볼거리를 선사한다.

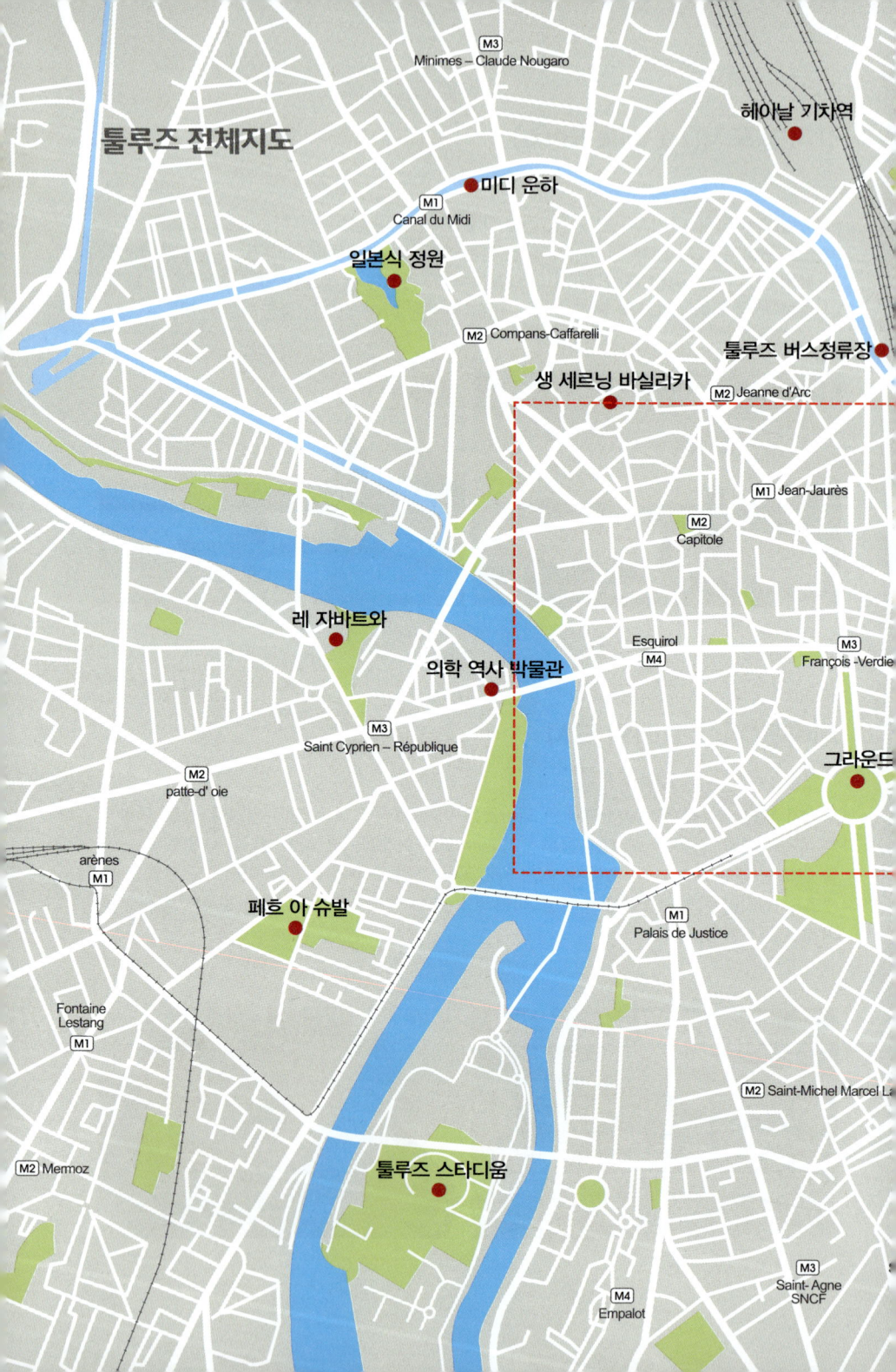

툴루즈 전체지도

Minimes – Claude Nougaro [M3]

미디 운하
Canal du Midi [M1]

헤이날 기차역

일본식 정원

Compans-Caffarelli [M2]

툴루즈 버스정류장

생 세르닝 바실리카

Jeanne d'Arc [M2]

Jean-Jaurès [M1]

Capitole [M2]

레 자바트와

의학 역사 박물관

Esquirol [M4]

François -Verdie [M3]

그라운드

Saint Cyprien – République [M3]

patte-d' oie [M2]

arènes [M1]

페흐 아 슈발

Palais de Justice [M1]

Fontaine Lestang [M1]

Saint-Michel Marcel La [M2]

Mermoz [M2]

툴루즈 스타디움

Saint- Agne SNCF [M3]

Empalot [M4]

한눈에
툴루즈 파악하기

툴루즈Toulouse는 동쪽으로 기차역과 버스 정류장을 비롯해 툴루즈 중심부가 있고, 서쪽으로 가론La Garonne강변 지역으로 구분된다. 대표적인 2개의 광장은 카피톨 광장Place de la capitole과 300m 동쪽에 있는 윌슨 광장Place de la Wilson이 있다. 생세르넹 대성당Basilique Saint Sernin de Toulouse은 광장과 미디 운하를 이어주는 길목에 위치해 관광객들이 찾아가기가 쉽다.

툴루즈는 역사, 요리, 스포츠, 첨단 기술이 아름다운 강변과 조화를 이루는 도시이다. 철기 시대부터 가론 강 유역에 자리 잡은 구시가지 중심에는 많은 박물관과 역사적인 종교 건물이 있다. 툴루즈는 도시 중심에 있는 많은 식당에서 맛볼 수 있는 카술레와 푸아그라와 같은 특선 요리로 유명하다. 가론 강에서 느긋한 크루즈 타기부터 도시 경기장에서 럭비 경기 관람까지 다양한 즐길 거리가 있다.

스페이스 시티의 도시
툴루즈 시내 중심에서 남동쪽으로 약 5km 떨어진 파르크 드 라 플랜 바로 남쪽에 위치한 라 시테 드 레스파스는 관람객들이 우주에 대해 더 많이 배울 수 있도록 해주는 250개의 대화형 전시회 등으로 이루어진 첨단 테마파크이다. 미르 우주정거장의 복제 모형부터 대형 망원경을 통해 달 표면 관찰하기와 천체 투영관에서 태양계 탐험하기까지 라 시테 드 레스파스는 특히 어린이들에게 매력 만점인 스페이스 시티이다.

툴루즈Toulouse는 동쪽으로 기차역과 버스 정류장을 비롯해 툴루즈 중심부가 있고, 서쪽으로 가론La Garonne강변 지역으로 구분된다. 대표적인 2개의 광장은 카피톨 광장Place de la capitole과 300m 동쪽에 있는 윌슨 광장Place de la Wilson이 있다. 생세르넹 대성당Basilique Saint Sernin de Toulouse은 광장과 미디 운하를 이어주는 길목에 위치해 관광객들이 찾아가기가 쉽다.

빅토르 위고 시장

툴루즈 관광청 사무소
카피톨 광장과 극장

자코뱅 수도원

메종 드 록시타니
오거스탱 박물관
멤베르그 재단
호텔 다세자
툴루즈 생 테티엔 대성당

로열 정원

식물관
툴루즈 박물관

카피톨
Capitole

카피톨 광장Place de la capitole과 거대한 카피톨 건물은 툴루즈의 정치, 문화, 행정의 중심지로 2000년의 역사를 가진 시청과 툴루즈 시립극장이 위치하고 있다. 시청 내부 접견실은 화려해 관광객들이 많이 찾고 있다.

카피톨 광장은 12세기에 조성되었고 면적이 거의 2ha에 달하는 플라스 뒤 카피톨은 실제로 '툴루즈 시청 광장'이지만 관광객에게는 구시가지 산책의 출발점인 곳이다. 많은 카페와 레스토랑이 있는 광장에서 테라스에 편안하게 앉아 지나가는 사람들을 구경하며 여유로운 오후를 보내기에도 완벽하다. 광장을 둘러싸고 있는 건물의 스타일리시한 빈티지 느낌 때문에 카피틀은 사진이 예쁘게 나오는 곳으로 유명하기도 하다.

오크 십자가(Croix Occitane)
광장 한 가운데 새겨진 오크 십자가(Croix Occitane)는 1995년에 조각가 레몽 모레티(Raymond Moretti)에 의해 탄생한 것으로, 십자가 끝에 달린 12개의 구는 성경에 등장하는 12 제자, 1년 12달, 하루 12시간, 그리고 12개의 별자리를 상징한다.

생 시프리앙 지구
Saint Ciprian

국제적인 지구, 생 시프리앙은 가론 강의 왼쪽 강둑에 있는 툴루즈의 인기 있는 국제 지구로 퐁네프를 건너면 바로 생 시프리앙이 나온다. 소박하지만 트렌디한 동네는 이국적인 상품과 음식을 전문으로 하는 식료품점과 레스토랑으로 유명하다. 랜드마크로 생 시프리앙의 지붕 덮인 빅토르 위고 마켓과 현대 미술관인 레 아바트와가 있다.

빅토르 위고 마켓
Marche Victor Hugo

미식가라면 마르쉐 빅토르 위고를 버킷 리스트 상위에 올려놓았다. 플라스 뒤 캐피톨에서 도보로 단 5분 거리에 있는 이 시장은 지붕이 덮여 있고 면적이 4,000제곱미터이며 음식 노점과 레스토랑이 많다.

델리카트슨에서 정육점, 치즈 가게에 이르기까지 툴루즈의 최고급 제품을 구경하고 2층의 시원한 바와 레스토랑에서 정통 현지 요리와 와인을 맛볼 수 있다. 중심부에 위치한 빅토르 위고 마켓은 가격이 약간 비싼 편이지만 툴루즈와 이 지역의 풍부한 요리를 알아볼 수 있는 좋은 곳이다.

🏠 Marche Victor Hugo, 31000   🕐 매일 오전6~14시

구시가지
Old Town

매력적인 빈티지 동네인 구시가지는 카피톨의 남서쪽에 위치하며 가론 강의 오른쪽 강둑을 따라 뻗어있다. 말 그대로 '분홍색 도시'라는 뜻의 빌 로즈라는 별명이 붙은 툴루즈에는 따뜻한 복숭아 색을 칠한 빈티지한 주택들이 있다. 그 속의 좁은 보행자 거리를 따라 산책을 하면 노트르담 드 라 도라드 바실리카, 퐁네프 등 고풍스러운 동네의 박물관 같은 느낌을 받기도 한다.

생 피에르 광장
Place Saint-Pierre

생 피에르 광장Place Saint-Pierre은 활기 넘치는 바Bar들이 모인 유명한 나이트라이프 중심지이다. 구시가지, 카피톨의 동쪽으로 500m 떨어진 가론 강의 오른쪽 강둑에 위치한 이곳은 학생들의 만남의 장소이자 어두워진 후 파티를 즐기려는 이들이 모이는 곳이다.
셰즈 통통, 르 펍 생 피에르, 라 과 르 생 데 센과 같은 바는 축제 분위기에서 음료와 간식을 즐길 수 있는 인기 있는 펍Pub 같은 곳이다.

🏠 Place Saint-Pierre, 31000

생 세르넹 대성당
Basilique Saint Sernin de Toulouse

툴루즈의 유명 관광명소인 생 세르넹 대성당basilique Saint-Sernin은 유럽 최대 규모의 로마네스크 양식으로 알려져 있다. 툴루즈 중심부의 플라스 뒤 캐피톨의 북쪽으로 400m 떨어진 대성당은 툴루즈에서 가장 유명한 종교 건축물로 11세기에 지어졌다. 생 세르넹 대성당은 유네스코 세계유산 목록에 등재된 '성인 생 자크 드 콩포스텔의 길Chemin Saint Jacques de Compostelle의 순례지 중 하나로, 예로부터 지금까지 순례행렬이 이어지고 있는 프랑스의 중요 순례길 중 하나이다. 성당 방문은 무료이며 지하실에 들어갈 때만 입장료가 있다. 지하는 의외로 쌀쌀하다.

🏠 Place Saint-Sernin, 31000   ⏰ 8시 30분~18시(월~토요일 / 일요일은 19시까지)

가론 강 운하
La Garonne Canal

1995년, 6월에 가론 강에서 시작된 리오축제는 다양한 음악을 듣고 보도록 만들어 툴루즈의 대표적인 축제가 되었다. 이 축제를 계기로 가론 강과 운하를 정비하면서 툴루즈에서 가장 오래된 퐁 뇌프^{Pont Neuf} 다리를 중심으로 툴루즈는 도시도 정비되었다. 가장 오래된 퐁 뇌프^{Pont Neuf} 다리를 '새로운 다리'라고 부르기 시작했다.

스트라스부르의 운하도 유명하지만 툴루즈의 미디^{Midi} 운하도 유명하다. 240㎞의 길이에 태양왕, 루이 14세에서 시작된 운하사업은 피레네 산맥에서 대서양으로 나가는 동안 프랑스의 대표적인 장소를 다 거치는 운하사업이었다. 지금은 작은 운하에 그쳤지만 툴루즈 시민들이 소풍이나 산책을 즐기는 대표적인 장소로 자리매김했다.

가론강에서 크루즈 타기
가론(Garonne) 강은 스페인 북부에서 시작해서 북쪽으로 향해 흘러 툴루즈를 지나 보르도 근처 대서양으로 흘러들어가는 600㎞의 강이다. 바지선을 타고 투어에 참여하면 도시의 역사적인 건축물과 유네스코 세계 문화유산인 인접한 운하까지 천천히 볼 수 있다.

벰베르그 재단 호텔
Foundation Bemberg Hotel d'Assézat

피에르 디세자가 살았던 개인 건물은 도리아, 이오니아, 코린스 양식이 접목된 3층의 건물을에서 무역업을 하면서 벌었던 돈으로 매입했다. 이후에는 상인회의 건물로 사용되기도 했지만 툴루즈 시에서 건물을 매입해 1993~1995년에 회화와 공예품을 전시하는 공간으로 개조했다. 전시관은 대부분 하얀색으로 회화 작품과 대조를 이루면서 관람객의 인상을 사로잡게 전시했다. 옛 작품부터 현대 야수파의 작품까지 다양한 작품이 있다.

시테 드 레스파스
La Cité de l'Espace

에어버스 본사와 프랑스 국립 우주연구소(CNES)가 같이 자리를 잡으면서 프랑스 항공산업의 핵심이자 유럽 우주항공 산업의 메카로 알려지게 되었다. 1997년, 미테랑 대통령은 프랑스 산업의 중심인 항공 산업을 우주산업과 합쳐 미래 먹거리로 만들기를 바라며 조성되었다고 한다. 큰 부지에 다양한 박물관 건물들이 들어서 있어 견학하는 사람들도 상당히 많다. 러시아 우주 정거장 미르 모형, 위성 발사용 로켓 아리안의 실물 크기 모형 등과 대현 IMAX 3D 시네마도 있다. 360도 회전하면서 보여주는 영상은 관람객들이 환호성을 지르며 바라보게 된다.

🌐 www.cite-espace.com 🏠 Avenue Jean Gonard 31500 🕐 10~17시
€ 25€(25세 학생까지 22€ / 툴루즈 패스 15% 할인) 📞 0567-222-324

Antibes

앙티브

앙티브

ANTiBES

수십 개의 해변이 있기 때문에 사람이 많아서 문제가 될 일이 거의 없으며 수많은 박물관 덕분에 도시는 연중 내내 관광객과 주민들이 같이 살아간다. 지중해의 전망을 즐기며 예쁜 정원과 공원 안을 거닐면서 파블로 피카소가 잠시 동안 집으로 삼았던 도시의 박물관, 교회, 유적지를 볼 수 있다. 다음으로 해변으로 향해보자.

앙티브Antibes는 작은 마을과 같지만 다양한 문화 명소와 찬란한 해변은 프랑스 리비에라의 왕좌를 두고 니스, 칸과 경쟁할 정도로 볼거리가 많다. 앙티브Antibes는 예술 문화와 매혹적인 그리스, 로마의 역사가 어우러진 프랑스 리비에라의 매력을 지니고 있다.

Le Fort Carre ●

앙티브 기차역 ●

앙티브 (P.209)

주앙 레 팡 기차역 ●

Port Gallice ●

Port of Olivette ●

Cap Gr

Bay of Antibes Billionaires ●

기차역

관광청 사무소

그라베트 해변

앙티브 성당

르 쁘띠 트랑

페이네 박물관

카레 성채

버스정류장

앙티브 피카소 미술관

르 쁘띠 버스

앙티브 고고학 박물관

앙티브의 역사

'앙티폴리스Antipolice'라는 이름의 그리스 식민지로 시작하여 결국에는 로마 제국의 일부가 되었다. 교역이 앙티브Antibes의 역사에서 중요한 역할을 했었지만 20세기 전반기에 새로운 시대가 막을 열었다. 찰리 채플린, 마를렌 디트리히, F. 스콧 피츠 제럴드 등 유명 인사들의 멋진 휴가지로 떠오르면서 남프랑스의 핵심 지역으로 떠올랐기 때문이다.

이동하는 방법

앙티브는 칸에서 바로 동쪽, 니스에서 남서쪽의 프랑스 남부 해안에 있다. 항공편을 이용해 니스 코트다쥐르 공항까지 간 다음 남쪽으로 19.3㎞ 운전해 가면 앙티브에 도착할 수 있다.

한눈에
앙티브 파악하기

ANTIBES

앙티브는 서쪽의 쥐앙 레 뺑 비치 지역을 포함하여 두 부분으로 나뉜다. 호텔과 야자수가 백사장과 따뜻한 바닷물을 따라 늘어서 있다. 이 지역에는 주앙 레 펭 팔레 데 콩그레의 특별한 건물들이 인상적이다. 현대적인 디자인, 계란형 구조, 망사 캐노피를 감상하고 밤에 조명이 밝혀진 모습은 저녁에도 산책을 하는 사람들이 쉽게 다닐 수 있도록 만들었다.

도시의 뭉쪽에는 18세기에 복원된 이탈리아 양식의 붉은색과 흰색 외관이 인상적인 앙티브 성당이 있다. 옆에 있는 건물은 스페인 화가가 1946년에 6개월 동안 머물렀던 성 안에 자리한 피카소 박물관이다. 피카소의 회화, 드로잉과 다른 예술가의 삭품이 전시되어 있다.

아이들과 가족이 함께 즐기는 모습을 쉽게 볼 수 있는 앙티브 랜드는 롤러코스터와 어드벤처 리버 등의 놀이기구로 가득하다. 뜨거운 여름철에는 대형 워터 파크, 아쿠아스플래쉬에서 피서를 즐기기도 한다.

동쪽

서쪽

Marseille

마르세유

마르세유

MARSEiLLE

프랑스 남부의 항구 도시, 마르세유는 아름다운 해안과 카페로 기억할 수 있지만 무려 2,600년에 이르는 오랜 역사를 가진 프랑스 최고(古)의 도시이다. 역사와 예술, 건축과 카페 문화가 살아 숨 쉬는 마르세유는 눈부신 지중해 해안을 따라 아름다운 관광지들과 햇살 가득한 해변도 있지만 하이킹 코스까지 있어 장기간 휴양하는 프랑스 사람들이 많다.

마르세유
날씨와 역사

날씨

남부 지중해 연안에 위치한 프랑스 최대의 항구 도시이자 2번째로 인구가 많은 도시인 마르세유Marseille는 1년 내내 햇빛으로 가득한 기후와 뛰어난 자연 유산을 자랑한다. 끝없이 펼쳐진 바다와 가파른 절벽Calanques de Marseille들은 국립공원으로 지정되어 있어 자연 그대로의 모습을 보존하고 있다.

역사

기원전 600년, 그리스 포세아Phosée인들이 정착하여 세운 항구 도시는 오늘날 거대 규모의 항만시설을 완비한 유럽 해상무역의 중심지로 발전하였다. 도시 곳곳에 2,600년이 넘는 역사의 흔적이 남아있어 옛 모습과 현재의 모습이 어우러진 아름다운 풍경과 풍부한 볼거리를 제공하며 북아프리카, 이탈리아 등의 이민자 역사가 깊어 이국적이고 다양한 문화를 접할 수 있다.

한눈에
마르세유 파악하기

북적이는 마르세유의 중심, 구항에서 관광을 대부분 시작한다. 카페 주인들이 심혈을 기울여 예술의 경지로 끌어올린 커피와 브런치를 즐기는 사람들을 구항에서는 쉽게 볼 수 있다. 구항 바로 북쪽에 자리 잡은 구시가지인 파니에르를 따라 걸으면 마르세유의 매력에 빠져 들게 된다.

비에이 샤리테 박물관을 관람한 후 웅장한 바로크 양식의 시청 건물을 지나 구항 북쪽에서 미니 열차인 쁘티 트레인Petit Train을 타고 노트르담 드 라 가르드 성당으로 가면 도시의 절묘한 전경이 선물처럼 눈앞에 펼쳐진다.

카네비에르 거리 주위에는 많은 미술관과 극장, 웅장한 마르세유 오페라하우스를 볼 수 있다. 노아이유 지구에 위치한 중동 분위기의 아프리카 시장에서 색다른 경험을 즐길 수 있다.

칼랑크 국립공원에는 남부 해안의 석회암을 따라 하이킹과 뱃놀이를 즐길 수 있는데, 구항에서 배에 올라 가이드 투어에 참여하면 과거에 수용소로 사용되었고, 알렉상드르 뒤마의 〈몬테크리스토 백작〉으로 유명해 진 '샤토 디프 섬Shateau Diff Island'로 갈 수 있다.

도시 한가운데, 솟아 있는 산 위로 성당이 자리한 신비로운 분위기에 둘러싸인 마르세유는
오랜 역사와 화려한 문화유산으로 유럽 문화의 중심으로 선정되기도 했다. 하루를 머물면
서 천천히 도시를 둘러보면 어느 하나 그냥 지나칠 수 없다.

가는 방법

리옹 역에서 테제베(TGV)를 이용하고 마르세유 역까지 3시간이 소요된다. 항공을 이용하
면 파리 샤를드골 공항이나 오를리 공항에서 약 1시간이 소요된다.
항구에서 60번 버스를 타고 15분 정도 가파른 언덕을 오르면 마르세유가 한눈에 들어오는
장소가 있다. 북쪽으로 끝없이 펼쳐진 시가지와 은빛 축구장인 스타드 벨로드롬Le Stade
Velodrame이 크게 자리하고 있다. 남쪽으로는 '몬테크리스토 백작'의 배경이 되었던 이프 섬
이 지중해 위에 떠 있다.

프헝쑤와 빌루 공원

관공서

천주교 성당

레 떼하쓰 듀
뿌흐 쇼핑센터

롱샴 궁전

마르세유 개선문

마르세유 대성당

지중해 문명 박물관

천주교 성당

파로 궁전

이프 섬

갸비 섬

노트르담 드 라
가르드 성당

구 항구
Vieux Part

마르세유의 구시가지와 노트르담 드 라 가르드 성당 중간에 자리한 오래된 항구는 수백 년 동안 맛있는 커피와 해산물이 거래되던 장소로 지중해와 도시의 아름다운 전경을 감상할 수 있다. 북적북적한 산책로와 수백 년의 지중해 역사로 가득한 마르세유의 아름다운 구항으로 여행을 떠나보자.

산책로를 따라 늘어서 있는 카페에서 아침 식사를 하고나서, 북쪽에 자리한 카페에서 남쪽의 노출된 광맥 위로 장엄하게 솟은 아름다운 노트르담 드 라 가르드 성당을 보는 것은 장관이다. 식사를 끝낸 후에 구항의 2600년 역사를 간직하고 명소를 둘러보고, 항구 입구를 지키고 있는 요새는 프랑스 왕정 시대에서 그 전까지 거슬러 올라간다. 12세기에 세워진 북쪽 입구의 생장 요새에는 유럽과 지중해 문명 박물관이 자리하고 있다.

구 항구는 마르세유의 중심으로 남쪽의 버스 터미널에서 마르세유 전역으로 출발할 수 있고, 보트를 타고 칼랑크 국립공원으로 향해 아름다운 석회암 절벽을 감상하는 것도 쉽다. 구항은 카네비에르 거리와도 가깝고, 미술관과 화려한 극장들이 늘어선 카네비에르에는 마르세유 관광객 센터도 위치하고 있다.

바실리크 노트르담 드 라 가르드
Basilique Notre-Dame de la Garde

마르세유에서 가장 높은 162m의 라 가르드에 위치한 19세기 로마 비잔틴 바실리카는 마르세유의 상징과도 같은 건축물이다. 구항구에서 1㎞ 정도 떨어진 곳에 있는 가파른 산책로를 올라가면 12m 높이의 대좌에 있는 높이 9.7m의 금박으로 장식된 상을 받치고 있는 성당 꼭대기를 볼 수 있다. 성당 꼭대기에서는 마르세유를 볼 수 있는 360도 전경을 제공한다.

13세기 작은 예배당으로 시작해, 16세기 요새에 세워진 바실리카 노트르담 성당은 색채의 대리석을 사용해 뛰어난 비잔틴 모자이크로 변화되었다. 16세기에 프랑수아 1세가 지시해 만들어진 성당은 19세기 1853년부터 10년 동안 개축을 거쳐 지금의 신 비잔틴 양식으로 만들어졌다. 라 본 메르The Good Mother의 보호 아래 항해하는 배를 묘사한 벽화로 장식된 좋으신 어머니, 성모 마리아의 뜻으로 지금은 애칭이 되어버렸다.

🌐 www.notredamedelagarde.com
🏠 Rue Fort du Sanctuare, 13281 (60번 버스나 관광열차를 이용하면 쉽게 도착할 수 있음)
🕐 7~20시(4~9월, 이외는 8시부터), 10~3월 오후 7시   📞 0491-134-080

구 시가지
Le Panier

마르세유의 가장 오래된 숙소가 있는 장소로 마르세유의 2구를 말한다. 바스켓이라는 이름의 애칭으로 불리는데, 원래 그리스 정착촌의 장소이며 가파른 거리와 건물로 별명을 얻었다. 가깝고, 마을 같은 느낌, 예술적인 분위기, 시원한 숨겨진 광장, 햇볕이 가득한 카페는 구시가지에서 쉽게 느낄 수 있는 장면이다. 2차 세계대전 파괴 후 재건된 차로들의 혼란은 장인들의 가게들이 버티고 있는 모습이다.

11세기 아쿨의 성모 성당이 13세기에 다시 재건되면서 마르세유 활동의 중심지가 되었지만 19세기에 다시 보수되기에 이른다. 1943년부터는 시청으로 사용되고 있는 서당은 1535년 고딕과 르네상스 양식이 섞인 오래된 건축물로 지금은 호텔로 사용되고 있다.

🏠 13002Marseille, M 1 Vieux-Port이나 M 2 Noailes에서 하차

이프성
Château d'If

마르세유의 비유 항에 접근하기 위해 이동하면 보이는 작은 섬이 있다. 섬의 성은 알렉상드르 뒤마의 1844년 고전에서 불멸의 존재가 되었다. 몬테크리스토 백작혁명의 영웅 미라보와 1871년의 공동체를 포함한 많은 정치범들이 여기에 수감되었다.

소설 속의 주인공 에드몽 단테스는 결혼을 위해 마르세유에 돌아왔다가 억울한 누명을 쓰고 14년 동안 이프If의 감옥에 갇힌다. 감옥 속에서 만난 죄수로부터 몬테크리스토 섬에 숨겨진 보물을 알게 된 에드몽Edmont은 섬을 탈출한 뒤 몬테크리스토 백작으로 변신하여 희대의 복수극을 벌인다.

이프 섬은 원래 항구를 방어하기 위한 요새였지만 별다른 전투를 치른 적은 없다. 대신 감옥으로 바뀐 뒤 면화가 완전히 금지된 중 범죄자를 수용하면서 악명을 떨쳤다. 그중 에는 수천 명의 신교도들과 프랑스혁명 참여자들도 있었다. 다만 섬 자체를 제외하고는 볼 것이 별로 없지만, 성에서 보는 항구의 경치는 아름답다. 프리울 콰이 드 라 프테르니테에서 보트가 운행되고 있다.

🌐 www.frouI-if-express.com 🏠 10~18시(4~9월 / 이외는 17시까지)
€ 6€(학생증 소지자와 65세 이상 5€) 📞 060-306-2526

마르세유
자랑

마르세유 비누(Savon de Marseille)

프랑스 인들에게 만능 제품처럼 통하는 비누가 있다. 400년이 넘는 전통의 마르세유 비누Savon de Marseille는 오래전부터 전 세계적으로 유명하다.
색소나 향을 첨가하지 않고 72%의 천연오일을 함유한 저자극 식물성 비누는 옷 세탁, 집안 청소에도 효과적이다.

사봉 드 마르세유 올리브 오일 (오리지널)
사봉 드 마르세유 올리브 오일 (하드밀)
사봉 드 마르세유 팜유 비누
으깬 꽃이 있는 사봉 드 마르세유(포도나무)

부야베스(Bouillabaisse)

마르세유의 유명한 전통 요리로 부야베스 Bouillabaisse를 꼽는다. 어부들이 팔고 남은 생선과 해산물로 끓여 먹던 것으로부터 비롯되었다는 부야베스는 마늘빵과 매콤한 소스를 곁들여 먹는다.

프랑스 국가, 라 마르세예즈('La Marseillaise)

호전적인 가사가 인상적인 프랑스 국가, '라 마르세예즈 La Marseillaise'의 제목은 마르세유와 밀접한 관련이 있다.
1792년 공병 대위였던 루제 드 리슬Rouget de Lisle이 스트라스부르에서 작곡한 이 곡은 본래 '라인군을 위한 군가 Chant de guerre pour l'arme'e du Rhin'라고 불렸는데, 프랑스 혁명 정부가 오스트리아에게 선전포고를 하여 출정 부대를 응원하기 위해 만든 것이었다.
같은 해 일어난 튈르리 궁 습격 당시, 마르세유에서 출발해 파리에 입성한 마르세유 의용군이 이 곡을 크게 부르고 돌아다니면서 곡의 제목이 라 마르세예즈La Marseillaise로 바뀌었다고 전해진다.

프라도 해변
Prado Beach

구항 남쪽으로 버스로 20분 거리에 위치해 있는 프라도 해변은 마르세유 최고의 여름 해변에서 따뜻한 백사장에 누워 낮잠을 자고, 지중해에서 제트 스키를 즐기는 사람들을 볼 수 있다. 아름다운 프라도 해변에서 더위를 식히고 반짝이는 바다를 배경으로 음료를 마신 후 해변 산책로를 따라 조용한 산책을 즐긴다. 또한 젊은이들은 윈드서핑, 카약, 스노클링을 즐긴다.

마르세유가 해변 휴양지로 유명해진 것은 그리 오래된 일이 아니다. 프라도 해변을 비롯한 여러 해변들은 주민들이 손쉽게 바다를 즐길 수 있도록 1970년대에 조성되었다. 지금도 프라도 해변과 인근의 성원에서 주민들과 관광객들은 야외 공간에서 여유를 즐긴다. 여름철에는 산책로에서 윈드서핑 보드, 카약 및 스노클링 장비를 대여하여 바다로 뛰어들어 경험해 보는 것도 좋다. 해변 경기장에서는 연중 비치 럭비와 배구, BMX 자전거를 즐기는 것을 볼 수 있다.

지중해 해안선을 따라 26ha 만큼 뻗어 있는 발네르 공원에서 산책을 즐기도록 조성해 놓았다. 이곳에는 스케이트 공원이 마련되어 있으며, 미켈란젤로의 다비드상 복제품도 볼 수 있다. 프라도 해변에는 9월에 10만 명이 넘는 연 제작자들이 애호가들과 함께 '바람의 축제'가 열린다.

볼리 해변
Voli Beach

내리쬐는 지중해의 햇살은 바다로 나가 마르세유 남부 해안의 아름다운 경관을 즐기도록 만든다. 볼리 비치의 아름다운 산책로와 눈부신 백사장에서 가족이나 친구들과 함께 여름 햇살을 즐기는 것을 추천한다. 해변의 식당과 바에서 음식과 음료를 즐기고 인근 보렐리 공원으로 산책을 가는 것도 좋다.

여름에는 해변에서 해수욕을 즐기고 탁 트인 해변에 누워 태닝을 하거나, 해변 의자와 파라솔을 빌려 바닷바람을 벗 삼아 독서를 즐기는 장면이 인상적이다. 보트를 대여하여 파도의 부드러운 움직임을 느끼며 마르세유의 아름다운 해안선 위로 튜브에 몸을 맡기고 바다로 뛰어드는 것을 보면 같이 뛰어들고 싶다.

해변에서 즐거운 하루 보내기
물속에서 즐거운 하루를 보낸 후에는 해변 산책로를 따라 늘어선 부티크와 식당, 바를 찾아가 야외 테라스에 앉아 지중해 수평선 너머로 태양이 지는 모습을 바라보며 음료를 즐겨 보자. 친구들과 마르세유의 유명한 해산물 요리와 크레페를 즐기며 하루를 마무리하는 것도 좋다.

보렐리 공원
Borrelli Park

마르세유 최고의 공원이자 프랑스에서도 손꼽히는 정원으로 꽃향기를 즐기고 예술 작품도 같이 즐길 수 있다. 보렐리 공원에서 아침 산책과 즐거운 소풍, 지중해의 아름다운 일몰까지 하루를 온전히 즐기는 경험은 특별하다. 17ha에 이르는 공원 안에 위치한 샤토 보렐리와 이엠헤켈 식물원 등의 볼거리가 있다.

공원 동쪽으로는 호수를 둘러싸고 있는 영국식 원형 정원이 조성되어 있다. 자전거를 대여하여 공원의 수많은 산책로를 둘러보고, 호수에서 오리와 백조에게 먹이를 주는 장면을 볼 수 있다. 도시락을 준비해 와 공원의 정취를 즐기는 장면을 보면 여유롭다는 표현에 적합한 공원이라는 것을 알 수 있다. 공원 동쪽 끝으로는 이엠헤켈 식물원이 자리하고 있다. 중국과 남아프리카를 비롯한 여러 국가에서 수집된 3,500여 종에 달하는 식물들의 빛깔과 향기를 즐기도록 조성되어 있다.

Aix-en-Provence

엑상프로방스

엑상프로방스

AIX-EN-PROVENCE

프랑스 남동부 프로방스 지역에 위치한 엑상프로방스는 약 15만 명이 사는 도시로 부유하고 낭만적이다. 날씨가 좋고 분수가 많아서 천천히 걸어 다니면서 사색하기 좋은 프로방스 마을로도 프랑스에서 알려진 작은 도시는 세잔이 말년을 보내면서 문화적으로 다양한 행사가 많다.

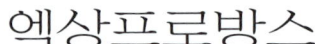

엑상프로방스
이름의 유래와 역사

도시의 이름은 원래 '엑스^Aix'라고 불리웠다. 'Aix'는 라틴어로 '물'을 뜻하는데, 엑상 프로방스^Aix-en-Provence는 물이 많이 나오는 도시라는 의미이다.

기원전 122년년에 가이우스 섹스티우스 칼비누스^Gaius Sextius Calvinus의 로마 군부대가 주둔지로 사용하면서 도시가 형성되기 시작했다. 이후 도시에 온천이 있다는 사실이 알려지면서 유명해지기 시작했다. 20세기 초에 세잔이 말년을 보내는 것이 알려지며 문화도시 이미지기 더해지면서 건축, 오페라, 연극, 프로방스의 대극장 등을 비롯한 다양한 문화유산들이 더해졌다.

엑상프로방스에 최근에 생긴 전망대가 있다. 로통드 분수에서 5번 버스를 타고 레 트루아 물랭^Les Trois Moulins이라는 정류장에서 하차 후, 골목을 걸으면 나오는 작은 공원인데, 엑상프로방스의 구 시가지를 감상할 수 있어 최근에 인기를 얻고 있다. 뒤에는 아파트 단지가 있어서 소란은 자제해야 하나, 공원으로 조성되어 출입은 자유롭다.

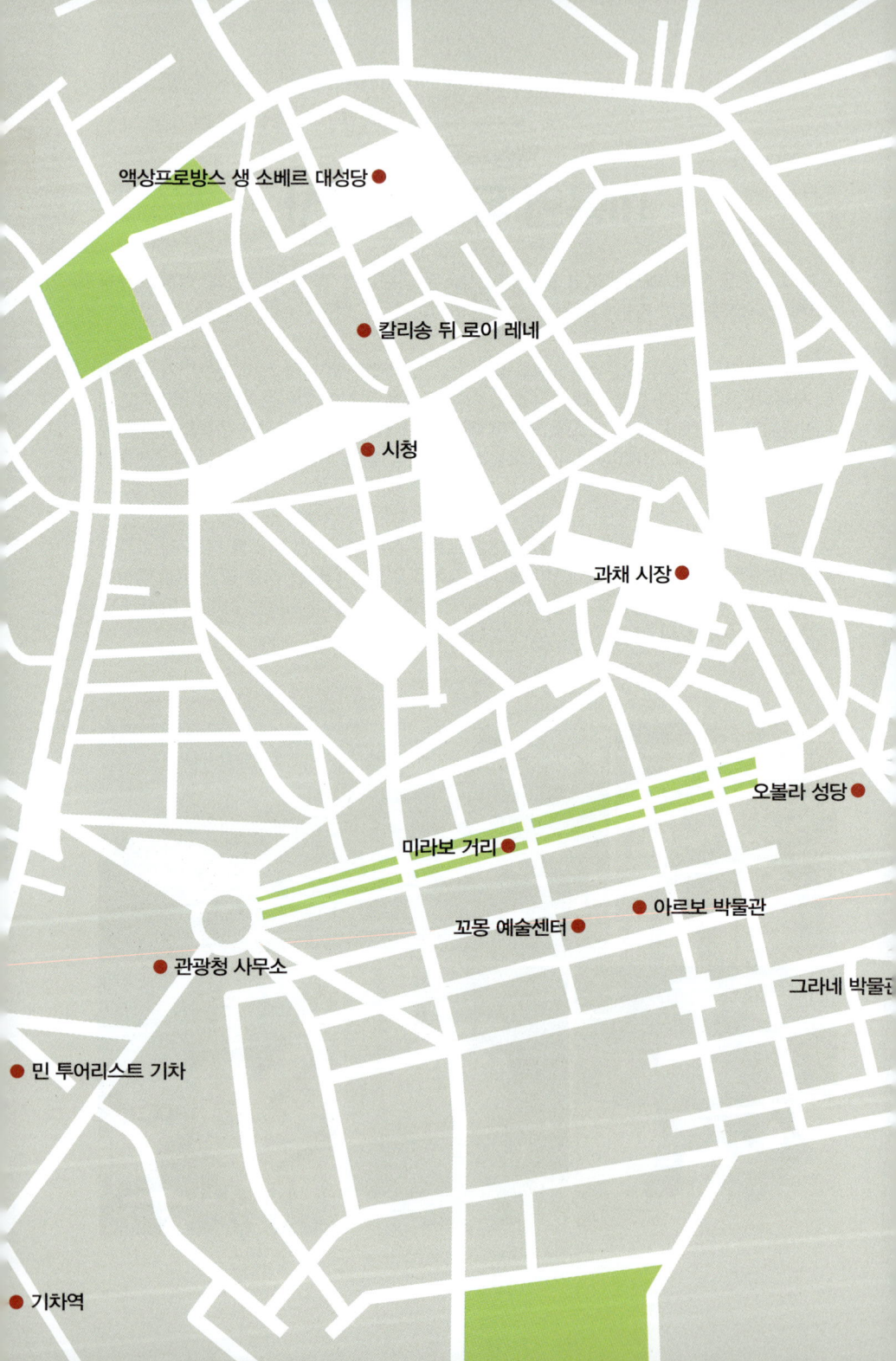

액상프로방스 생 소베르 대성당 ●

● 칼리송 뒤 로이 레네

● 시청

과채 시장 ●

오볼라 성당 ●

미라보 거리 ●

아르보 박물관 ●

꼬몽 예술센터 ●

● 관광청 사무소

그라네 박물관

● 민 투어리스트 기차

● 기차역

미라보 거리
Cours Mirabeau

세잔을 비롯한 당시의 유명 인사들이 한 잔 하며 쉬던 넓은 거리는 현재 엑상에서 가장 번화한 중심가가 되었다. 베차드 Bechard 같은 150년 된 유서 깊은 베이커리에서부터 다양한 카페, 매장, 음식점들이 있고 도시의 상징인 분수대가 길 한가운데에 있다.

계절에 따라 각종 행사가 열리며, 거리의 폭이 넓기 때문에 매주 주말과 평일(월, 수)에는 장터가 들어선다. 미라보 거리에서 열리는 시장은 장터의 느낌이고, 시청 쪽으로 열리는 시장은 전통 시장의 느낌이 강하다. 거리의 서쪽인 시작점에 로통드 분수가 있는데 날씨 좋은 날 일몰 식전 로통드 분수 쪽을 보면 예쁜 일몰을 볼 수 있는 장소이기도 하다.

🏠 13100 Aix-en-Provence

로통드 분수
Fontaine de la Rotonde

엑상프로방스 중심가에 있는 로통드 분수는 미라보 거리와 함께 엑상프로방스의 상징이다. '분수의 도시'라고 할 정도로 엑상프로방스에는 분수가 많은 데 1819년 피에르 앙리 렙일이 설계한 로통드 분수가 가장 유명하다. 주변에 여행 안내소가 있고, 대부분의 버스가 이곳에서 정차하는 만남의 장소이기도 하다. 숙소를 중심에 자리를 잡지 않는다면 반드시 지나쳐 가야 할 것이다.

세잔의 아틀리에
Atelier De Cézanne

세잔이 파리에서 나와 1902~1906년까지 마지막을 쓸쓸하게 보낸 집을 개조한 전시관이다. 원래는 도시의 개발 과정에서 철거될 예정이었지만 마을 사람들의 반대로 개조가 되어 현재의 전시관이 되었다. 현재 1층은 티켓과 기념품 판매장으로, 2층의 작업실이 개방되어 있다. 작업실만 유료이므로 작업실 앞, 뒤에 있는 정원은 티켓 없이도 자유롭게 돌아다니는 것이 가능하다.

작업실에는 세잔이 생전에 사용한 그림 도구, 발표하지 않은 미완성 그림, 세잔의 비밀 공간, 세잔과 교환한 서신, 어릴 적 시절의 사진 등을 관람할 수 있다. 작업실은 큰 공간이 아니어서 30분의 시간을 두고 25명씩 제한된 인원이 내부를 관람하고 다음 인원을 받는 방식으로 제한하고 있다.

🌐 www.cezane-en-provence.com 🏠 9 Avenue Paul Cézanne, 13100
ⓒ 성인 6.5유로(학생 3.5유로, 13세 이하 무료) 🕐 10~18시(6~9월 / 이외 기간은 10~12시30분, 14~18시)
📞 0442-210-633

폴 세잔
Paul Ce'zanne

폴 세잔의 말미를 장식한 동네답게 도시에서 세잔의 일상을 따라가는 관광 코스가 인기가 있다. 물이 풍부한 동네답게 다양한 분위기의 분수대를 따라서 트래킹해보는 것도 한적한 작은 동네를 알차게 돌아다닐 수 있는 방법이다.

화가의 고개

세잔의 아틀리에에서 조금 올라가면, 화가의 고개라는 언덕이 나온다. 현재는 공원이 되어 있는데, 과거에 세잔이 자주 올라와 생 빅투아르 산을 바라보며 그림을 그렸다고 알려져 있다.

엑상프로방스의 상징인 생 빅투아르 산을 바라볼 수 있어 공원으로 바뀌었다. 공원에는 전 세계의 미술관들에 있는 세잔의 생 빅투아르 작품들의 카피본이 있어서 다른 각도와 다른 느낌의 생 빅투아르 산을 직접 비교해볼 수 있다. 6~9월에는 레 뜨화 봉 디유(Trois Bons Dieux) 주차장에서 출발하는 유료 셔틀버스를 타고 이동할 수 있다.

조대현

63개국, 298개 도시 이상을 여행하면서 강의와 여행 컨설팅,
잡지 등의 칼럼을 쓰고 있다. KBC 토크 콘서트 화통, MBC TV
특강 2회 출연(새로운 나를 찾아가는 여행, 자녀와 함께 하는
여행)과 꽃보다 청춘 아이슬란드에 아이슬란드 링로드가 나오
면서 인기를 얻었고, 다양한 여행 강의로 인기를 높이고 있으
며 '해시태그 트래블' 여행시리즈를 집필하고 있다. 저서로 블
라디보스토크, 크로아티아, 모로코, 나트랑, 푸꾸옥, 아이슬란
드, 가고시마, 몰타, 오스트리아, 족자카르타 등이 출간되었고
북유럽, 독일, 이탈리아 등이 발간될 예정이다.

폴라 http://naver.me/xPEdID2t

프랑스

인쇄 I 2026년 1월 14일
발행 I 2026년 2월 10일

글 · 사진 I 조대현
펴낸곳 I 해시태그출판사
편집 · 교정 I 박수미
디자인 I 서희정

주소 I 서울시 강서구 허준로 175
이메일 I mlove9@naver.com

979-11-7458-073-3(03920)